计算机类专业（上册）
Visual Basic 6.0 程序设计
计算机组装与维修

河南省职业技术教育教学研究室　编

U0303507

电子工业出版社.

Publishing House of Electronics Industry

北京·BEIJING

内 容 简 介

本书为"河南省中等职业学校对口升学考试复习指导"丛书之一，主要内容包括 Visual Basic 6.0 程序设计、计算机组装与维修的复习指导、题型示例及综合训练题。

本书适合参加计算机类专业对口升学考试的学生使用。

未经许可，不得以任何方式复制或抄袭本书之部分或全部内容。

版权所有，侵权必究。

图书在版编目（CIP）数据

计算机类专业. 上册，Visual Basic 6.0 程序设计 计算机组装与维修 / 河南省职业技术教育教学研究室编. —北京：电子工业出版社，2022.12

ISBN 978-7-121-44631-3

Ⅰ. ①计… Ⅱ. ①河… Ⅲ. ①BASIC 语言—程序设计—中等专业学校—升学参考资料 ②电子计算机—组装—中等专业学校—升学参考资料 ③电子计算机—维修—中等专业学校—升学参考资料 Ⅳ. ①TP3

中国版本图书馆 CIP 数据核字（2022）第 235051 号

责任编辑：罗美娜　文字编辑：徐 萍
印　　刷：湖北画中画印刷有限公司
装　　订：湖北画中画印刷有限公司
出版发行：电子工业出版社
　　　　　北京市海淀区万寿路 173 信箱　邮编：100036
开　　本：787×1092　1/16　印张：20.5　字数：531 千字
版　　次：2022 年 12 月第 1 版
印　　次：2023 年 2 月第 3 次印刷
定　　价：48.00 元

凡所购买电子工业出版社图书有缺损问题，请向购买书店调换。若书店售缺，请与本社发行部联系，联系及邮购电话：（010）88254888，88258888。

质量投诉请发邮件至 zlts@phei.com.cn，盗版侵权举报请发邮件至 dbqq@phei.com.cn。

本书咨询联系方式：（010）88254489，luomn@phei.com.cn。

前 言

　　普通高等学校对口招收中等职业学校应届毕业生，是拓宽中等职业学校毕业生继续学习的重要渠道，是构建现代职业教育体系、促进中等职业教育科学发展的重要举措。为了做好河南省中等职业学校毕业生对口升学考试指导工作，帮助学生有针对性地复习备考，我们组织专家编写了这套"河南省中等职业学校对口升学考试复习指导"丛书。这套丛书以教育部于 2009 年颁布的教学大纲和河南省中等职业学校专业教学标准为依据，以国家和河南省中等职业教育规划教材为参考编写而成。该丛书包括目标导学、知识要点、习题演练、单元测试卷、综合测试卷。

　　在编写过程中，我们认真贯彻新修订的《职业教育法》、全国职业教育大会精神和《国家职业教育改革实施方案》，落实《关于推动现代职业教育高质量发展的意见》，以基础性、科学性、适应性、指导性为原则，以就业和升学并重为目标，着重反映了各专业（学科）的基础知识和基本技能，注重培养和考查学生分析问题及解决问题的能力。这套书对考纲所涉及的知识点进行了进一步梳理，力求内容精练，重点突出，深入浅出。在题型设计上，既有典型性和实用性，又有系统性和综合性；在内容选择上，既适应了选拔性能力考试的需要，又注意了对中等职业学校教学工作的引导，充分体现了职业教育的特色。

　　本套丛书适合参加中等职业学校对口升学考试的学生和辅导教师使用。在复习时，建议以教材为基础，以复习指导为参考，帮助考生提高高考成绩。

　　本书的参考答案请登录华信教育资源网下载。

　　本书是这套丛书中的一本。其中，"Visual Basic 6.0 程序设计"部分，由寇义锋担任主编，陈丽平、杨安然担任副主编，段进普、刘学雷参编；"计算机组装与维修"部分，由赵艳莉担任主编，贾颖、江闪闪担任副主编。

　　由于经验不足，时间仓促，书中瑕疵在所难免，恳请广大师生及时提出修改意见和建议，使之不断完善和提高。

河南省职业技术教育教学研究室

目 录

第一部分 Visual Basic 6.0 程序设计

第二部分 计算机组装与维修

第三部分　综合训练题

Visual Basic 6.0 程序设计

复习指导

项目一　配置 Visual Basic 6.0 集成开发环境

复习要求

（1）熟练掌握 Visual Basic 6.0 集成开发环境的配置操作。
（2）理解并识记 Visual Basic 6.0 的基本概念。

思维导图

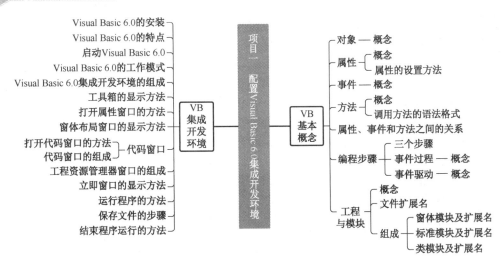

复习内容

一、配置 Visual Basic 6.0 集成开发环境

1．Visual Basic 6.0 的安装
（1）安装 Visual Basic 6.0。

运行 Visual Basic 6.0 安装包中的 Setup.exe，按照安装向导逐步操作即可。

（2）安装更新补丁 SP6。

运行安装程序 Setupsp6.exe 即可安装。

注：SP6 提供了 Visual Basic 6.0 的某些功能，比如，访问 Access 2000 数据库，要想使用这些功能，一定要安装 SP6。

（3）安装 MSDN 库。

在 MSDN 文件夹中运行 Setup.exe，按照安装向导逐步操作即可。

注：MSDN 库是微软公司为软件开发者提供的一种信息服务，要想在程序设计中使用帮助功能，必须安装 MSDN 库。

2．Visual Basic 6.0 的特点
（1）自动处理低层消息。

（2）可视化界面设计。

（3）事件驱动模型。

（4）交互式开发。

3．启动 Visual Basic 6.0
（1）单击"开始"按钮，选择"程序"选项。

（2）展开"Microsoft Visual Basic 6.0 中文版"文件夹。

（3）单击"Microsoft Visual Basic 6.0 中文版"，即可进入 Visual Basic 6.0 集成开发环境。

4．Visual Basic 6.0 的工作模式
（1）Visual Basic 6.0 共有三种工作模式：设计模式、运行模式、中断模式。

（2）工作模式的切换方法：

启动 Visual Basic 6.0 后自动进入设计模式，单击"运行"菜单中的"启动"可进入运行模式，单击"运行"菜单中的"中断"可进入中断模式。

5．Visual Basic 6.0 集成开发环境的组成
Visual Basic 6.0 窗口由标题栏、菜单栏、工具栏、工具箱、窗体对象窗口、工程资源管理器、属性窗口、窗体布局窗口组成。

6．工具箱的显示方法
（1）从"视图"菜单中选择"工具箱"命令。

（2）单击工具栏中的"工具箱"按钮。

7．打开属性窗口的方法
（1）从"视图"菜单中选择"属性窗口"命令，或者按 F4 键。

（2）单击工具栏中的"属性窗口"按钮。

（3）在窗体对象窗口中右键单击窗体或某个控件，在弹出的快捷菜单中选择"属性窗口"命令。

8．窗体布局窗口的显示方法

（1）从"视图"菜单中选择"窗体布局窗口"命令。

（2）单击工具栏中的"窗体布局窗口"按钮。

9．代码窗口

（1）打开代码窗口的方法。

① 在窗体对象窗口中双击窗体或窗体中的某个控件。

② 从"视图"菜单中选择"代码窗口"命令，或者按 F7 键。

③ 在"工程资源管理器"窗口中单击"查看代码"按钮。

（2）代码窗口的组成。

代码窗口由对象下拉列表框、过程下拉列表框、代码编辑区组成。

10．工程资源管理器窗口组成

（1）打开工程资源管理器窗口的方法。

从"视图"菜单中选择"工程资源管理器"命令。

（2）工程资源管理器的组成。

工程资源管理器由查看代码、查看对象、切换文件夹按钮和大纲形式的文件层次结构组成。

11．立即窗口的显示方法

从"视图"菜单中选择"立即窗口"命令，或者按 Ctrl+G 组合键。

12．运行程序的方法

（1）从"运行"菜单中选择"启动"命令。

（2）按 F5 键。

（3）单击工具栏中的"启动"按钮▶。

13．保存文件的步骤

（1）从"文件"菜单中选择"保存工程"命令，或者单击工具栏中的"保存工程"按钮，弹出"文件另存为"对话框。

（2）在"文件另存为"对话框中选择保存路径，输入窗体文件名，单击"保存"按钮，弹出"工程另存为"对话框。

（3）在"工程另存为"对话框中输入工程文件名，单击"保存"按钮。

（4）从"文件"菜单中选择"生成工程.EXE"命令，弹出"生成工程"对话框。

（5）单击"确定"按钮即可生成可执行文件。

14．结束程序运行的方法

（1）单击窗体右上角的"关闭"按钮。

（2）从"运行"菜单中选择"结束"命令。

（3）单击工具栏中的"结束"按钮■。

二、Visual Basic 的基本概念

1．对象

对象（Object）是代码与数据的组合，创建用户界面时用到的对象可以分为窗体对象和控件对象，整个应用程序是一个对象，有些对象不可视。

2．属性

（1）概念：属性（Property）是对对象特性的描述，不同的对象有不同的属性。

（2）属性的设置方法主要有以下两种：

① 通过属性窗口的属性列表设置。

② 在程序中用赋值语句设置，格式一般为"对象名.属性名称=属性值"。

具体示例如下：

```
Label1.Caption="2023高考，加油！"
```

3．事件

事件（Event）是由 Visual Basic 6.0 预先设置好的能够被对象识别的动作。当事件由用户或系统触发时，如果事先对该事件编写了程序代码，对象就会做出响应。

4．方法

（1）概念：方法（Method）指的是控制对象动作行为的方式，是对象包含的函数或过程。

（2）调用方法的语法格式：

对象名.方法名

具体示例如下：

将光标移到文本框 1 的方法为

```
Text1.SetFocus
```

5．属性、事件和方法之间的关系

（1）对象具有属性、事件和方法。

（2）属性是描述对象的数据；事件是对象所产生的事情；方法告诉对象应做的事情。

（3）当事件发生时，可以编写事件过程代码进行处理。可以把属性看作一个对象所具备的特征，把方法看作对象的动作，把事件看作对象的响应。

（4）Visual Basic 6.0 窗体与控件是具有自己的属性、事件和方法的对象。

6．Visual Basic 6.0 编程步骤

（1）建立应用程序界面。

用户界面由窗体和控件组成，所有的控件都放在窗体上，一个窗体最多可以容纳 255 个控件。

（2）设置界面对象属性。

（3）编写事件驱动代码。

① 事件驱动：Visual Basic 6.0 采用事件驱动编程机制。当发生某个事件时，就会"驱动"预先设置的一系列动作，称为"事件驱动"。

② 事件过程：针对控件或窗体的事件编写的代码，称为"事件过程"。

7．Visual Basic 6.0 工程与模块

（1）工程的概念。

工程是 Visual Basic 应用程序开发过程中使用的文件集，其扩展名为.vbp。Visual Basic 6.0 工程主要由窗体模块、标准模块和类模块组成。

（2）工程中的模块。

① 窗体模块。

窗体模块的文件扩展名为.frm。这类模块是 Visual Basic 6.0 应用程序的基础。窗体模块可以包含事件过程、通用过程，以及变量、常数、类型和外部过程的窗体级声明。

② 标准模块。

标准模块的扩展名为.bas。这类模块是应用程序内其他模块访问的过程和声明的容器。标准模块可以包含变量、常数、类型、外部过程和全局过程的全局声明或模块级声明，全局变量和全局过程在整个应用程序范围内都有效。

③ 类模块。

类模块的扩展名为.cls。这类模块是面向对象编程的基础。在类模块中可以通过编写代码来建立新对象，这些新对象可以包含自定义的属性和方法。

项目二　掌握 Visual Basic 编程语言

复习要求

（1）理解并识记基本数据类型的用途、存储空间及取值范围。

（2）理解并识记常量的概念与分类，掌握符号常量的声明。

（3）理解并识记变量的概念、声明、作用域。

（4）理解并识记标识符的命名规则。

（5）理解 Visual Basic 常用内部函数的功能、书写和计算。

（6）熟练掌握运算符的运算规则及表达式的书写和计算。

（7）理解并识记 Visual Basic 语句的书写格式规则。

（8）熟练掌握赋值语句的功能、格式与注意事项。

（9）掌握 Cls 语句的功能。

（10）熟练掌握 Print 方法的功能、格式、输出格式。

（11）掌握注释语句和结束语句的格式及功能。

（12）熟练掌握选择结构语句的格式、执行顺序、代码书写。

（13）熟练掌握循环结构语句的格式、执行顺序、代码书写。

（14）理解数组的概念和分类。

（15）熟练掌握定长数组的概念、声明、初始化。

（16）熟练掌握动态数组的概念、声明、引用。

（17）熟练掌握数组的清除语句 Erase 与数组的访问方法。

（18）理解过程的概念，掌握过程的分类。

（19）熟练掌握 Sub 过程的概念、分类、建立的语法格式及步骤。

（20）掌握 Sub 过程的调用方法，理解过程调用时参数的传递。

（21）熟练掌握 Function 过程的声明与调用。

（22）理解 Sub 过程与 Function 过程的区别。

（23）理解并处理 Visual Basic 程序中的各种错误类型。

思维导图

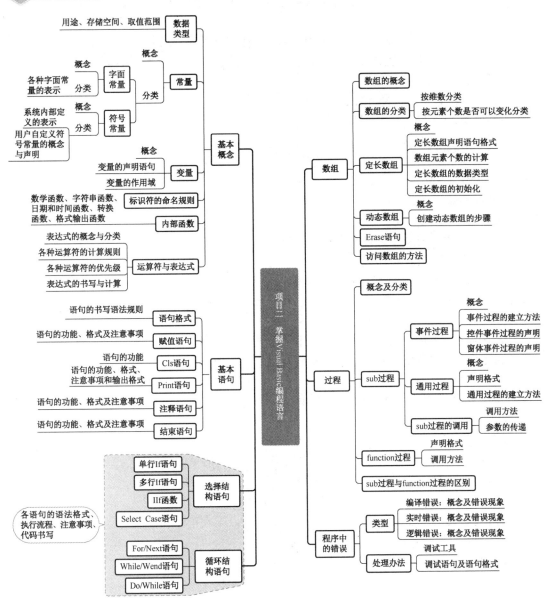

复习内容

一、基本数据类型

1. 字符串型

（1）功能：字符串型（String）数据用来定义一个字符序列，字符串必须放在双引号内，其中长度为空的字符串称为空串。

具体示例如下：

```
"我和我的祖国"，  ""（空串），"0129020002"
```

（2）分类：字符串型数据分为两种。

① 变长字符串：所包含的字符个数是可变的，随着对字符串变量赋予新值，字符串的长度也发生变化。

② 定长字符串：在程序运行过程中字符串的长度始终保持不变，其中每个字符占用 1 字节的存储空间，因此定长字符串所占用的存储空间就是该字符串的长度。

2. 数值型

（1）功能：数值型（Numeric）数据用于处理不同类型的数值。

（2）分类：

① 整型（Integer）。

整型数是范围在-32768～32767 的整数，每个整型数占 2 字节（16bit）的存储空间，其类型声明符为"%"。

具体示例如下：

100、32707、-23456，为整型数据。

Dim a%，用于将变量 a 声明为整型变量，用来存储整型数据。

② 长整型（Long）。

长整型数是范围在-2147483648～2147483647 的整数，每个长整型数占 4 字节（32bit）的存储空间，其类型声明符为"&"。超出整型数的范围的数用长整型数表示。

具体示例如下：

18998300、32768、-2345689，为长整型数据。

Dim b&，语句将变量 b 声明为长整型变量，用来存储长整型数据。

③ 单精度型（Single）。

单精度型数是带有小数点的数，占 4 字节的存储空间，有效数字不超过 7 位，类型声明符为"!"。

有两种表示形式。

● 定点式：由正负号、数字和小数点组成，正号一般可省略。

具体示例如下：

23.56、-121313.8、0.2344398，都是单精度型定点数。

● 指数形式（浮点式）：科学记数法，由定点数、指数符号和指数三部分组成，指数符号用"E"或"e"表示，指数用正负数表示。

具体示例如下：

1.233455E+5，表示数学上的 1.233455×10^5，是单精度浮点式。

5.53232E-9，表示数学上的 5.53232×10^{-9}，是单精度浮点式。

Dim x!，语句将变量 x 声明为单精度型变量，用来存储单精度型数据。

④ 双精度型（Double）。

双精度型数也是带有小数点的数，占 8 字节的存储空间，有效数字不超过 15 位，类型声明符为"#"。

有两种表示形式。

● 定点式：由正负号、数字和小数点组成，正号一般可省略。

具体示例如下：

123.568766、-3.141592678、5445666557.899，都是双精度定点式。

● 指数形式（浮点式）：科学记数法，由定点数、底数和指数三部分组成，底数用"E"

或"e"表示，指数用正负数表示。

具体示例如下：

1.23345578778E+225，表示数学上的 $1.23345578778 \times 10^{255}$，是双精度浮点式。

5.53232788989E-109，表示数学上的 $5.53232788989 \times 10^{-109}$，是双精度浮点式。

Dim y#，将变量 y 声明为双精度型变量，用来存储双精度型数据。

⑤ 货币型（Currency）。

用于处理整数位不超过 15 位且包含 4 位小数的数值，其占 8 字节的存储空间。

具体示例如下：

123.5687、-3.1415、5445666557.8990，都是货币型数据。

3．字节型

字节型（Byte）数据为 0～255 之间无符号的整数，用于处理二进制数据，占 1 字节的存储空间。

4．日期型

日期型（Date）数据用来表示日期，占 8 字节的存储空间。

5．布尔型

布尔型（Boolean）数据是一个逻辑值，占 2 字节的存储空间，值只能取 True（真）或 False（假）。

6．变体型

变体型（Variant）是一种通用的、可变的数据类型，可以用来表示任何类型的数据。

7．对象型

对象型（Object）数据用于引用程序或某些应用程序中的对象，占 4 字节的存储空间。可以用 Set 语句将对象赋值于对象变量。

二、常量

1．常量的概念

常量是在程序运行期间其值不能改变的量。

2．常量的分类

常量分为字面常量和符号常量。

（1）字面常量：字面常量是指包含在程序代码中的常量。

按数据类型可以将字面常量分为以下 4 种。

① 字符串常量：用双引号括起来的一串字符，这些字符可以是除双引号和回车符外的任何字符。

具体示例如下：

```
"Visual Basic程序设计"    "abcd1234"    " "
```

② 数值常量：分为整型常量、长整型常量、单精度型常量和双精度型常量。

● 整数有十进制数、十六进制数和八进制数 3 种形式。

具体示例如下：

十进制数，如 100、13905。

十六进制数，以"&H"（或"&h"）开头，如&Hff（对应的十进制数为 255）。

八进制数，以"&O"（或"&o"）开头，如&O377（对应的十进制数为 255）。

● 定点数是带有小数点的正数或负数，如 3.1415926、-18.6、0.9、12.35 等。

● 浮点数由尾数、指数符号和指数组成，指数符号用 E 表示。

具体示例如下：

9.65E+15 和 12.78987979089898E+102。

③ 布尔型常量：只有两个值，即 True 和 False。

④ 日期型常量：用 "#" 号括起来的一串日期，它可以表示日期数据。

具体示例如下：

#1/31/2023#、#1/31/2023   11:49:50 PM#、#2023-06-08#。

（2）符号常量：符号常量是在程序中用标识符表示的一些永远不变的常数或字符串。

符号常量分为系统内部定义的符号常量和用户定义的符号常量。

① 系统内部定义的符号常量。

Visual Basic 6.0 中定义了许多符号常量，在程序设计中可以直接使用，特征是以 "vb" 开头。

具体示例如下：

vbRed（红色）、vbBlue（蓝色）、vbGreen（绿色）。

② 用户定义的符号常量。

用户定义的符号常量可以用 Const 语句来声明，语法格式如下：

```
[Public|Private] Const 常量名 [As 类型] = 常量表达式
```

具体示例如下：

```
Const a As String = "################"
```

用 a 表示字符串常量"################"，a 就是一个符号常量。

三、变量

1．变量的概念

变量就是命名的存储单元，包含在程序执行阶段修改的数据。

每个变量都有名称，在其范围内可以唯一标识，变量的名称必须以字母开头，而且中间不能包含英文句点或类型声明符，最大长度不能超过 255 个字符。

2．变量的声明

变量一般都要预先声明，变量的声明方式包括隐式声明和显式声明。

（1）隐式声明：在 Visual Basic 中，如果变量不经过声明就直接使用，则称为隐式声明，所有隐式声明的变量都是 Variant 的，并且默认为局部变量。

（2）显式声明：就是使用声明语句声明变量。

如果希望强制显式声明变量，则有如下 3 种方法。

① 在模块的声明段中加入 Option Explicit 语句。

② 在 "工具" 菜单中选择 "选项" 命令，单击 "编辑器" 选项卡，勾选 "要求变量声明" 复选框，模块中会自动加入 Option Explicit 语句。

③ 用变量声明语句声明。

在 Visual Basic 中，可以用变量声明语句来声明变量的类型，语法格式如下：

```
<Dim|Private|Static|Public > <变量名> [As 类型] [, <变量名> [As 类型]]
```

3．变量的初始化

（1）使用声明语句声明一个变量后，Visual Basic 自动将数值类型的变量赋初值为 0。

（2）将字符或 Variant 类型的变量赋初值为空。

（3）将布尔型的变量赋初值为 False。

（4）将日期型的变量赋初值为 00:00:00。

具体示例如下：

```
Dim a As Integer, b As Double
a=5
b=3.1415926
s=5^2*b
Print s
```

其中变量 a、b 是显式声明，s 是隐式声明。

4．变量的作用域

（1）变量的作用域指的是变量的有效范围。

（2）变量按作用域不同分为局部变量、模块变量、全局变量。

模块变量分为窗体模块变量和标准模块变量。

（3）Static 用于声明局部变量，Private 用于声明模块变量，Public 用于声明全局变量，Dim 用于声明局部变量和模块变量。

四、标识符命名规则

1．标识符

Visual Basic 中符号常量、变量、数组、过程、记录类型等都需要命名，这些概念的名称就是标识符。

2．标识符在命名时需要遵循的规则

（1）标识符必须以字母开头，最大长度为 255 个字符，在对控件、窗体、模块、类等命名时，不能超过 40 个字符。

（2）标识符不能使用 Visual Basic 保留字和关键字，如 Const、Dim、Public 等。

（3）标识符不能包含在 Visual Basic 中有特殊含义的字符，如句号、空格、类型说明符、运算符等。

（4）Visual Basic 中的标识符不区分大小写。

（5）标识符在同一范围内必须是唯一的。

五、常用内部函数

Visual Basic 把一些特定的运算或操作以内部函数的形式提供给用户。

内部函数主要分为数学函数、字符串函数、日期和时间函数、转换函数和格式输出函数。

1．数学函数

（1）Abs(x)：绝对值函数。

功能：求 x 的绝对值。

具体示例如下：

Abs(5.73)= 5.73　　　Abs(-317)=317

x+(y^2/8)的绝对值写成：Abs(x+(y^2/8))

（2）Sgn(x)：符号函数。

功能：取 x 的符号。

当 x>0 时，其值为 1；当 x=0 时，其值为 0；当 x<0 时，其值为-1。

具体示例如下：

Sgn(19)=1　　　Sgn(-5)=-1　　　Sgn(0)=0

（3）Sqr(x)：平方根函数。

功能：求 x 的算术平方根。

具体示例如下：

Sqr(25)=5　　　Sqr(64)=8　　　Sqr(100)=10

a+b 的算术平方根写成：Sqr(a+b)

（4）Exp(x)：指数函数。

功能：求自然常数 e（约 2.718282）的 x 次幂。

具体示例如下：

Exp(0)=1　　　Exp(1)=2.718282

e 的平方写成：Exp(2)

e 的 x 方写成：Exp(x)

（5）Log(x)：对数函数。

功能：求 x 的自然对数值。

具体示例如下：

Log(1)=0　　　Log(Exp(1))=1

数学上的 Log_a^b 写成 VB 的形式为：Log(b)/ Log(a)

数学上的 Lg a 写成 VB 的形式为：Log(a)/Log(10)

数学上的 Ln a 写成 VB 的形式为：Log(a)

（6）三角函数。

① Sin(x)：求 x 的正弦值，x 的取值为弧度。

具体示例如下：

45°的正弦：Sin(45*3.1415926/180)

π/3 的正弦：Sin(3.1415926/3)

② Cos(x)：求 x 的余弦值，x 的取值为弧度。

具体示例如下：

45°的余弦：Cos(45*3.1415926/180)

π/3 的余弦：Cos(3.1415926/3)

③ Tan(x)：求 x 的正切值，x 的取值为弧度。

具体示例如下：

45°的正切：Tan(45*3.1415926/180)

π/3 的正切：Tan(3.1415926/3)

④ Atn(x)：求 x 的反正切值，x 的取值为数值表达式。

具体示例如下：

1 的反正切：Atn(1)

（7）Int(x)：取整函数。

功能：求不大于 x 的最大整数。

具体示例如下：

Int(78.5)=78　　　Int(-6.9)=-7　　　Int(3)=3

（8）Fix(x)：截去小数位函数。

功能：将 x 的小数部分截去。

具体示例如下：

Fix(14.9)=14　　Fix(-36.1)=-36

（9）Rnd(x)：随机函数。

① 功能：产生 0～1 的随机数（大于或等于 0 且小于 1 的实数）。

② 应用：产生整数 A 到整数 B 之间（A 小于或等于 B）的随机整数的公式如下所示：

```
Int(Rnd*(B-A+1))+A
```

具体示例如下：

要产生[200,1000]的随机整数，表示为：Int(Rnd*(1000-200+1))+200

2．字符串函数

（1）Asc(x$)函数。

功能：求字符串第一个字符的 ASCII 码。

具体示例如下：

Asc("ABC")=65　　Asc("bca")=98

（2）Chr(x)函数。

功能：x 是一个字符的 ASCII 码，已知 x，求对应的字符。

具体示例如下：

Chr(98)="b"　　Chr(68)= "D"　　Chr(49)= "1"

（3）Str(x)函数。

功能：将数值转换成字符串，如果 x>0，则返回的字符串中包含一个前导空格。

具体示例如下：

Str(123.45)=" 123.45"　　Str(-123.56)="-123.56"

（4）Val(x$)函数。

功能：将 x$中的数字由字符转换为数值。

具体示例如下：

Val("3.45abc")=3.45　　Val("-3.45abc")=-3.45　　Val("abc-3.45")=0

（5）Len(x$)函数。

功能：求字符串 x$中包含的字符个数。

具体示例如下：

Len("123Ab12")=7　　Len("")=0　　Len("A B C")=5

（6）Left(x$,n)函数。

功能：从字符串左边开始截取 n 个字符。

具体示例如下：

Left("BASIC",3)= "BAS"　　Left("我爱我的祖国",6)= "我爱我的祖国"

（7）Right(x$,n)函数。

功能：从字符串右边开始截取 n 个字符。

具体示例如下：

Right("BASIC",3)=" SIC"　　Right("我爱我的祖国",4)= "我的祖国"

（8）Mid(x$,m,n)函数。

功能：从字符串 x$中第 m 个字符开始截取 n 个字符。

具体示例如下：

Mid("BASIC",3,2)= "SI"　　　　Mid("我爱我的祖国",5,2)= "祖国"

（9）UCase(x$)函数。

功能：将字符串 x$ 中的小写英文字母转换为大写形式。

具体示例如下：

UCase("basic")="BASIC"　　　　UCase("I'M A student!")= "I'M A STUDENT! "

（10）LCase(x$)函数。

功能：将字符串 x$ 中的大写英文字母转换为小写形式。

具体示例如下：

LCase("BASIC")="basic"　　　　LCase("I'M A student!")= "i'm a student!"

（11）Space(x)函数。

功能：产生 x 个由空格组成的字符串。

具体示例如下：

Space(5)="　　　 "　　　　Len(Space(5))=5　　　　"你"+ Space(3)+ "好"="你　　　好"

（12）String(n,x)函数。

功能：产生 n 个由 x 指定的第一个字符组成的字符串，x 也可以是 ASCII 码。

具体示例如下：

String(3,"BAS")="BBB"　　　　String(6,68)="DDDDDD"

3．日期和时间函数

Now：返回当前的系统日期和系统时间。

Date：返回当前的系统日期。

Time：返回当前的系统时间。

4．转换函数

（1）CBool(x)函数。

功能：将数值表达式转换为布尔型。

具体示例如下：

CBool(5)=True　　　CBool(0)=False　　　CBool(-5)= True

（2）CByte(x)函数。

功能：将范围为 0～255 的数值表达式转换为字节型。

具体示例如下：

```
Dim x As Single
x = 100.89
Print CByte(x)
```

显示的结果是 101。

（3）CCur(x)函数。

功能：将数值表达式转换为货币型，小数部分最多保留 4 位且自动四舍五入，参数的取值范围为-922337203685477.5808～922337203685477.5807。

具体示例如下：

```
Dim x As Single
x = 100.89356
Print  CCur(x)
```

显示的结果是 100.8936。

（4）CDate(x)函数。

功能：将日期表达式转换为日期型。

具体示例如下：

```
Dim x As Date
x=date  '假设今天是2022年7月8日
Print CDate(x+3)
```

显示的结果是 2022-7-11。

（5）CDbl(x)函数。

功能：将数值表达式转换为双精度型。

负数的取值范围为-1.79769313486232E308～-4.94065645841247E-324。

正数的取值范围为 4.94065645841247E-324～1.79769313486232E308。

具体示例如下：

```
x=1314.343545
Print CDbl(x)
```

（6）CInt(x)函数。

功能：将取值范围在-32768～32767 的表达式转换为整型，小数部分四舍五入。

具体示例如下：

```
x=123.48
Print CInt(x)
```

结果为 123。

（7）CLng(x)函数。

功能：将取值范围为-2147483648～2147483647 的表达式转换为长整数，小数部分四舍五入。

具体示例如下：

```
x=1234545335.66
Print Lng(x)
```

结果为 1234545336。

（8）CSng(x)函数。

功能：将表达式转换为单精度型。

负数的取值范围为-3.402823E38～-1.401298E-45。

正数的取值范围为 1.401298E-45～3.402823E38。

具体示例如下：

```
CSng(1233455.79)=1233456
```

（9）CStr(x)函数。

功能：将表达式转换为字符串型。

具体示例如下：

```
CStr(1233455.79)= "1233455.79"
```

（10）CVar(x)函数。

功能：将表达式转换为变体型。

若为数值，则范围与双精度型相同；若不为数值，则范围与字符串型相同。

具体示例如下：

```
Dim x as Double
```

```
x=2.21323144
Print CVar(x)
```

5. 格式输出函数

（1）功能：用于将数值型、字符型、日期表达式按指定的格式输出。

（2）语法格式：

Format (表达式[，格式字符串])

（3）格式字符的功能：

① 数字格式化字符的功能。

● 0：表示数字占位符，若实际数字位数少于符号位数，数字前后加零。

具体示例如下：

```
a=534.989
Print Format (a, "0000,00000")
```

输出结果为：0534.98900

● #：表示数字占位符，若实际数字位数少于符号位数，数字前后不加零。

具体示例如下：

```
a=534.989
Print Format (a, "####,####")
```

输出结果为：534.989

● .（小数点）：与 0 和 # 配合使用，显示小数点，小数多余的部分四舍五入。

具体示例如下：

```
a=534.989
Print Format (a, "0000,00")
```

输出结果为：0534.99

● %：数值乘以 100，加上百分号。

具体示例如下：

```
a=0.989
Print Format (a, "00,00%")
```

输出结果为：98.90%

● $：在数字前加$符号。

● +：在数字前加+。

● -：在数字前加-。

● E+：用指数形式表示。

● E-：用指数形式表示。

具体示例如下：

```
a=348.52
Print Format(a,"$+####.00")
Print Format(a,"0.00E+00")
```

输出结果为：$+348.52

　　　　　　3.49E+02

② 日期格式化字符的功能。

● d：显示日期（1～31），个位前不加 0。

● dd：显示日期（1～31），个位前加 0。

● y：显示一年中的日（1～365）。

- yy：两位数字表示年份（00～99）。
- yyyy：四位数字表示年份（0100～9999）。
- h：显示小时（0～23），个位前不加 0。
- hh：显示小时（0～23），个位前加 0。
- m：在 y 后显示月份（1～12），在 h 后显示分钟（0～59），个位前不加 0。
- mm：在 y 后显示月份（1～12），在 h 后显示分钟（0～59），个位前加 0。
- s：显示秒（0～59），个位前不加 0。
- ss：显示秒（0～59），个位前加 0。

具体示例如下：

假设当前是 2023 年 3 月 18 日 9 时 12 分 50 秒。

```
Print Format( now, " yy年mm月dd日hh:mm:ss")
```

输出结果为：23 年 03 月 18 日 09:12:50

六、运算符和表达式

运算符是指描述不同的运算形式的符号。

表达式是指常量、变量、函数用运算符连接起来的式子。

表达式分为算术表达式、字符串表达式、关系表达式、布尔表达式等。

1. 算术运算符和算术表达式

（1）算术运算符。

Visual Basic 提供了 8 个算术运算符，其含义及优先级如表 1-2-1 所示。

表 1-2-1　算术运算符的含义及优先级

算术运算符	含　义	优　先　级
^	乘方	1
–	取负	2
*	乘	3
/	除	3
\	整除	4
Mod	取模	5
+	加	6
–	减	6

① 指数运算。

指数运算用来求乘方，其运算符为"^"。

具体示例如下：

5 的平方写为 5^2。

8^2=64　　3^3=27

x+1 的 y+2 次方写为(x+1)^(y+2)。

② 除法运算。

除法运算符为"/"，用来计算一个数除以另一个数。

具体示例如下：

16 除以 4 写成 16/4，结果为 4。

5 除以 2 写成 5/2，结果为 2.5。

③ 整数除法运算。

整数除法运算符为"\"。

计算方法：将"\"两边的数四舍五入为整数后再相除，结果为商的整数部分。

具体示例如下：

```
23.6\6=4
20\3=6
```

④ 取模运算（Mod）。

取模运算符"Mod"用来求两个整数相除所得的余数，将"Mod"两边的数四舍五入为整型数，相除后取余数。

具体示例如下：

```
10.8 Mod 4.1=3
24 Mod 8 = 0
```

（2）算术表达式。

由算术运算符、数值型常量和变量、函数和圆括号组成的表达式叫算术表达式，它的运算结果是一个数值。

具体示例如下：

```
101+X
3*5+8 Mod 3 *56\2
9*3/(1+x)
Fix(7)+Int(x)
```

（3）算术表达式的书写注意事项。

① 乘号用*表示，所有运算符不能省略。

② 所有括号都用圆括号表示，先算内括号，再算外括号，成对使用。

③ 平方根等运算用函数表示，数学上的希腊字母用变量或常量代替。

例：π 用 3.1415926 表示，β 用变量名表示。

④ 表达式按运算符的优先级顺序运算，如果有括号，先算括号内。

具体示例如下：

数学表达式 $\dfrac{-b+\sqrt{b^2-4ac}}{2a}$ 转换为 Visual Basic 6.0 表达式为：

(-b+sqr(b^2-4*a*c))/(2*a)

2．字符串运算符和字符串表达式

（1）字符串运算符。

字符串运算符有两个，即"&"和"+"，其功能都是将两个字符串连接起来。

具体示例如下：

```
A1="我叫李小龙，"
A2="我是一名学生"
A3=A1+A2 'A3 的值为"我叫李小龙，我是一名学生"
```

或者：

```
A3=A1&A2 'A3 的值也为"我叫李小龙，我是一名学生"
```

（2）字符串表达式。

由字符串常量、变量、函数和运算符组成的表达式叫字符串表达式。

3. 关系运算符和关系表达式

（1）关系运算符。

Visual Basic 提供了 6 个关系运算符，其含义如表 1-2-2 所示。

表 1-2-2　关系运算符的含义

关系运算符	含　义
<	小于
>	大于
<=	小于或等于
>=	大于或等于
=	等于
<>	不等于
Like	匹配模式
Is	比较对象变量

① "Like" 用来判断一个字符串是否匹配某一模式，如果匹配则结果为 True，否则结果为 False。

- *：表示任意个数的任意字符。
- ?：表示 1 个任意的字符。

具体示例如下：

"abc" Like "a*" 结果为 True，"abc" Like "?a?" 结果为 False。

② "Is" 用在选择结构语句 Select Case 中的表达式列表中，用于与测试表达式相比较。

具体示例如下：

```
Select Case x
Case is<0
Print "负数"
Case is<60
Print "不及格"
Case is<80
Print "合格"
Case is <=100
Print "优秀"
End Select
```

（2）关系运算的注意事项。

① Visual Basic 把任何非 0 的值都看作"真"，但一般以"–1"表示，0 则表示"假"。

② 关系运算符可进行数值大小的比较。

③ 关系运算符可进行字符串中字符的 ASCII 码比较。

④ 关系运算符可进行日期比较，后面的日期大，前面的日期小。

⑤ 6 个关系运算符为同级运算符，不分先后。

（3）关系表达式。

关系表达式是由关系运算符将两个数值表达式或两个字符串表达式连接起来的式子，关系表达式的值是布尔型的，只有 True 和 False 这两个结果。

具体示例如下：

```
3+2=15        '表达式的值为False
15>=12        '表达式的值为True
"abc">"ABC"   '表达式的值为True
#2019/12/12#<= #2009/12/12#   '表达式的值为False
```

4．逻辑运算符和逻辑表达式

（1）逻辑运算符。

逻辑运算符用于对两个表达式进行逻辑运算，结果是布尔值 True 或 False。

Visual Basic 提供的逻辑运算符有 3 个，其含义和优先级如表 1-2-3 所示。

表 1-2-3　逻辑运算符的含义和优先级

逻辑运算符	含　义	优　先　级
Not	非	1
And	与	2
Or	或	3

如果用 A 和 B 分别代表任意两个操作数，用 T 代表 True，用 F 代表 False，则各种逻辑运算的结果如表 1-2-4 所示。

表 1-2-4　逻辑运算的结果

操作数 A	F	F	T	T
操作数 B	F	T	F	T
Not A	T	T	F	F
A And B	F	F	F	T
A Or B	F	T	T	T

（2）逻辑表达式。

用逻辑运算符连接的两个或多个式子称为逻辑表达式，该表达式的返回值只有两种，即真（True）和假（False）。

具体示例如下：

```
Not (12>18)  Or 1>5      '其结果为True
(3>8) And (7<3)          '其结果为False
```

5．表达式的运算顺序

（1）进行函数运算，其优先级最高。

（2）进行算术运算。

（3）进行关系运算。

（4）进行逻辑运算。

具体示例如下：

假设 x=3

表达式 $x+5>3$ And Not $x*6<= x^2$ Or $x/3+5>=Sqr(x^2)$的运算顺序如下。

（1）函数与算术运算：8>3 And Not 18<=9 Or 6>=3。

（2）关系运算：True And Not False Or True。

（3）逻辑运算中的 Not True And True Or True。

（4）逻辑运算中的 And True Or True。

（5）逻辑运算中的 or true。

七、语句格式

在 Visual Basic 中编写程序代码时需要注意以下几个规则：

（1）字母不区分大小写。Visual Basic 对关键字有自动转换大小写的功能。

（2）标点符号都需要在英文状态下输入。

（3）语句用 Enter 键结束，一般要求"一句一行"。

（4）可以使用复合语句，即把多句写在一行中，但必须用冒号（:）连接。

（5）当一行代码很长时，可以用"空格+_"来续行，也就是一行写不下时，可在第一行的末尾加上"空格+_"，下一行继续写。

八、赋值语句

1. 语法格式

[Let] <变量或属性>=<表达式>

2. 语句功能

计算表达式的值并赋给赋值号左侧的变量或属性。

具体示例如下：

```
Dim x As Integer
x=56
Text1.Text=x+20
```

3. 注意事项

（1）变量和表达式的数据类型必须一致。若两者同为数值型但精度不一样，则系统会强制将表达式值的精度转换为变量所要求的精度。

（2）赋值号"="表示将表达式的值赋给变量，与数学上等号的意义不同。Let 表示赋值，通常省略。

（3）赋值语句兼有计算与赋值双重功能。

（4）若把多条赋值语句放在同一行，那么各条语句之间必须用冒号隔开。

九、Cls 方法

1. 语法格式

对象名.Cls

2. 功能

清除程序运行时窗体或图像框生成的图形和文本。

具体示例如下：

Form1.Cls——清除窗体上的图形和文本。

Picture1.Cls——清除图像框上的图形和文本。

十、Print 方法

1. 语法格式

[对象名称.]Print [表达式] [,|;] [表达式] [,|;] …

2．功能

计算表达式的值，按照指定的格式输出到指定的对象上。

3．注意事项

（1）对象名称可以是窗体名称（Form）、图片框（PictureBox）、打印机（Printer）、立即窗口（Debug）。如果省略对象名称，则在当前窗体中输出。

（2）表达式是符合 Visual Basic 语法规则的式子，若省略了表达式，则输出一个空行。

（3）使用 Print 方法可以输出多个表达式的值，表达式之间用分隔符隔开。如果用逗号隔开，则按标准输出格式（分区）显示数据项，每个表达式占 14 个字符的位置；如果用分号隔开，则表达式按紧凑输出格式输出数据项。

（4）Print 方法具有计算和输出的双重功能，对于表达式，先计算后输出。

（5）当用 Print 方法显示文本时，可以用 Spc(n)和 Tab(n)来控制字符的位置。

① Spc(n)：插入 n 个空白字符数。

② Tab(n)：将插入点定位到第 n 列。

具体示例如下：

```
Print 1,2,3
Print 1;2;3
Print
Print tab(3),1; tab(10),2
Print "你好"; spc(5); "加油"
```

输出结果为：

```
1             2             3
1 2 3


1    2
你好     加油
```

十一、注释语句

1．语法格式

Rem| '<注释内容>

2．功能

为了方便阅读程序，可以使用注释语句对程序进行说明。注释语句对程序运行没有影响。

具体示例如下：

```
Dim Sum As Integer
Sum=0          '给Sum赋初值
Print Sum:Rem 输出Sum的值
```

3．注意事项

（1）在 Rem 关键字与注释内容之间要有一个空格。

（2）在语句行后使用 Rem 关键字时，用冒号（:）与语句隔开。

（3）若用单引号注释，则语句后不必加冒号。

十二、结束语句

1．语法格式

（1）End

（2）Unload <对象名称>

2．功能

（1）End 语句的功能是结束正在运行的程序。

（2）Unload 语句的功能是从内存中卸载窗体或控件。

卸载当前窗体的示例如下：

```
Unload Me
```

卸载 Form2 的示例如下：

```
Unload Form2
```

十三、选择结构

1．If 语句

（1）单行形式。

① 语法格式：

If 条件 Then [语句 1][Else 语句 2]

② 执行流程：

如果"条件"值为 True（真），则执行"语句 1"；否则，执行"语句 2"。"Else 语句 2"可以省略。

具体示例如下：

```
X=8: y=3
If x>y Then s=x+y Else s=x-y
Print s
```

程序的输出结果为：11

（2）多行形式。

① 语法格式：

If <条件 1> Then

[语句块 1]

ElseIf <条件 2> Then

[语句块 2]

ElseIf <条件 3> Then

[语句块 3]

…

Else

[语句块 n]

End If

② 执行流程：

如果"条件 1"为 True（真），则执行"语句块 1"；如果"条件 2"为 True（真），则执行"语句块 2"……依次类推。如果条件都为 False（假），则执行"语句块 n"。

具体示例如下：

```
Dim cj As Integer
cj=Inputbox("请输入你的成绩:", "输入")
If  x<0 or x>100 Then
Print  "超出范围"
Elseif  x<60  Then
 Print  "不及格"
 Elseif  x<70  Then
 Print  "合格"
 Elseif  x<80   Then
 Print  "良好"
 Else
 Print  "优秀"
 End If
```

如果输入成绩 85，则输出结果为：优秀

（3）IIf 函数。

① 语法格式：

Result=IIf(条件,True 部分,False 部分)

② 执行顺序：

变量 Result 用于保存 IIf 函数的返回值。"条件"是一个逻辑表达式，当"条件"为 True（真）时，IIf 函数返回"True 部分"；当条件为 False（假）时，IIf 函数返回"False 部分"。

具体示例如下：

```
a=IIf( x<80, "合格", "优秀")
```

2. Select Case 语句

（1）语法格式：

Select Case <测试表达式>

Case 表达式列表 1

语句块 1

Case 表达式列表 2

语句块 2

…

Case   Else

语句块 n

End Select

（2）执行流程：

根据测试表达式的值从多个 Case 子句中选择一个符合条件的语句块执行。

（3）注意事项：

① 测试表达式可以是数值表达式或字符串表达式。

② 表达式列表有如下 3 种形式。

● 一组用逗号分隔的枚举值，如 "10,20,30"。

● 表达式 1 To 表达式 2，如 "60 To 100"。

● 用 is 指定的表达式，如 "is <=60"。

③ 语句必须以 End Select 结束。

具体示例如下：

```
Dim x As Integer
x=60
Select Case x
Case  85  to  100
Print  "A"
Case  70  TO  85
Print  "B"
Case  60  TO  70
Print  "C"
Case  0  TO  60
Print  "D"
Case  Else
Print  "成绩有误"
End Select
```

程序的运行结果为：C

十四、循环结构

1．For 循环语句

（1）语法格式：

For <循环变量>=<初值> To <终值>[Step<步长>]

[语句组]

[Exit For]

[语句组]

Next [循环变量]

（2）执行流程：

循环过程为：开始时，循环变量的值为初值，每执行一次循环体，它的值都要加一次步长的值，然后判断其值是否小于或等于（大于或等于，在步长为负值的情况下）终值，如果判断结果为 True，则继续执行循环体，否则退出循环。

（3）注意事项：

① 循环变量是数值型变量。

② 初值、终值和步长可以是数值型常量或变量，但不能是数组元素。

③ 循环的条件如下：

当步长大于 0 时，循环变量小于或等于终值；

当步长小于 0 时，循环变量大于或等于终值。

④ 当初值等于终值时，无论步长是正数还是负数，循环体均被执行一次。

⑤ For 循环语句和 Next 语句必须成对出现，不能单独使用。

⑥ Exit For 语句是在一定的条件下结束循环。

⑦ 循环次数=Int（（终值-初值）/步长）+1。

⑧ 步长可以是正数，也可以是负数，如果省略，默认步长为 1。

具体示例如下：

```
s=0
For i=1 to 15
x= 2*i-1
```

```
If x mod 3=0 then s=s+1
Next  i
Label1.Caption= s
```

程序的运行结果是：5

2. While/Wend 循环语句

（1）语法格式：

While <条件>

[语句组]

Wend

（2）执行流程：

首先计算给定的条件的值，若结果为 True（非 0 值），则执行循环体，当遇到 Wend 语句时，控制返回并继续对条件进行测试，若结果仍然为 True，则重复上述过程；若结果为 False，则直接执行 Wend 后面的语句。

具体示例如下：

```
a=15:b=9
While b<>0
c=a Mod b
a=b
b=c
Wend
Print a
```

程序的运行结果是：3

3. Do 循环语句

（1）Do While … Loop 语句

语法格式：

Do While <条件>

[语句组]

[Exit Do]

Loop

执行流程：先判断条件，当条件为 True 时，循环继续进行，当条件变为 False 时执行 Loop 后面的语句。

具体示例如下：

```
Dim n As Integer
i=11:n=2
Do While i>n
i=i-n
Loop
Print i
```

程序的运行结果为：1

（2）Do Until … Loop 语句

语法格式：

Do Until <条件>

[语句组]

[Exit Do]

Loop

执行流程：先判断条件，当条件为 False 时，循环继续进行，当条件变为 True 时执行 Loop 后面的语句。

具体示例如下：

```
Dim n As Integer
i=15:n=4
Do Until i<n
i=i-n
Loop
Print i
```

程序的运行结果为：3

（3）Do … Loop While 语句

语法格式：

Do

[语句组]

[Exit Do]

Loop While <条件>

执行流程：先执行一次循环体，再判断条件，当条件为 True 时，循环继续进行，若条件变为 False，则执行 Loop 后面的语句。

具体示例如下：

```
Dim n As Integer
i=15:n=4
Do
i=i-n
Loop While i>n
Print i
```

程序的运行结果为：3

（4）Do … Loop Until 语句

语法格式：

Do

[语句组]

[Exit Do]

Loop Until <条件>

执行流程：先执行一次循环体，再判断条件，当条件为 False 时，循环继续进行，直到条件变为 True 执行 Loop 后面的语句。

具体示例如下：

```
Dim n As Integer
i=11:n=3
Do
i=i-n
Loop Until i<n
Print i
```

程序的运行结果为：2

（5）注意事项：Exit Do 语句用于退出 Do 循环，一般与 If 语句相配合，满足一定的条件提前结束循环。

具体示例如下：

```
Dim n As Integer
i=11:n=2
Do While i>n
i=i-n
If i<5 Then Exit Do
Loop
Print i
```

程序的运行结果为：3

十五、数组

1．数组与数组元素

在 Visual Basic 中，把一组具有同一名字、不同下标的变量称为数组。

数组中的每个变量称为数组元素。

2．数组的分类

（1）根据元素个数是否保持不变，可以将数组分为定长数组和动态数组。

（2）根据维数不同，可以将数组分为一维数组和多维数组（最多 60 维）。

3．定长数组

（1）定长数组的概念。

定长数组是指元素个数保持不变的数组。

（2）定长数组的声明语法格式：

Dim 数组名([下标下界 To]下标上界[,下标下界 To 下标上界]) [As 数据类型]

一维数组声明示例如下：

Dim x(1 To 100) As Integer　　　　　Dim y(10) As String

二维数组声明示例如下：

Dim x(-2 To 3,-1 To 2) As Single　　　Dim cj(4,5) As Double

数组的声明还可以用 Public、Private、Static 语句，表示数组的作用域不同。

（3）定长数组声明的注意事项：

① Dim 语句必须在使用数组前使用，遵循先声明后使用的原则。

② 数组名可以是任何合法的变量名。

③ 数组的数据类型可以是任何一种数据类型，若省略 As 子句，则定义的数组为变体型。

④ 使用 Dim 语句声明数组时，数值型数组的元素初始化为 0，字符串数组的元素初始化为空字符串。

⑤ 下标下界和下标上界表示最小下标值与最大下标值，通过关键字 To 连接起来，代表下标的取值范围。下标的取值范围不超过长整型的取值范围（-2147483648～2147483647）。

⑥ 省略"下标下界 To"，数组默认下界为 0。若希望下标从 1 开始，声明数组前，可使用 Option Base 1。

⑦ 如果数组有一个下标，则称为一维数组。如果数组有两个或多个下标，则称为二维数组或多维数组。数组的维数最多可以是 60 维（60 个下标变量）。

⑧ 不能使用 Dim 语句对已经声明了的数组重新声明。

⑨ 在同一过程中，数组名不能与其他变量同名。

⑩ 在声明定长数组时，每一维元素的个数必须是常数，不能是变量和表达式。数组的下界必须小于数组的上界。

（4）测试数组下标的下界值和上界值。

① 测试下标下界值的语法格式如下：

LBound(数组名[,维])

② 测试下标上界值的语法格式如下：

UBound(数组名[,维])

具体示例如下：

```
Dim x(1 To 8, 3 to 10) As Integer
```

LBound(x,1)的结果是 1，UBound(x,1)的结果是 8；

LBound(x,2)的结果是 3，UBound(x,2)的结果是 10。

（5）求数组元素的个数。

一维数组元素的个数=下标上界-下标下界+1。

二维数组元素的个数=(下标上界 1-下标下界 1+1)×(下标上界 2-下标下界 2+1)。

具体示例如下：

```
Dim x(-2 To 6) As Integer
```

数组元素的个数为 9。

```
Dim x(1 To 4, -3 To 2) As Single
```

数组元素的个数为 24。

（6）定长数组的数据类型。

① 在一般情况下，声明数组用类型说明词指明类型，同一数组只能存放同一类型的数据。

具体示例如下：

```
Dim x(1 To 100) As Integer
```

数组 x 的类型是整型，数组元素中必须存放整型数据。

```
Dim y(1 To 30) As String
```

数组 y 的类型是字符型，数组元素中必须存放字符型数据。

② 在 Visual Basic 中，允许声明默认数组，即数据类型为变体型的数组，变体类型数组的元素可以存放不同类型的数据，这种数组是一种混合型数组。

具体示例如下：

```
Dim x(1 To 10)
```

数组 x 没有指定类型，默认类型为变体型。

该声明的等价代码如下：

```
Dim x(1 To 10) As Variant
```

4．数组的初始化

（1）数组的初始化就是给数组的各个元素赋初值。

（2）数组在声明后，系统将数值型数组元素初始化为 0，将字符串型和变体型数组元素初始化为空串，将逻辑型数组元素初始化为 False。

（3）Array 函数的语法格式：

数组名 ＝Array(数组元素值)

具体示例如下：

```
x=Array(30,62,93,10,52,29,45)
```

数组 x 有 7 个元素：x(0)的值为 30，x(1)的值为 62，x(2)的值为 93，依次类推。

（4）Array 函数使用注意事项。

① 使用 Array 函数给数组赋初值时，数组变量只能是变体型。Array 函数只适用于一维数组，不能对二维或多维数组赋值。

② 数组可以不声明直接使用，也可以只声明数组不声明类型或声明成变体型。

③ 数组名可以是预先声明的，在其后没有括号。数组元素值是要赋给数组中各元素的值，各值之间以逗号分隔。如果不提供数组元素值，则创建一个长度为 0 的数组。

④ 默认情况下，使用 Array 函数创建的数组的下标下界为 0。如果希望下标下界为 1，则应使用 Option Base 1 语句。

具体示例如下：

```
Option Base 1
x=Array(5,6,7,8)
```

数组 x 有 4 个元素，分别是 x(1)、x(2)、x(3)和 x(4)，其值分别为 5、6、7 和 8。

5．动态数组

（1）动态数组的概念。

动态数组是指计算机在执行过程中给数组开辟存储空间的数组。

（2）动态数组的特点。

① 可以用 ReDim 语句再次分配动态数组占据的存储空间，也可以用 Erase 语句删除它，收回所分配的存储空间。

② 动态数组可以用变量作为下标值，在程序运行过程中完成声明。动态数组可以在任何时候改变大小。

（3）创建动态数组的步骤。

第一步：在窗体级别、标准模块或过程中，用 Dim 语句（模块级数组）、Public 语句（全局数组）、Private 语句或 Static 语句（局部数组）声明一个没有下标的数组（括号不能省略）。

具体示例如下：

```
Dim x() As Integer
```

第二步：在过程中用 ReDim 语句定义带下标的数组。

ReDim 语句用来声明或重新声明原来用 Private 语句、Public 语句或 Dim 语句声明过的已经带空圆括号的动态数组的大小。

语法格式如下：

```
ReDim [Preserve]数组名(下标,下标) As数据类型名称
```

具体示例如下：

```
Dim x() as Integer
n=inputbox("请输入n的值","输入")
ReDim x(n+1)
```

（4）动态数组声明的注意事项。

① 可以用 ReDim 语句在过程中直接声明数组。对于用 ReDim 语句声明的数组，如果用 ReDim 语句重新声明，则只能修改数组中元素的个数，不能修改数组的维数。

② 用 Private 语句、Public 语句或 Dim 语句声明过的已经带空圆括号（没有维数下标）

的动态数组，在一个程序中，可以根据需要使用 ReDim 语句修改数组的维数或元素的个数，但不能修改数据的类型。

③ 重新分配动态数组时数组中的内容将被清除，如果在 ReDim 语句中使用了 Preserve 选择项，则保留数组内容。

④ ReDim 语句只能出现在事件过程或通用过程中，用它定义的数组是一个临时数组，即在执行数组所在的过程时为数组开辟一定的内存空间，当过程结束时，这部分内存立即被释放。

6. 数组的清除

（1）Erase 语句的功能：释放动态数组的存储空间或清除定长数组的内容。

（2）Erase 语句的语法格式：

Erase 数组名[,数组名]…

（3）如果数组是数值数组，则把数组中的所有元素置为 0；如果数组是字符串数组或变体型数组，则把数组中的所有元素置为空字符串。

具体示例如下：

```
Dim a(5)As Integer
For i=1 to 5
a(i)=i
Next
Erase a
Print a(1),a(2),a(3)
```

输出结果为：0　0　0

数组 a 是定长数组，执行 Erase a 后，数组中的元素仍然存在，但各元素的值为 0。

（4）当把 Erase 语句用于动态数组时，将删除整个数组并释放该数组所占用的内存，下一次使用时需要重新用 ReDim 语句定义。

具体示例如下：

```
Dim a() As Integer
x = 5
ReDim a(x)
For i = 1 To 5
a(i) = i
Next
Erase a
Print a(1), a(2), a(3)
```

运行结果为出错信息。

解析：数组 a 是动态数组，执行 Erase a 后，数组中的元素已经不存在，出现下标越界的信息。

7. 访问数组的方法

（1）数组的引用。

① 引用数组元素是在数组名后的括号内指定下标。

具体示例如下：

```
Dim x(1 To 5) As Integer
```

引用数组 x 中的元素：x(1)、x(i)、x(i+1)。

在引用数组元素时，数组名、类型和维数必须与声明数组时的一致。

如果建立的是二维或多维数组，则在引用时必须给出两个或多个下标。

具体示例如下：

```
Dim y(3,5) As Single
```

引用数组 y 中的元素：y(1,2)、y(i,j)、y(i+1,j+2)。

② 引用数组元素时，下标值要在声明的范围内。

具体示例如下：

```
Dim x(1 To 5) As Integer
```

数组 x 的元素有 x(1), x(2), x(3), x(4), x(5)，不能有其他元素。

在一般情况下，出现常数或变量的地方都可以引用数组元素。

（2）访问数组的常用方法。

① 当数组较小或只需要对数组中的指定元素操作时，可以通过直接引用数组实现对数组指定元素的操作。

② 对于元素较多的一维数组，通常采用一重循环实现对数组各个元素的遍历。

③ 对于元素较多的二维数组，通常采用二重循环实现对数组各个元素的遍历。

④ 对于多维数组，通常采用多重循环实现对数组各个元素的遍历。

十六、过程

1. 过程的概念和分类

为了简化程序设计，通常将程序分割成较小的逻辑部件，这些部件称为过程。

过程分为 Sub 过程（没有返回值）和 Function 过程（有返回值）。

2. Sub 过程

（1）概念：Sub 过程是指一组能够完成特定操作且相对独立的程序段（语句块）。

（2）Sub 过程的分类：分为通用过程和事件过程。

（3）通用过程。

① 概念：为了完成某个特定任务，通常会编写一段相对独立的程序。

② 通用过程的语法格式：

[Private | Public] [Static] Sub 过程名 [(形参列表)]

[语句块]

[Exit Sub]

[语句块]

End Sub

具体示例如下：

```
Private Sub qh(ByVal n As Integer,s As Single)
    s=0
    For i=1 to n
    s=s+i
    Next
    End Sub
```

通用过程 qh 的功能是求 1+2+3+…+n 的值。

③ 建立通用过程的方法。

打开代码编辑器窗口，从"对象"列表框中选择"通用"选项，然后在代码编辑区的空白处输入"Sub <过程名>"，按 Enter 键后就会出现 End Sub 语句。

（4）事件过程。

① 概念：针对控件或窗体的事件编写的代码，称为事件过程。

② 分类：分为控件事件过程和窗体事件过程，两者都使用 Private 语句来声明。

③ 控件事件过程的声明。

语法格式：

Private Sub 控件名称_事件名称([形参列表])

　　［程序段］

End Sub

具体示例如下：

```
Private Sub Command1_Click()
 Label1.Caption="欢迎使用VB系统"
 End Sub
```

④ 窗体事件过程的声明。

语法格式：

Private Sub 窗体名称_事件名称([形参列表])

　　［程序段］

End Sub

具体示例如下：

```
Private Sub Form_Click()
    Label1.Caption="欢迎使用VB系统"
 End Sub
```

⑤ 建立事件过程。

建立事件过程主要有以下 3 种方法。

● 双击窗体或控件打开代码编辑器窗口，出现该窗体或控件的默认过程代码。

● 单击"工程资源管理器"窗口中的"查看代码"按钮，然后从"对象"列表框中选择一个对象，从"过程"列表框中选择一个过程。

● 自己编写事件过程代码，直接在代码编辑器窗口中进行。

（5）Sub 过程的调用。

① 调用语法格式：

● Call 子过程名(实参列表)

具体示例如下：

```
Dim a As Integer
 a=4:b=5
 Call qh(a,b) 'qh为子过程名
 Print a+b
```

● 子过程名 [实参列表]

具体示例如下：

```
Dim  a  As Integer
 a=4:b=5
 qh a,b           'qh为子过程名
 Print a+b
```

② 参数传递。

● 形参：过程定义的参数表中出现的参数称为形式参数（简称形参）。

● 实参：在调用过程语句或表达式中出现的参数称为实在参数（简称实参）。

● 参数的结合：在调用一个过程时，必须把实参按次序传送给过程中的形参，完成形参与实参的结合，这种参数的传递也称为参数的结合。

● 传递参数的两种方式：

按值传递，在过程定义时，形参前加 ByVal 关键字的是按值传递。实参向形参传递临时的存储单元，是单向的，如果在被调用的过程中改变了形参值，则只有临时单元的值变动，不会影响实参变量本身。

按地址传递，是默认的传递方式，形参前加 ByRef 关键字（或省略）的是按地址传递。实参向形参传递实参的存储地址，是双向的，如果在被调用的过程中改变了形参值，则改变的是实参变量本身。

● 如果调用语句中的实参是常量或表达式，则参数是按值传递的。

具体示例如下。

事件过程：

```
Private Sub Command_Click()
Dim a As Single, b As Single, s As Double
a=3:b=5
Call qc(a, b, s)
Print s
End Sub
```

qc 过程：

```
Private Sub qc( ByVal x, ByVal y, z)
s=a*b
End Sub
```

解析：事件过程中的变量 a,b,c 是实参，qc 过程中的 x,y,z 是形参，x,y 前面有 ByVal，调用 qc 时，采用按值传递方式进行，a 将值传给 x，b 将值传给 y，子程序 qc 执行结束后，x,y 的值不再返回给 a,b，而实参 z 前面没有加关键字，调用 qc 时，默认按地址方式传递，s 将值传递给 z，子程序 qc 执行结束后，z 返回给 s。

3．Function 过程（自定义函数）

（1）创建 Function 过程（用户自定义函数）的语法格式：

[Private|Public][Static]Function <函数名> ([参数列表]) [As 数据类型]

[语句块]

[Exit Function]

[函数名=表达式]

End Function

具体示例如下：

```
Private Function mj(a,b)As Single
mj=a*b
End Function
```

（2）注意事项：

① Public 关键字用于声明在所有模块中可以使用的 Function 过程，默认范围是 Public。

② Private 关键字用于声明只能在包含该声明的模块中使用的 Function 过程。

③ 使用 Static 关键字表示在调用 Function 过程时，保留 Function 过程内的局部变量的值。

④ 函数名遵循 Visual Basic 标识符命名规则。

⑤ Exit Function 语句的功能是提前退出 Function 过程。

⑥ Function 过程具有返回值。

⑦ As 子句用于声明函数返回值的数据类型，如果省略 As 子句，则返回值的类型为变体型。

（3）调用 Function 过程的语法格式：

函数名([参数列表])

具体示例如下：

```
Private Function mj(a,b)As Single
mj=a*b
End Function
调用：S=mj(3,5)        '调用自定义函数mj
       Print s
```

4．Sub 过程与 Function 过程（自定义函数）的区别

（1）Function 过程名有值也有类型，在函数体内至少赋值一次；Sub 过程名无值也无类型，在 Sub 过程体内不能对子过程名赋值。

（2）调用时，Sub 过程调用是一条独立的语句，Function 过程不能作为单独的语句加以调用，必须参与表达式运算。

（3）在一般情况下，过程有一个值时，使用 Function 过程比较直观；反之，过程无返回值或者有多个返回值时，使用 Sub 过程比较直观。

十七、Visual Basic 程序中的错误

1．错误类型

（1）编译错误。

编译错误也称为语法错误，是程序中的语句违反了 Visual Basic 的语法规则引起的。

以下错误都属于编译错误：

① 关键字拼写错误。

② 遗漏了必需的标点符号。

③ 语句格式不正确。

④ 有 For 语句而无 Next 语句。

⑤ 有 If 语句而无对应的 End If 语句。

⑥ 括号不匹配等。

（2）实时错误。

实时错误指程序输入或编译时并未出现任何语法错误，但在程序运行过程中发生错误，导致应用程序中断。该类错误在设计阶段很难发现，通常在程序运行时发现。

以下错误属于实时错误：

① 除数为零。

② 零和负数求对数。

③ 负数求平方根等。

（3）逻辑错误。

逻辑错误是最难以处理的一种错误。程序可以正常运行，但得不到所希望的结果。这不是程序语句的错误，而是程序本身存在的逻辑缺陷导致的。

以下错误属于逻辑错误：

① 使用了不正确的变量类型。

② 语句的次序不正确。

③ 循环中起始值和终止值不正确。

④ 表达式书写不正确等。

2．处理错误的方法

（1）使用调试工具。

对于已发现的错误，可以利用调试工具对程序的运行进行跟踪，找出并改正导致错误的语句。

（2）使用错误捕捉语句。

对于不可避免的错误，或者还没有发现的错误，可以设置错误捕获语句，对错误进行捕捉和处理。

错误捕捉语句的语法格式如下：

On Error Goto [行号]

具体示例如下：

```
Private Sub Command1_Click()
On Error Goto a
Dim a As Integer, b As Integer, c As Integer
b=3: c=8
c=a+b\(c-b-5)
Print c
Exit Sub
a:
Print "程序出错"
Print Err.Number
Print Err.Description
End Sub
```

程序的运行结果如下：

```
程序出错
11
除数为零
```

（3）错误对象 Err 的两个属性。

① Number 属性：存储当前错误的编号。

如上述程序中的错误编号为"11"。

② Description 属性：存储当前错误的描述信息。

如上述程序的错误描述为"除数为零"。

项目三　设计应用程序窗体

复习要求

（1）理解窗体的常用属性，熟练掌握窗体属性的设置方法。

（2）掌握窗体的常用事件的触发时间，以及事件过程代码的编写。

（3）掌握窗体的 Print 方法、Cls 方法和 Line 方法等的功能及调用。

（4）理解对话框的概念与分类，掌握对话框的创建方法。

（5）掌握用 InputBox 函数创建输入框，以及用 MsgBox 函数创建消息框的方法。

（6）掌握 CommonDialog 控件的添加、常用方法和属性设置。

（7）理解 MDI 应用程序和 SDI 应用程序的概念。

（8）掌握 MDI 应用程序的特性和创建步骤。

（9）理解 MDI 窗体及子窗体的属性与设置。

（10）理解快速显示窗体的概念，掌握创建快速显示窗体的方法。

（11）理解 App 对象的概念，掌握 App 对象的常用属性设置。

思维导图

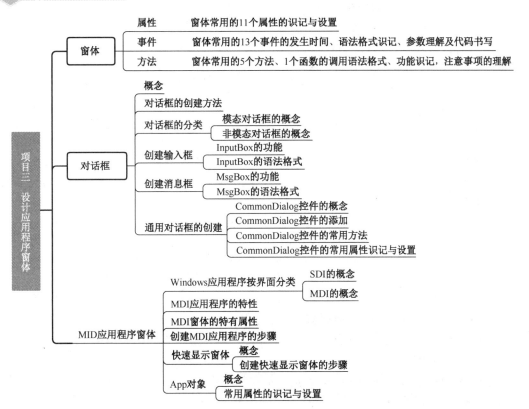

复习内容

一、窗体的常用属性

1. Caption 属性
Caption 属性用于设置显示窗体的标题。
具体示例如下：
```
Form1.Caption="图书管理系统"
```

2. BackColor 属性
BackColor 属性用于设置窗体的背景颜色。
具体示例如下：
```
Form1.BackColor = vbBlue
```

3. ForeColor 属性
ForeColor 属性用于设置窗体的前景颜色，该属性可以改变窗体中图形和文本的颜色。
具体示例如下：
```
Form1.ForeColor= vbGreen
```

4. FontName 属性
FontName 属性用于设置窗体中显示文本所用的字体。
具体示例如下：
```
Form1.FontName="隶书"
```

5. FontSize 属性
FontSize 属性用于设置窗体中显示文本所用字体的大小。
具体示例如下：
```
Form1.FontSize=11
```

6. CurrentX 属性和 CurrentY 属性
CurrentX 和 CurrentY 属性用于设置下一次打印或绘图方法的水平坐标与垂直坐标。
具体示例如下：
```
Form1.CurrentX=500
Form1.CurrentY=600
```

7. KeyPreview 属性
KeyPreview 属性用来返回或设置一个值，以决定是否在控件的键盘事件之前激活窗体的键盘事件。
具体示例如下：
```
Form1.KeyPreview=True
```
如果设置为 True，则窗体先接收键盘事件，然后由活动控件接收事件。
如果设置为 False（默认值），则活动控件接收键盘事件，而窗体不接收。

8. ScaleHeight 属性和 ScaleWidth 属性
ScaleHeight 属性：用来返回窗体内部的高度。
ScaleWidth 属性：用来返回窗体内部的宽度。

9. Width 属性和 Height 属性
Width 属性：设置窗体的宽度，包括边框厚度。
Height 属性：设置窗体的高度，包括菜单或标题等高度。

二、窗体的常用事件

1．Click 事件

（1）Click 事件在鼠标单击窗体的一个空白区或一个无效控件时发生。

（2）语法格式如下：

Private Sub Form_Click()

语句块

End Sub

具体示例如下：

当单击窗体时窗体的背景色变为红色。

```
Private Sub Form_Click()
Form1.Backcolor=Vbred
End Sub
```

2．Load 事件

（1）Load 事件在窗体被载入时发生。

（2）语法格式如下：

Private Sub Form_Load()

语句块

End Sub

具体示例如下：

在窗体载入时，要求输入密码，如果密码不正确则退出当前窗体。实现代码如下：

```
Private Sub Form_Load()
Cls
Dim a As String
a=InputBox("请输入密码", "输入")
If a="5678" Then
Show
Print "你输入的密码正确"
Else
Show
Print "你输入的密码错误！"
Unload Me
End If
End Sub
```

3．Resize 事件

（1）Resize 事件在窗体第一次显示或窗体的外观尺寸被改变时发生。

（2）语法格式如下：

Private Sub Form_Resize()

语句块

End Sub

具体示例如下：

当窗体的外观尺寸发生改变时，标签的宽度与高度会发生改变。实现代码如下：

```
Private Sub Form_Resize()
Label1.width=1/2*label1.width
```

```
Label1.height=1/2*label1.height
End Sub
```

4．Unload 事件

（1）当窗体在内存中卸载时发生 Unload 事件。

（2）以下情况都触发 Unload 事件：

① 使用控制菜单中的关闭命令时。

② 使用关闭按钮时。

③ 使用 Unload 语句关闭窗体时。

（3）语法格式如下：

Private Sub Form_Unload(Cancel As Integer)
语句块

End Sub

（4）参数 Cancel 的含义：

① Cancel 为整数，用来确定窗体是否卸载。

② Cancel 为 0，则窗体被卸载。

③ Cancel 设置为任何一个非 0 的值，可以防止窗体被卸载。

④ Cancel 的默认值为 0。

具体示例如下：

当关闭窗体时，询问是否真的要退出。实现代码如下：

```
Private Sub Form_Unload(Cancel As Integer)
a=MsgBox("你真的要退出吗？", vbYes+vbNo)
If a=vbyes Then
Unload Me
Else
Cancel=1
End If
```

5．KeyPress 事件（键盘事件）

（1）KeyPress 事件在用户按下和松开一个按键时发生。

（2）语法格式如下：

Private Sub Form_KeyPress(keyascii As Integer)
语句块

End Sub

（3）keyascii 是返回一个标准数字 ANSI 键的 ASCII 码。

例如，"A" 的 keyascii 值为 65，"a" 的 keyascii 值为 97。

具体示例如下：

按 Q 键退出窗体。实现代码如下：

```
Private Sub Form_KeyPress(keyascii As Integer)
If keyascii =Asc("Q")OR keyascii =Asc("q") Then    'q大小写都能实现退出窗体
Unload Me
End If
End Sub
```

6．KeyDown 事件和 KeyUp 事件（键盘事件）

（1）KeyDown 事件：一个对象具有焦点时按下一个键时发生。

KeyUp 事件：一个对象具有焦点时松开一个键时发生。

（2）语法格式如下：

Private Sub object_KeyDown(keycode As Integer, shift As Integer)
语句块
End Sub
Private Sub object_KeyUp(keycode As Integer, shift As Integer)
语句块
End Sub

（3）参数 keycode 是一个键代码，键盘上的每个键都有一个代码。

例如，F1 键的代码是 112，A 键的代码是 65。

（4）参数 shift 是表示键盘上 Shift 键、Ctrl 键和 Alt 键状态的一个整数。

① Shift 键被按下或松开时，参数 shift 的值是 1。

② Ctrl 键被按下或松开时，参数 shift 的值是 2。

③ Alt 键被按下或松开时，参数 shift 的值是 4。

④ 如果 Ctrl 键和 Alt 键同时被按下，则参数 shift 的值为 6。

具体示例如下：

当 Text1 处于活动状态时，按组合键 Ctrl+R，label1 的背景色变为红色，按组合键 Ctrl+G，label1 的背景色变为绿色，按组合键 Ctrl+B，label1 的背景色变为蓝色。

```
Private Sub Text1_KeyDown(keycode As Integer, shift As Integer)
If shift=2 and keycode= 82 then    Label1. Backcolor= vbred
If shift=2 and keycode= 71 then    Label1. Backcolor= vbgreen
If shift=2 and keycode= 66 then    Label1. Backcolor= vbblue
End sub
```

7. MouseDown 事件、MouseUp 事件和 MouseMove 事件（鼠标事件）

（1）MouseDown 事件：在按下鼠标按钮时发生。

语法格式如下：

Private Sub Form_MouseDown(button As Integer, shift As Integer, x As Single, y As Single)
语句块
End Sub

（2）MouseUp 事件：在释放鼠标按钮时发生。

语法格式如下：

Private Sub Form_MouseUp(button As Integer, shift As Integer, x As Single, y As Single)
语句块
End Sub

（3）MouseMove 事件：当鼠标指针在屏幕上移动时发生。

语法格式如下：

Private Sub Form_MouseMove(button As Integer, shift As Integer, x As Single, y As Single)
语句块
End Sub

（4）参数说明：

① 参数 button 返回一个整数，其值可以是 1、2 和 4，分别对应鼠标的左按钮、右按

钮及中间按钮。

② 参数 shift 返回一个整数，与键盘事件的参数 shift 相同，用于鼠标与键盘相结合的情况，如 Ctrl+移动鼠标。

③ 参数 x 和 y 返回一个指定鼠标指针当前位置的横坐标与纵坐标。

具体示例如下：

下面的程序是测试三个鼠标键哪个被按下的程序。

```
    Private Sub Form_MouseDown(button As Integer, shift As Integer, x As Single,
y As Single)
    Select  Case  Button
        Case 1
        Label1.Caption="鼠标的左按钮被按下"
        Case 2
        Label1.Caption="鼠标的右按钮被按下"
        Case 4
        Label1.Caption="鼠标的中按钮被按下"
    End select
    End sub
```

8. Activate 事件

（1）当一个窗体成为活动窗口时发生窗体的 Activate 事件。

以下情况都可以发生 Activate 事件：

① 用户单击窗体。

② 使用代码中的 Show 方法显示窗体。

③ 使用 SetFocus 方法使窗体变成活动窗体。

（2）语法格式如下：

Private 窗体名_Activate()

语句块

End Sub

（3）Load 事件和 Activate 事件的区别：

① Load 事件在 Activate 事件之前发生，即在载入窗体时发生。

② Activate 事件在载入窗体后变成活动窗体时发生。

③ Activate 事件发生的对象必须是可见窗体。

三、窗体的常用方法

1. Print 方法

（1）功能：Print 方法用于在窗体或图片框上输出文本。

（2）语法格式：

对象.Print 输出的内容列表

具体示例如下：

```
    Form1.Print "thank you"
```

2. Cls 方法

（1）功能：用于清除在程序运行时窗体或图片框上显示的文本和图形。

（2）语法格式：

对象.Cls

具体示例如下：

```
Form1.Cls
```

3．Line 方法

（1）功能：用于在窗体上画直线和矩形。

（2）语法格式：

窗体名.Line(x1, y1) - (x2, y2), [Color],[B][F]

具体示例如下：

```
Line  (100,200)-(500,600),vbRed
'在窗体上从点（100,200）到点（500,600）画一条红色的线段。
Line  (100,200)-(500,600),vbRed,B F
'在窗体上以点（100,200）到点（500,600）为对角线画一个红色的矩形。
```

4．Move 方法

（1）功能：用于移动窗体或控件。

（2）语法格式：

对象. Move　左,上,宽,高

具体示例如下：

将 Label1 移动到 500,600 的位置，宽和高都变为原来的一半。

```
Label1. Move  500,600, Label1.Width/2, Label1.Height/2
```

四、对话框

1．概念

对话框是一种特殊类型的窗体对象，用来提示用户应用程序继续运行所需的数据或者向用户显示信息。

2．对话框的创建方法

（1）使用 MsgBox 函数和 InputBox 函数的代码创建预定义对话框。

（2）使用标准窗体或自定义已存在的对话框创建自定义对话框。

（3）使用 CommonDialog 控件创建标准对话框。

3．对话框的分类

（1）模态对话框：

在继续使用应用程序的其他部分以前，必须先关闭的对话框是模态对话框。

（2）非模态对话框：

不需要关闭就可以在对话框与窗体之间进行切换的对话框是非模态对话框，如查找替换对话框。

4．InputBox 函数——输入框函数

（1）功能：

InputBox 函数在对话框中用来显示提示消息，等待用户输入文本或按下按钮，并返回包含文本框内容的字符串。

（2）InputBox 函数的语法格式：

InputBox(prompt[,title][,default][,xpos][,ypos][,helpfile,context])

具体示例如下：

```
Dim x As Integer
x=InputBox("请输入你的年龄", "输入", 18)
 "请输入你的年龄"是提示信息；
 "输入"是输入框标题栏中的标题；
```

18是输入框内的默认值。

运行后的输入对话框如图1-3-1所示。

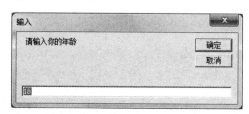

图1-3-1　输入对话框

5. MsgBox 函数——消息框函数

（1）功能：

MsgBox 函数在对话框中显示消息，等待用户单击按钮，并返回一个整数表明用户单击了哪个按钮。

（2）MsgBox 函数的语法格式：

MsgBox(prompt[, buttons] [, title] [, helpfile, context])

参数 buttons 的设置值如表1-3-1所示。

表1-3-1　参数 buttons 的设置值

符 号 常 量	数 值	描 述
vbOKOnly	0	只显示"确定"按钮
vbOKCancel	1	显示"确定"按钮和"取消"按钮
vbAbortRetryIgnore	2	显示"终止"按钮、"重试"按钮和"忽略"按钮
vbYesNoCancel	3	显示"是"按钮、"否"按钮和"取消"按钮
vbYesNo	4	显示"是"按钮和"否"按钮
vbRetryCancel	5	显示"重试"按钮和"取消"按钮
vbCritical	16	显示 Critical Message 图标
vbQuestion	32	显示 Warning Query 图标
vbExclamation	48	显示 Warning Message 图标
vbInformation	64	显示 Information Message 图标
vbDefaultButton1	0	第1个按钮是默认值
vbDefaultButton2	256	第2个按钮是默认值
vbDefaultButton3	512	第3个按钮是默认值

MsgBox 函数的返回值是指对消息框中的按钮进行单击时对应的值，按钮对应的值如表1-3-2所示。

表 1-3-2　按钮对应的值

常　　数	值	返回的按钮
vbOK	1	OK
vbCancel	2	Cancel
vbAbort	3	Abort
vbRetry	4	Retry
vbIgnore	5	Ignore
vbYes	6	Yes
vbNo	7	No

具体示例如下：

```
Dim a As Integer
a=MsgBox("你真的要退出吗？", 3+32+0,"退出")
If a=6 Then
Unload Me
End If
```

运行程序，弹出如图 1-3-2 所示的对话框，单击"是"按钮，函数的值为 6 或 vbYes。

图 1-3-2　"退出"对话框

6. 通用对话框（CommonDialog）控件

（1）CommonDialog 控件的功能。

CommonDialog 控件为应用程序提供一组标准的操作对话框，包括"打开"对话框、"另存为"对话框、"颜色"对话框、"字体"对话框、"打印"对话框及"帮助"对话框。

（2）CommonDialog 控件的添加方法。

CommonDialog 控件是一种 ActiveX 控件，将其添加到标准控件工具箱中的方法如下：

单击"工程"按钮，选择"部件"命令，在"部件"对话框的"控件"选项卡中，勾选"Microsoft Common Dialog Control 6.0"复选框，然后单击"确定"按钮。

（3）CommonDialog 控件的常用方法。

① 显示"打开"对话框的命令格式如下：

通用对话框名称.ShowOpen

具体示例如下：

```
CommonDialog1.ShowOpen
```

② 显示"另存为"对话框的命令格式如下：

通用对话框名称.ShowSave

具体示例如下：

```
CommonDialog1.ShowSave
```

③ 显示"颜色"对话框的命令格式如下：

通用对话框名称.ShowColor

具体示例如下：

```
CommonDialog1.ShowColor
```

④ 显示"字体"对话框的命令格式如下：

通用对话框名称.ShowFont

具体示例如下：

```
CommonDialog1.ShowFont
```

⑤ 显示"打印"对话框的命令格式如下：

通用对话框名称.ShowPrinter

具体示例如下：

```
CommonDialog1.ShowPrinter
```

⑥ 显示"帮助"对话框的命令格式如下：

通用对话框名称.ShowHelp

具体示例如下：

```
CommonDialog1.ShowHelp
```

（4）使用"打开"对话框时通用对话框的属性设置。

① FileName 属性：指定在"文件名"文本框中初始显示的文件名，返回选定文件的标识符（包括盘符路径和文件名）。

② FileTitle 属性：关闭对话框后，返回所选择不包括路径的文件名。

③ Filter 属性：文件类型过滤器，用于设置对话框中"文件类型"下拉列表框的项目及过滤显示的文件。

设置 Filter 属性的语法格式如下：

描述 1|过滤类型 1[描述 2|]过滤类型 2[…]

具体示例如下：

```
CommonDialog1.Filter= "图像文件(*.jpg)|*.jpg"
```

④ InitDir 属性：指定对话框打开时的默认路径。

具体示例如下：

```
CommonDialog1.InitDir="d:\"
```

（5）使用"颜色"对话框时通用对话框的属性设置。

Color 属性：返回用户在"颜色"对话框中选定的颜色值。

具体示例如下：

```
Label1.ForeColor=CommonDialog1.Color
```

五、多文档界面（MDI）应用程序

1．Windows 应用程序按界面分类

（1）SDI：单文档界面应用程序。

（2）MDI：多文档界面应用程序。

2．MDI 应用程序的特性

（1）所有子窗体均显示在 MDI 窗体的工作空间中。

（2）当最小化一个子窗体时，它的图标将显示在 MDI 窗体中而不是在任务栏中。

（3）当最大化一个子窗体时，它的标题会与 MDI 窗体的标题组合在一起，并且显示在 MDI 窗体的标题栏中。

3. MDI 窗体独有的属性

（1）AutoShowChildren 属性：通过设置该属性，子窗体可以在窗体加载时自动显示或自动隐藏。

（2）ActiveForm 属性：该属性表示 MDI 窗体中的活动子窗体。

4. 创建 MDI 应用程序的步骤

（1）选择"工程"→"添加 MDI 窗体"命令。（注意：一个应用程序只能有一个 MDI 窗体）

（2）创建应用程序的子窗体。先添加一个新窗体（或打开一个存在的窗体），然后把它的 MDIChild 属性设置为 True。

（3）设计时使用 MDI 子窗体。在子窗体中添加控件、设置属性、编写代码。

5. 快速显示窗体

（1）概念：

快速显示窗体通常作为程序的封面使用，这种窗体一般没有命令按钮和标题栏。当出现快速显示窗体时，按任意键或单击窗体，它就会被卸载并调用应用程序主窗体。

（2）制作快速显示窗体的步骤：

① 新建一个窗体，将窗体的 BorderStyle 属性设置为 3，ControlBox 属性设置为 False，Caption 属性设置为空字符串，并在该窗体中添加一些文字和图片。

② 选择"工程"→"属性"命令，切换到"通用"选项卡，在"启动对象"下拉列表框中选择上一步骤中建立的窗体。

6. App 对象

（1）概念：

App 对象是通过关键字 App 访问的全局对象，通过 App 对象可以指定应用程序的标题、版本信息、可执行文件和帮助文件的路径及名称，以及是否运行前一个应用程序的示例。

（2）App 对象的常用属性。

① CommanyName：返回或设置一个字符串，这个字符串指的是应用程序的公司或创建者的名称。

② EXEName：返回当前正在运行的可执行文件的根名，不带扩展名。

③ Major：返回或设置工程的主要版本号。

④ Minor：返回或设置工程的小版本号。

⑤ Path：返回或设置当前路径。

⑥ PrevInstance：返回一个值，指示是否已经有前一个应用程序实例在运行。

⑦ Revision：返回或设置工程的修订版本号。

⑧ Title：返回或设置应用程序的标题。

项目四　创建图形用户界面

复习要求

（1）掌握 Visual Basic 控件的分类。

（2）掌握 Visual Basic 标准控件的基本操作。

（3）理解并识记控件的通用属性。

（4）理解并识记标签控件的功能、常用属性、方法和事件。

（5）理解并识记文本框控件的功能、常用属性、方法和事件。

（6）理解并识记命令按钮控件的常用属性和事件。

（7）理解并识记单选按钮控件的常用属性和事件。

（8）理解并识记框架控件的常用属性。

（9）理解并识记复选框控件的常用属性和事件。

（10）理解并识记列表框控件的常用属性、方法和事件。

（11）理解并识记组合框控件的常用属性和事件。

（12）了解 Split 函数的功能。

（13）理解并识记滚动条控件的常用属性和事件。

（14）掌握 RGB 函数的应用。

（15）熟练掌握控件数组的用法。

（16）理解并识记计时器控件的常用属性和事件。

（17）理解 WebBrowser 控件的常用属性、方法和事件。

思维导图

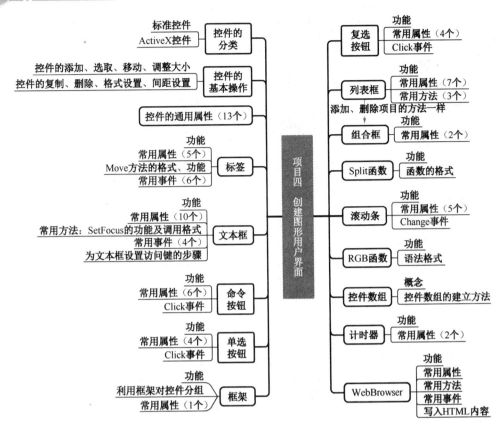

复习内容

一、控件的分类

1. 标准控件

标准控件是启动 Visual Basic 6.0 开发环境时，在工具箱中直接显示的控件。

具体示例如下：

标签控件、文本框控件、命令按钮控件等都是标准控件。

2. ActiveX 控件

ActiveX 控件是在使用时，需要通过"工程"菜单添加"部件"选项才可以添加到工具箱中的控件。

具体示例如下：

CommonDialog 控件、状态栏控件、RichTextBox 控件等都是 ActiveX 控件。

二、标准控件的基本操作

1. 添加控件

（1）在工具箱中单击表示某个控件的图标，然后在窗体中拖动鼠标指针以绘制一个控件。

（2）在工具箱中双击表示某个控件的图标，此时将在窗体中央添加一个控件。

2．选取控件

（1）在工具箱中单击指针图标，然后用鼠标单击要选取的控件。

（2）若要选取多个控件，可以在按住 Shift 键的同时依次单击各个控件，或者在窗体中拖出一个选择框，然后把这些控件包围起来。

3．移动控件

用鼠标指针指向控件内部并将其拖至新位置即可。

4．调整控件大小

（1）用鼠标指针拖动控件四周的控制点，并向适当的方向拖动鼠标，直到控件大小符合要求时释放鼠标。

（2）在窗体上选择控件，然后使用属性窗口设置其 Left 属性、Top 属性、Width 属性和 Height 属性的值，以精确地设置控件的位置和大小。

5．复制控件

（1）在窗体中选取要复制的一个或多个控件。

（2）执行"编辑"→"复制"命令。

（3）若要把该控件的副本粘贴到某个容器控件（如图像框或框架）中，则单击该容器控件。

（4）执行"编辑"→"粘贴"命令。

（5）当出现提示已经有某控件、是否要创建控件数组时，若想创建控件数组，则可以单击"是"按钮；若不想创建控件数组，则可以单击"否"按钮。

6．删除控件

（1）选取要删除的一个或多个控件，然后执行"编辑"→"删除"命令。

（2）选取要删除的一个或多个控件，直接按 Delete 键。

7．设置控件的格式

执行"视图"→"工具栏"→"窗体编辑器"命令，使该命令项中出现复选标记，打开"窗体编辑器"工具栏，如图 1-4-1 所示。

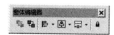

图 1-4-1 "窗体编辑器"工具栏

使用"窗体编辑器"工具栏可以对控件进行以下设置。

（1）置前与置后：

单击"置前"按钮可以把所选控件移到窗体中所有其他控件的上方。

单击"置后"按钮可以把所选控件移到窗体中所有其他控件的下方。

（2）设置控件之间的对齐方式：

首先选取一组控件，然后单击"窗体编辑器"工具栏左边的向下箭头，并从弹出的菜单中选择所需要的对齐方式。

（3）设置控件相对于窗体的居中对齐方式：

首先选取一组控件，然后单击"窗体编辑器"工具栏中间的向下箭头，并从弹出的菜单中选择"水平对齐"命令或"垂直对齐"命令。

（4）把控件调整成相同大小：

首先选取一组控件，然后单击"窗体编辑器"右边的向下箭头，并从弹出的菜单中选择"宽度相同"命令、"高度相同"命令或"两者都相同"命令。

（5）锁定控件：

当完成控件布局时，可以单击"锁定"按钮，使之处于凹陷状态，这将锁定窗体中所有控件的当前位置。

8．将多于两个的控件设置相同间距

选取这些控件，然后执行"格式"→"水平间距"→"相同间距"命令或"格式"→"垂直间距"→"相同间距"命令。

三、控件的通用属性

1．Name 属性

返回在代码中的控件名称。

2．BackColor 属性

返回或设置控件中文本和图形的背景颜色。

具体示例如下：

```
Label1.BackColor=vbRed
```

3．Caption 属性

返回或设置在控件中显示的文本。

具体示例如下：

```
Label1.Caption="姓名："
```

4．Enabled 属性

返回或设置一个逻辑值，决定控件是否响应用户生成事件。

具体示例如下：

```
Command1.Enabled=True
```

5．ForeColor 属性

返回或设置控件中文本和图形的前景颜色。

具体示例如下：

```
Label1.ForeColor=vbRed
```

6．Font 属性

返回或设置一个 Font 对象，用于指定控件中文本的字体名称、字体样式和字体大小。

具体示例如下：

```
Label1.FontName="宋体"      或者：Label1.Font.Name="宋体"
Label1.FontSize=20          或者：Label1.Font.Size=20
```

7．Height 属性和 Width 属性

Height 属性：返回或设置控件的高度。

Width 属性：返回或设置控件的宽度。

Height 属性和 Width 属性用于确定控件的大小。

具体示例如下：

```
Label1.Height=3000          Label1.Width=2000
```

8．Left 属性和 Top 属性

Left 属性：返回或设置控件左边缘与容器左边缘的距离。

Top 属性：返回或设置控件上边缘与容器上边缘的距离。

Left 属性和 Top 属性用于确定对象的位置。

具体示例如下：

```
Label1.Left=500    Label1.Top=200
```

9．Visible 属性

返回或设置一个逻辑值，决定控件是否可见。

具体示例如下：

```
Label1.Visible=False
```

四、标签控件

1．标签控件的功能

显示用户不能编辑的文本信息。

2．标签控件的常用属性

（1）Alignment 属性：返回或设置标签中文本的水平对齐方式。

该属性有 3 个取值：0（默认值）表示左对齐，1 表示右对齐，2 表示居中对齐。

具体示例如下：

```
Label1.Alignment =2
```

（2）AutoSize 属性：返回或设置一个布尔值，用于决定控件是否自动改变大小，以显示其全部内容。

若属性值为 True，则自动改变控件大小以显示全部内容；

若属性值为 False（默认值），则保持控件大小不变，超出控件区域的内容被裁剪掉。

具体示例如下：

```
Label1.AutoSize=True
```

（3）BackStyle 属性：返回或设置一个值，指定标签控件的背景是透明的还是非透明的。

如果取值为 0 则表示透明，即控件后的背景色和任何图片都是可见的；

如果取值为 1（默认值）则表示不透明，颜色为 BackColor 的颜色。

具体示例如下：

```
Label1.BackStyle=1
```

（4）BorderStyle 属性：返回或设置一个值，指定标签控件的边框样式。

该属性的取值为 0（默认值）则表示无边框，为 1 则表示有固定单线边框。

具体示例如下：

```
Label1.BorderStyle=1
```

（5）WordWrap 属性：返回或设置一个布尔值，指示 AutoSize 属性设置为 True 的标签控件是否要水平或垂直展开，以适合其 Caption 属性中指定文本的要求。

具体示例如下：

```
Label1.AutoSize=True  Label1.WordWrap=True
```

3．标签控件的常用方法

（1）Move 方法的功能：用于在窗体上移动标签控件。

（2）Move 方法语法格式：

object.Move left, top, width, height

具体示例如下：

```
Label1.Move  Command1.left , Command1.top
```

将 Label1 移动到 Command1 的位置，大小不变。

4．标签控件的常用事件

（1）Change 事件。

通过代码改变标签的 Caption 属性的设置时会发生 Change 事件。

（2）Click 事件。

当用鼠标单击标签控件时会发生 Click 事件。

（3）DblClick 事件。

当用鼠标双击标签控件时会发生 DblClick 事件。

（4）MouseDown 事件和 MouseUp 事件。

当鼠标指针在标签上时，按下鼠标按钮时会发生 MouseDown 事件，释放鼠标按钮时会发生 MouseUp 事件。

（5）MouseMove 事件。

在标签的区域内移动鼠标指针时会发生 MouseMove 事件。

五、文本框控件

1．文本框的功能

显示和编辑文本信息。

2．文本框控件的常用属性

（1）MaxLength 属性：返回或设置一个值，指出在文本框控件中能够输入的字符数是否有一个最大值，如果有，则指定能够输入的字符数的最大值。

（2）MultiLine 属性：返回或设置一个布尔值，决定文本框控件是否可以接收和显示多行文本。

（3）PasswordChar 属性：返回或设置一个值，指示输入的字符或占位符在文本框控件中是否要显示出来。

具体示例如下：

```
Text1.PasswordChar="*"
```

（4）ScrollBars 属性：返回或设置一个值，指示一个对象是有水平滚动条还是有垂直滚动条。该属性可以取以下 4 个值。

① vbSBNone－0（默认值）：无滚动条。

② vbHorizontal－1：有水平滚动条。

③ vbVertical－2：有垂直滚动条。

④ vbBoth－3：同时有两种滚动条。

（5）SelLength 属性、SelStart 属性和 SelText 属性：用于对文本框中的文本进行选定操作。

① SelLength 属性：返回或设置所选择的字符数。

② SelStart 属性：返回或设置所选择的文本的起始点，若未选中文本，则指出插入点的位置。

③ SelText 属性：返回或设置包含当前所选择文本的字符串，若未选中字符，则为空字符串（""）。

（6）TabIndex 属性：返回或设置文本框访问 Tab 键的顺序。

（7）TabStop 属性：返回或设置一个值，指定用户是否可以用 Tab 键来选定文本框。

（8）Text 属性：返回或设置文本框中的文本。

具体示例如下：

```
Text1.Text=123
```

3．文本框控件的常用方法

SetFocus 是文本框控件的常用方法，用于将焦点移至文本框控件中。

SetFocus 方法的语法格式如下：

object.SetFocus

其中 object 表示文本框控件。

具体示例如下：

```
Text1.SetFocus          '将焦点移至Text1中
```

4．文本框控件的常用事件

（1）Change 事件。

当文本框中的内容改变时会发生 Change 事件。

（2）KeyDown 事件和 KeyUp 事件。

当文本框具有焦点时，按下一个键就会发生 KeyDown 事件。

当文本框具有焦点时，松开一个键就会发生 KeyUp 事件。

（3）KeyPress 事件。

当文本框具有焦点时，按下或松开一个键就会发生 KeyPress 事件。

5．为文本框设置访问键

（1）添加一个标签，并在其 Caption 属性中通过"&"字符指定一个访问键，如姓名&x。

（2）添加一个文本框，标签的 TabIndex 属性比文本框的 TabIndex 属性小 1，而标签不能接收焦点，使用访问键即可把焦点置于文本框中。

六、命令按钮控件

1．命令按钮控件的常用属性

（1）Cancel 属性：返回或设置一个值，用来指示窗体中的命令按钮是否为"取消"按钮。

（2）Default 属性：返回或设置一个值，以确定哪个命令按钮是窗体的默认命令按钮。

（3）Style 属性：返回或设置一个值，指示控件的显示类型（在按钮上是否显示图像）。

（4）Value 属性：返回或设置指示该按钮是否是可选的值，在设计时不可用。

（5）ToolTipText 属性：返回或设置一个工具提示字符串。

2．命令按钮控件的常用事件

Click 事件是命令按钮控件的常用事件。

七、单选按钮控件

1．单选按钮控件的功能

显示一个可以打开或者关闭的选项。

2．单选按钮控件的常用属性

（1）Caption 属性：Caption 属性值是显示在控件上的文本，是单选按钮的标题。

（2）Alignment 属性：决定单选按钮的标题（Caption 属性值）在控件上的位置。

① Alignment 属性值为 0，则表示左对齐，单选按钮在左，标题在右边，此为默认方

式。如图 1-4-2 所示，控件 Option1 的标题为 Option1。

② Alignment 属性值为 1，则表示右对齐，单选按钮在右，标题在左边。如图 1-4-2 所示，控件 Option2 的标题为 Option2。

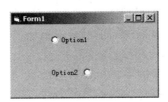

图 1-4-2　单选按钮对齐属性说明

（3）Enabled 属性：控件的 Enabled 属性值为 False 时，控件显示为灰色，运行时不可用。

（4）Value 属性：单选按钮是否被选中。

3．单选按钮控件的常用事件

单选按钮控件的常用事件是 Click 事件。

八、框架控件

1．框架控件的功能

框架控件是一种容器控件，为其他控件提供可标识的分组。

2．利用框架控件给其他控件分组的方法

先建立框架控件，然后在框架中添加其他控件，不能简单地把已建立的控件拖到框架中。

3．框架控件的常用属性

Caption 属性：设置框架控件上显示的标题名称，若属性值为空，则框架为封闭的矩形。

九、复选框控件

1．复选框控件的功能

可以用来提供 True/False 或 Yes/No 选项。

2．复选框控件与单选按钮控件的区别

（1）在一个窗体中可以同时选择任意数量的复选框控件。

（2）在一个单选按钮组中，在任何时候都只能选择一个单选按钮控件。

3．复选框控件的常用属性

（1）Caption 属性：复选框的标题。

（2）Value 属性：复选框的状态，默认值为 0。

① 如果 Value 属性值为 0，则复选框内为空白，即"□"。

② 如果 Value 属性值为 1，则复选框显示为"☑"。

③ 如果 Value 属性值为 2，则复选框显示为灰色的"☑"。

4．复选框控件的常用事件

复选框控件的常用事件一般为 Click 事件。

十、列表框控件

1．列表框（List）控件的功能

提供选项供用户进行选择。

2．列表框控件的常用属性

（1）List 属性：用来列出项目内容。

（2）ListCount 属性：控件列表框部分项目的个数。

（3）ListIndex 属性：被选中项目的索引号。

（4）Selected 属性：表示列表框中的项目是否被选中。

（5）Text 属性：返回当前选中的项目内容。

（6）Sorted 属性：指定控件中的项目是否自动按字母顺序排列。

（7）MultiSelect 属性：指定控件中的项目是否可以多选。

3．列表框控件的常用方法

（1）向列表框中添加项目的方法。

① 使用 AddItem 方法。

● 功能：用于将项目添加到列表框控件中。

● 语法格式：

<列表框>.AddItem <项目字符串>, [索引号]

具体示例如下：

```
Private Sub Form_Load()
    List1.AddItem"苹果"
    List1.AddItem"橘子"
    List1.AddItem"香蕉"
    List1.AddItem"木瓜"
    List1.AddItem"火龙果"
    List1.AddItem"榴莲"
End Sub
```

② 设计时添加列表框控件的项目的方法。

在属性窗口中选中 List 属性，在下拉列表框中添加项目，用 Ctrl+Enter 组合键换行。

③ 运行时也可以用赋值语句在列表框控件中添加或修改项目。

列表框.List(List1.ListIndex)=项目文本

（2）Clear 方法。

① 功能：Clear 方法用于清空列表框控件中的所有表项。

② 语法格式：

<列表框>.Clear

（3）RemoveItem 方法。

① 功能：用于删除列表框控件中指定的表项。

② 语法格式：

<列表框>.RemoveItem <索引值>

具体示例如下：

```
List1.RemoveItem 2
```

4．列表框控件的常用事件

（1）Click 事件。

运行时单击列表框控件的某一表项，可以使该表项在未选中状态和选中状态之间切换，同时触发该列表框控件的 Click 事件。

（2）DblClick 事件。

双击可以直接运行项目所对应的事件。

十一、组合框控件

1. 组合框（Combo）控件的功能

为用户提供选项列表，用户可以在控件列表项中进行选择。

2. 组合框控件的常用属性

（1）Style 属性：决定组合框的样式，并且是只读属性，只能在设计时设置。

① Style 属性值 0：为下拉式组合框，包括一个下拉式列表和一个文本框，可以从列表中选择或在文本框中输入。

② Style 属性值 1：为简单组合框，包括一个文本框和一个不能被收起和下拉的列表，可以从列表中选择或在文本框中输入。

③ Style 属性值 2：为下拉式列表，这种样式仅允许从下拉式列表中选择，不能输入。

Style 值不同，样式如图 1-4-3 所示。

图 1-4-3　组合框样式图

（2）Text 属性：返回当前选中的项目内容或在组合框中编辑的内容。

十二、Split 函数

1. 功能

返回一个下标从零开始的一维数组，它包含指定数目的子字符串。

2. 语法格式

Split(expression[,delimiter[,count[,compare]]])

具体示例如下：

```
a="计算机,电子,财会,数控,艺术"
b=Split(a, ",")
```

数组 b 的元素为 b(0)、b(1)、b(2)、b(3)、b(4)，它们的值分别为"计算机""电子""财会""数控""艺术"。

十三、滚动条控件

1. 滚动条（ScrollBar）的分类

滚动条分为水平滚动条（HScrollBar）和垂直滚动条（VScrollBar）。

2. 滚动条的功能

滚动条可以作为输入设备，或者数量、速度的指示器来使用。

3. 滚动条控件的常用属性

（1）LargeChange 属性：返回或设置当用户单击滚动条和滚动箭头之间的区域时滚动条

控件的 Value 属性值的改变量。

（2）SmallChange 属性：返回或设置当用户单击滚动箭头时滚动条控件的 Value 属性值的改变量。

（3）Max 属性：返回或设置当滚动框处于底部或最右位置时，一个滚动条位置的 Value 属性的最大设置值。

（4）Min 属性：返回或设置当滚动框处于顶部或最左位置时，一个滚动条位置的 Value 属性的最小设置值。

（5）Value 属性：返回或设置滚动条的当前位置，其返回值始终介于 Max 属性值和 Min 属性值之间，并且包括这两个值。

4．滚动条控件的常用事件

Change 事件在 Value 属性值改变时发生。

十四、RGB 函数

1．功能

用于返回一个整数，用来表示一个 RGB 颜色值。

2．语法格式

RGB(red,green,blue)

参数 red、green、blue 分别指定三原色中红色、绿色、蓝色的比例，它们的取值范围为 0～255。

具体示例如下：

```
Label1.BackColor=RGB(255,0,0)
```

十五、控件数组

1．控件数组的概念

控件数组是由一些相同类型的控件组成的数组，数组元素就是这些控件。同一个控件数组中各个控件具有相同的名称，用 Index 属性来标识区分各个控件。

2．控件数组的创建方法

（1）复制并粘贴一个控件，当提示创建控件数组时，单击"是"。

（2）将一个控件命名为已有控件的名称，当提示创建控件数组时，单击"是"。

十六、计时器控件

1．计时器（Timer）控件的功能

用在背景进程中，并且是不可见的，通过引发 Timer 事件，计时器控件可以有规律地隔一段时间执行一次代码。

2．计时器控件的常用属性

（1）Enabled 属性：设置或返回计时器控件的有效性，该属性值为布尔值，如果设置为 True，则每经过指定间隔的时间将触发 Timer 事件。

如果把 Enabled 属性值设置为 False，则计时器控件无效，停止工作。

（2）Interval 属性：设置计时器控件事件间隔的毫秒数。

Interval 属性的语法格式如下：

oTimer.Interval [= milliseconds]

具体示例如下：

```
oTimer.Interval=5000
```

计时器的 Timer 事件代码每隔 5000ms 执行一次。

注意：1000ms=1s，milliseconds 的最大值为 65535ms。

3．计时器控件的常用事件

Timer 事件：当 Enabled 属性设置为 True，Interval 属性的值有效时，每隔 Interval 属性指定的时间执行一次。

十七、WebBrowser 控件

1．WebBrowser 控件的功能

WebBrowser 控件也称为 Microsoft Internet 控件，是一种 ActiveX 控件，可以在应用程序内承载 Internet Explorer 浏览器。

2．WebBrowser 控件的常用属性

（1）Application 属性：如果该对象有效，则返回掌管 WebBrowser 控件的应用程序实现的自动化对象（IDispatch）。如果在宿主对象中自动化对象无效，那么程序将返回 WebBrowser 控件的自动化对象。

（2）Parent 属性：返回 WebBrowser 控件的父自动化对象，通常是一个容器。

（3）Container 属性：返回 WebBrowser 控件容器的自动化对象。

（4）Document 属性：为活动文档返回自动化对象。

（5）TopLevelContainer 属性：返回一个布尔值，表明 Internet Explorer 浏览器是否是 WebBrowser 控件顶层容器，如果是则返回 True。

（6）Type 属性：返回已被 WebBrowser 控件加载的对象的类型。

（7）Left 属性：返回或设置 WebBrowser 控件窗口的内部左边与容器窗口左边的距离。

（8）Top 属性：返回或设置 WebBrowser 控件窗口的内部上边与容器窗口顶边的距离。

（9）Width 属性：返回或设置 WebBrowser 控件窗口的宽度，以像素为单位。

（10）Height 属性：返回或设置 WebBrowser 控件窗口的高度，以像素为单位。

（11）LocationName 属性：返回一个字符串，该字符串包含 WebBrowser 控件当前显示的资源名称。如果资源是网页，则为网页的标题；如果资源是文件或文件夹，则为文件或文件夹的名称。

（12）LocationURL 属性：返回 WebBrowser 控件当前正在显示的资源的 URL。

（13）Busy 属性：返回一个布尔值，说明 WebBrowser 控件当前是否正在加载 URL。如果返回 True，则可以使用 Stop 方法来撤销正在执行的访问操作。

3．WebBrowser 控件的常用方法

（1）GoBack 方法：相当于 Internet Explorer 浏览器的"后退"按钮，使用户在当前历史列表中后退一项。

（2）GoForward 方法：相当于 Internet Explorer 浏览器的"前进"按钮，使用户在当前历史列表中前进一项。

（3）GoHome 方法：相当于 Internet Explorer 浏览器的"主页"按钮，连接用户默认的主页。

（4）GoSearch 方法：相当于 Internet Explorer 浏览器的"搜索"按钮，连接用户默认的搜索页面。

（5）Navigate 方法：连接到指定的 URL。

（6）Refresh 方法：刷新当前页面。

（7）Stop 方法：相当于 Internet Explorer 浏览器的"停止"按钮，停止当前页面及其内容的载入。

4．WebBrowser 控件的常用事件

（1）BeforeNavigate2 事件：导航发生前激活，刷新时不激活。

（2）CommandStateChange 事件：当命令的激活状态改变时激活。它表明何时激活或关闭 Back 和 Forward 菜单项或按钮。

（3）DocumentComplete 事件：当整个文档完成时激活，刷新页面不激活。

（4）DownloadBegin 事件：当某项下载操作已经开始后激活，刷新也可以激活此事件。

（5）DownloadComplete 事件：在某项下载操作完成时激活，刷新页面不激活。

（6）NavigateComplete2 事件：导航完成后激活，刷新时不激活。

（7）NewWindow2 事件：在创建新窗口以前激活。

（8）OnFullScreen 事件：当 FullScreen 属性改变时激活。

（9）OnQuit 事件：无论是用户关闭浏览器，还是开发者调用 Quit 方法，当 Internet Explorer 浏览器退出时就会激活。

（10）OnStatusBar 事件：与 OnMenuBar 调用方法相同，指示状态栏是否可见。

（11）OnToolBar 事件：调用方法同上，指示工具栏是否可见。

（12）OnVisible 事件：控制窗口的可见或隐藏。

（13）StatusTextChange 事件：改变状态栏中的文字时发生。

（14）TitleChange 事件：Title 属性有效或改变时激活。

5．向 WebBrowser 控件中写入 HTML 内容

（1）要向 WebBrowser 控件中写入 HTML 内容，首先需要在 Form_Load 事件过程中添加以下语句：

```
WebBrowser, Navigate "about: blank"
```

（2）调用 WebBrowser1. Document 的方法。

① Open 方法：打开。

② Write 方法：写入。

③ Close 方法：关闭。

项目五 设计多媒体程序

复习要求

（1）掌握建立 Visual Basic 窗体坐标系的方法。
（2）掌握 QBColor 颜色的使用方法。
（3）掌握 PSet 方法的功能及调用。
（4）掌握 Line 方法的功能及调用。
（5）掌握 Circle 方法的功能及调用。
（6）理解并识记 Line 控件的功能及常用属性的设置。
（7）理解并识记 Shape 控件的功能及常用属性的设置。
（8）理解并识记图像框控件的常用属性和方法。
（9）理解并识记图像控件的常用属性和事件。
（10）理解声明 API 函数的方法（Declare 语句）。
（11）掌握 mciSendString 函数的操作命令。
（12）理解并识记 ShockWaveFlash 控件的常用属性和方法。
（13）理解并识记 Windows Media Player 控件的常用属性和方法。

思维导图

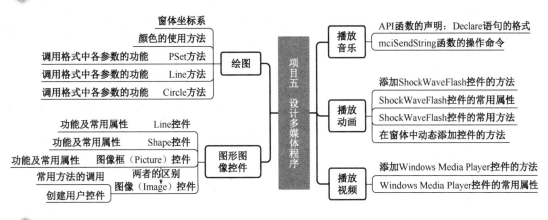

复习内容

一、窗体坐标系

1. 指定坐标系的单位
（1）ScaleMode 属性的功能：返回或设置一个值，指定坐标的度量单位。
（2）ScaleMode 属性的值：

① 0 表示用户定义坐标系。

② 1 表示坐标系的单位是 Twips（缇）。

③ 2 表示坐标系的单位是 Points（点）。

④ 3 表示坐标系的单位是 Pixels（像素）。

⑤ 4 表示坐标系的单位是字符数。

⑥ 5 表示坐标系的单位是英寸。

⑦ 6 表示坐标系的单位是毫米。

⑧ 7 表示坐标系的单位是厘米。

2. 建立坐标系

（1）Scale 方法的功能：定义坐标系的区域。

（2）Scale 方法的语法格式：

Scale (x1, y1) - (x2, y2)

其中，(x1, y1)是绘图区域左上角的坐标，(x2, y2)是绘图区域右下角的坐标。

具体示例如下：

下面语句用于建立一个 1024px×768px 的坐标系。

```
Form1.ScaleMode=0                '用ScaleMode属性设置用户定义坐标系
Form1.ScaleMode=3                '用ScaleMode属性将坐标系的单位设为像素
Form1.Scale(-512,384)-(512,-384)  '用Scale方法定义区域为1024px×768px
```

二、使用 Visual Basic 颜色

QBColor 函数

QBColor 函数能够选择 16 种颜色。QBColor 函数可以选择的颜色如表 1-5-1 所示。

表 1-5-1　QBColor 函数可以选择的颜色

代　号	颜　色	代　号	颜　色	代　号	颜　色	代　号	颜　色
0	黑	4	暗红	8	灰	12	红
1	暗蓝	5	暗紫	9	蓝	13	紫
2	暗绿	6	暗黄	10	绿	14	黄
3	暗青	7	亮灰	11	青	15	白

具体示例如下：

将窗体的 BackColor 属性设置为绿色。

```
Form1.BackColor=QBColor(10)
```

三、PSet 方法

1. PSet 方法的功能

用于将对象上的点设置为指定颜色。

2. PSet 方法的语法格式

object.PSet [Step] (x, y), [color]

具体示例如下：

将窗体上的点(800,900)设置为蓝色。

```
Form1.PSet (800,900),vbBlue
```

清除窗体上的点(800,900)的颜色（将颜色设置为背景色，假设背景色为白色）。

```
Form1.PSet (800,900),QBColor(15)
```

四、Line 方法

1．Line 方法的功能

在窗体或图像框中绘制直线和矩形。

2．Line 方法的语法格式

object.Line [Step] (x1,y1) [Step] (x2,y2),[color],[B][F]

具体示例如下：

从(500,600)到(600,800)绘制一条红色的直线。

```
Line (500,600)-(600,800),vbRed
```

以(500,600)和(1000,1500)为对角线，绘制一个蓝色的矩形。

```
Line (500,600)-(1000,1500),vbBlue,B F
```

参数 B 表示矩形，F 表示用边框颜色填充矩形。

五、Circle 方法

1．Circle 方法的功能

用于在对象上画圆、椭圆、弧或扇形。

2．Circle 方法的语法格式

object.Circle [Step] (x, y), radius, [color, start, end, aspect]

具体示例如下：

（1）画圆。

```
Circle (500,500),600,QBColor(12)
```

（2）画椭圆。

```
Circle (500,500),600,QBColor(12),0.5
```

（3）画弧。

```
Circle (800,800),600,QBColor(12),3.1415926/6,3.1415926/2
```

（4）画扇形。

```
Circle (800,800),600,QBColor(12),-3.1415926/4,-3.1415926/2
```

六、Line 控件

1．Line 控件的功能

Line 控件是一种图形控件，可以在窗体、图像框和框架中绘制水平线、垂直线或对角线。

2．Line 控件的常用属性

（1）BorderColor 属性：返回或设置对象的边框颜色。

（2）BorderStyle 属性：返回或设置对象的边框样式。

BorderStyle 属性有 7 个可选值：

① 0 表示透明。

② 1（默认值）表示实线。

③ 2 表示虚线。

④ 3 表示点线。

⑤ 4 表示点画线。

⑥ 5 表示双点画线。

⑦ 6 表示内收实线。

（3）BorderWidth 属性：返回或设置控件边框的宽度。

（4）x1、y1、x2、y2：返回或设置 Line 控件起始点(x1, y1)和终止点(x2, y2)的坐标。水平坐标是 x1 和 x2，垂直坐标是 y1 和 y2。

七、Shape 控件

1．Shape 控件的功能

Shape 控件是图形控件，用于在窗体、图像框和框架中绘制矩形、正方形、椭圆、圆形、圆角矩形或圆角正方形。

2．Shape 控件的常用属性

（1）Shape 属性：用于设置所显示的形状。

该属性有 6 个可选值：

① 0 表示矩形。

② 1 表示正方形。

③ 2 表示椭圆。

④ 3 表示圆形。

⑤ 4 表示圆角矩形。

⑥ 5 表示圆角正方形。

（2）FillColor 属性：用来设置 Shape 控件的填充颜色。

（3）FillStyle 属性：设置填充效果。

FillStyle 属性有 8 个可选值：

① 0 表示实心。

② 1 表示透明。

③ 2 表示水平线。

④ 3 表示垂直线。

⑤ 4 表示左上对角线。

⑥ 5 表示右下对角线。

⑦ 6 表示交叉线。

⑧ 7 表示对角交叉线。

八、图像框控件

1．图像框（Picture）控件的功能

（1）接收和输出一般图形。

（2）用于创建动态图形。

（3）支持 Print 方法，在对象中输出文本。

（4）图像框是容器对象，可以在此控件中放置其他控件。

2．图像框控件的常用属性

（1）AutoRedraw 属性：返回或设置从图形方法到持久图形的输出。

（2）AutoSize 属性：返回或设置一个值，以决定控件是否自动改变大小，从而显示其

全部内容。

① 当 AutoSize 属性的值为 True 时，图像框控件将自动改变大小，容纳其中的内容。

② 当 AutoSize 属性的值为 False 时，图像框控件的大小不变。

（3）Height 属性和 Width 属性：返回或设置图像框的高度和宽度。

（4）Picture 属性：返回或设置图像框控件中要显示的图片。

3．图像框控件的常用方法

（1）PaintPicture 方法。

① PaintPicture 方法的功能：可以在图像框控件上绘制图形文件，图形文件主要有.bmp、.wmf、.emf、.cur、.ico 或.dib 等文件。

② PaintPicture 方法的语法格式：

object.PaintPicture picture, x1, y1, width1, height1, x2, y2, width2, height2, opcode

具体示例如下：

● 在 Picture2 中绘制 Picture1 中的图片，并且放大 10%。

```
    Picture2.PaintPicture Picture1.Picture, 0, 0, Picture1.Width * 1.1,
Picture1.Height * 1.1
```

● 在 Picture2 中绘制 Picture1 中的图片，并且宽度和高度变为原来的一半。

```
    Picture2.PaintPicture Picture1.Picture, 0, 0, Picture1.Width * 0.5,
Picture1.Height * 0.5
```

（2）LoadPicture 方法。

① LoadPicture 方法的功能：可以将图像加载到图像控件、图像框控件或窗体中，也可以清除上述控件中的图像。

② LoadPicture 方法的语法格式：

object.Picture = LoadPicture([filename])

具体示例如下：

● 将 c:\aa\image1.jpg 图片加载到图像框 1 中。

```
    Picture1.picture=LoadPicture("c:\aa\image1.jpg")
```

● 清除图像框 1 中的图像。

```
    Picture1.picture=LoadPicture()
```

九、图像控件

1．图像（Image）控件的功能

显示图像，从文件中装入并显示位图、图标、图元文件、增强型图元文件、JPEG 文件和 GIF 文件这几种格式的图形。

2．图像控件的常用属性

（1）Picture 属性：返回或设置控件中要显示的图片。

（2）Stretch 属性：返回或设置一个值，指定一个图形是否要调整大小，以适应图像控件的大小。

（3）Tag 属性：返回或设置一个表达式，用来存储程序中需要的额外数据。

3．图像控件的 Move 方法

（1）Move 方法的功能：

将指定的对象移动到指定坐标，并可以重新指定宽度和高度。

（2）Move 方法的语法格式：

object.Move left, top, width, height

具体示例如下：

将 Image1 移到 Label1 的位置。

```
Image1.Move Label1.left, Label1.top
```

4．图像控件的常用事件

单击图像控件时会发生 Click 事件。

十、创建用户控件

1．用户控件的图标与扩展名

（1）在工具箱和"工程资源管理器"窗口中，用户控件用图标 表示。

（2）用户控件的文件扩展名为.ctl。

2．用户控件的创建

创建用户控件有以下 3 种方式。

（1）由零开始制作控件。

（2）改进现有的控件。

（3）把现有的几个控件组装成一个新的控件。

十一、使用 Declare 语句声明 API 函数

1．Declare 语句的功能

在模块中声明对 DLL 动态链接库中外部过程的引用。

2．Declare 语句的两种语法格式

第一种语法格式（过程没有返回值用 Sub）：

[Public|Private] Declare Sub name Lib "libname" [Alias "aliasname"] [([arglist])]

第二种语法格式（过程有返回值用 Function）：

[Public|Private] Declare Function name Lib "libname" [Alias "aliasname"][([arglist])] [As type]

十二、API 函数 mciSendString

1．API 函数 mciSendString 的功能

API 函数 mciSendString 使用字符串作为操作命令来控制媒体的设置。

2．常用的操作命令

（1）Open：打开媒体设备。

（2）Close：关闭媒体设备。

（3）Play：播放媒体文件。

（4）Pause：暂停播放媒体文件。

（5）Stop：停止播放媒体文件。

（6）Seek：设置播放位置。

（7）Set：设置设备状态。

（8）Status：确定设备当前的状态。

十三、ShockWaveFlash 控件

1．ShockWaveFlash 控件的功能

播放 Flash 动画文件。

2．ShockWaveFlash 控件的添加

（1）从"工程"菜单中选择"部件"命令。

（2）在"部件"对话框的"控件"选项卡中勾选"ShockWaveFlash"前面的复选框。

（3）单击"确定"按钮。

3．ShockWaveFlash 控件的常用属性

（1）Movie 属性：指定要播放的 Flash 动画文件。

（2）TotalFrames 属性：返回总的帧数。

（3）CurrentFrame 属性：返回当前帧编号。

4．ShockWaveFlash 控件的常用方法

（1）Play 方法：开始播放动画文件。

（2）Back 方法：跳到动画的上一帧。

（3）Forward 方法：跳到动画的下一帧。

（4）Rewind 方法：返回动画的第一帧。

（5）Stop 方法：停止 Flash 动画文件播放。

十四、在窗体中动态添加控件

在窗体中动态添加控件：在程序运行期间，调用 Controls 集合的 Add 方法在窗体中动态添加一个控件。

（1）Controls：窗体中的所有控件组成一个集合，这个集合用 Controls 表示。

（2）Controls 集合的 Add 方法的语法格式：

Me.Controls. Add (ProgID, name, container)

具体示例如下：

程序运行期间在窗体上添加一个命令按钮。

```
Set cmdobject= Form1.Controls.Add("VB.CommandButton","cmdOne")
```

十五、Windows Media Player 控件

1．Windows Media Player 控件的功能

播放视频文件（*.avi、*.mpg 和*.dat）。

2．Windows Media Player 控件的添加

（1）从"工程"菜单中选择"部件"命令。

（2）在"部件"对话框的"控件"选项卡中勾选"Windows Media Player"前面的复选框。

（3）单击"确定"按钮。

3．Windows Media Player 控件的常用属性

（1）URL 属性：指定媒体文件的位置。

（2）EnableContextMenu 属性：设置是否显示播放位置的右键菜单。

（3）FullScreen 属性：设置是否处于全屏显示状态。

（4）StretchToFit 属性：设置非全屏状态时是否伸展到最佳大小。

（5）IMode 属性：设置播放器的用户界面模式。如果设置为 Full，则包含控制条；如果设置为 None，则只有播放部分而没有控制条。

（6）PlayState 属性：返回当前控件状态，1 表示已停止，2 表示暂停，3 表示正在播放。

4．Windows Media Player 控件的主要对象

（1）Controls 对象。

① Controls 的属性。

● Controls.CurrentPosition 属性：返回当前播放进度。

● CurrentPositionString 属性：返回时间格式的字符串。

② Controls 的方法。

● Controls.Play 方法：播放媒体文件。

● Controls.Stop 方法：停止播放。

● Controls.Pause 方法：暂停播放。

（2）CurrentMedia 对象。

CurrentMedia 对象的属性如下。

① CurrentMedia.Duration 属性：返回媒体的总长度。

② CurrentMedia.DurationString 属性：返回时间格式的字符串。

（3）Settings 对象。

Settings 对象的属性如下。

① Settings.Volume 属性：设置音量，设置范围为 0～100。

② Settings.Balance 属生：设置立体声的左声道和右声道的音量。

项目六　设计菜单和工具栏

复习要求

（1）掌握菜单控件的功能、菜单的组成、菜单编辑器的打开及菜单属性的设置。

（2）理解并识记菜单控件的常用属性。

（3）掌握 RichTextBox 控件的功能、属性设置与方法调用。

（4）掌握状态栏控件的功能、组成及属性设置。

（5）理解 ClipBoard 对象的功能和常用方法的功能及调用。

（6）掌握工具栏控件的功能、常用属性和事件。

（7）掌握图像列表控件的功能及使用方法。

思维导图

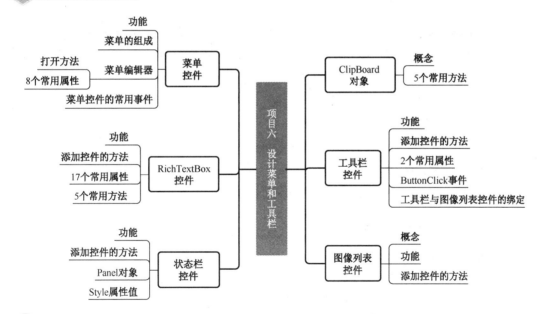

复习内容

一、菜单控件

1. 菜单（Menu）控件的功能
显示应用程序的自定义菜单。

2. 菜单的组成
菜单由命令、子菜单和分隔条组成。

3．创建菜单的方法

利用菜单编辑器创建菜单，通过菜单编辑器设置菜单的属性。

4．打开菜单编辑器的方法

（1）从"工具"菜单中选择"菜单编辑器"命令，或者按组合键 Ctrl+E。

（2）单击工具栏上的"菜单编辑器"按钮。

（3）右击窗体，在快捷菜单中选择"菜单编辑器"。

5．菜单控件的常用属性

（1）Caption 属性：设置或返回菜单项的标题文字。

① 对菜单项指定访问键的方法：设置菜单的 Caption 属性时，输入标题文字后加上 (& 访问键字母)，即空格和位于括号内的访问键字母。

具体示例如下：

为"文件"菜单指定访问键 F。

具体设置为：文件 (&F)

注意：对于顶级菜单中的菜单项，可以使用 Alt+访问键字母快速选中；对于包含在菜单中的菜单命令，可以直接通过访问键字母选中。

② 创建菜单分隔线的方法：在"标题"栏中输入单连字符"-"。

（2）Checked 属性：设置或返回一个布尔值，决定是否在菜单项旁边显示一个复选标记。

（3）Enabled 属性：设置或返回一个布尔值，决定菜单项是否响应用户操作。

（4）Index 属性：当菜单项组成控件数组时，用于区分数组内的各个菜单控件。

（5）Name 属性：指定菜单控件的名称。

（6）Shortcut 属性：设置一个值，指定菜单项的快捷键。

（7）Visible 属性：设置或返回一个值，决定菜单项是否可见。

（8）WindowList 属性：设置或返回一个值，决定菜单控件是否维护当前 MDI 子窗口的列表。

6．菜单控件的事件

菜单控件只有一个事件，即 Click 事件。

二、RichTextBox 控件

1．RichTextBox 控件的功能

创建能输入和编辑大量文本、能设置字符格式和段落格式的文本框。

2．RichTextBox 控件打开和保存文件的格式

RTF 格式与 ASCII 文本格式。

3．添加 RichTextBox 控件的方法

（1）从"工程"菜单中选择"部件"命令。

（2）在"部件"对话框的"控件"选项卡中勾选"Microsoft RichTextBox Control 6.0"复选框。

（3）单击"确定"按钮。

4．RichTextBox 控件的常用属性

（1）FileName 属性：返回或设置装入 RichTextBox 控件的文件名。

（2）MaxLength 属性：返回或设置一个值，指定 RichTextBox 控件有无容纳字符数量

的最大极限，若有，则指出最大字符数量。

（3）MultiLine 属性：返回或设置一个值，指明 RichTextBox 控件是否接收和显示多行正文。运行时此属性是只读的。

（4）RightMargin 属性：返回或设置 RichTextBox 控件中的文本右边距。

（5）ScrollBars 属性：返回或设置一个值，指定 RichTextBox 控件是否带有水平滚动条或垂直滚动条。

此属性有以下几个可选值。

① rtfNone（默认）：表示没有滚动条。

② 1—rtfHorizontal：表示仅有水平滚动条。

③ 2—rtfVertical：表示仅有垂直滚动条。

④ 3—rtfBoth：表示同时具有水平滚动条和垂直滚动条。

（6）SelAlignment 属性：返回或设置一个值，控制 RichTextBox 控件中段落的对齐方式。该属性设计时无效。

此属性有以下几个可选值。

① rtfLeft（默认）：表示左对齐。

② rtfRight：表示右对齐。

③ rtfCenter：表示居中对齐。

（7）字体样式属性。

① SelBold 属性：返回或设置 RichTextBox 控件中选定文本是否为粗体。

② SelItalic 属性：返回或设置 RichTextBox 控件中选定文本是否为斜体。

③ SelStrikethru 属性：返回或设置 RichTextBox 控件中选定文本是否加删除线。

④ SelUnderline 属性：返回或设置 RichTextBox 控件中选定文本是否加下画线。

（8）SelBullet 属性：返回或设置一个值，决定在 RichTextBox 控件中包含当前选择或插入点的段落是否有项目符号样式。

（9）SelCharOffset 属性：返回或设置一个值，确定 RichTextBox 控件中的文本是上标形式，还是下标形式。

（10）SelColor 属性：返回或设置用于决定 RichTextBox 控件中文本颜色的值。

（11）SelFontName 属性：返回或设置在 RichTextBox 控件中用于显示当前选定的文本，或者用于显示刚从插入点输入字符的字体。

（12）SelFontSize 属性：返回或设置一个指定字体大小的值（字号），该字号用于显示当前选定的文本。

（13）SelHangingIndent 属性、SelIndent 属性和 SelRightIndent 属性：返回或设置 RichTextBox 控件中段的页边距的值。

（14）SelLength 属性：返回或设置所选择的字符数。

（15）SelStart 属性：返回或设置所选择文本的起始点，如果没有文本被选中，则指出插入点的位置。

（16）SelText 属性：返回或设置包含当前所选择文本的字符串。如果没有字符被选中，则为空字符串。

（17）SelRTF 属性：返回或设置 RichTextBox 控件当前选择的文本（是.rtf 格式的）。

（18）SelTabCount 属性：返回或设置 RichTextBox 控件中文本制表符的数目。

（19）SelTabs 属性：返回或设置 RichTextBox 控件中文本制表符的绝对位置。

（20）TextRTF 属性：返回或设置 RichTextBox 控件中的文本，包括所有的.rtf 文本代码。设置 TextRTF 属性，将用新的字符串来取代 RichTextBox 控件中的全部内容。

5．RichTextBox 控件的常用方法

（1）Find 方法。

① Find 方法的功能：根据给定的字符串，在 RichTextBox 控件中搜索文本。

② 语法格式：

object.Find(string, start, end, options)

（2）GetLineFromChar 方法。

① GetLineFromChar 方法的功能：返回 RichTextBox 控件中含有指定字符行的行号，不支持命名的参数。

② 语法格式：

object.GetLineFromChar(charpos)

（3）LoadFile 方法。

① LoadFile 方法的功能：向 RichTextBox 控件加载一个.rtf 文件或文本文件，不支持命名的参数。

② 语法格式：

object.LoadFile pathname, filetype

（4）SaveFile 方法。

① SaveFile 方法的功能：把 RichTextBox 控件的内容存入文件，不支持命名的参数。

② 语法格式：

object.SaveFile pathname, filetype

（5）SelPrint 方法。

① SelPrint 方法的功能：将 RichTextBox 控件中的格式化文本发送给设备进行打印。

② 语法格式：

object.SelPrint(hDC)

注意：SelPrint 方法并不打印 RichTextBox 控件中的文本，而是将格式化文本的一个备份发送给打印设备。

三、状态栏控件

1．状态栏（StatusBar）控件的功能
创建应用程序的状态栏，在窗体底部显示各种状态数据。

2．状态栏控件的添加方法

（1）从"工程"菜单中选择"部件"命令。

（2）在"部件"对话框的"控件"选项卡中勾选"Microsoft Windows Common Controls 6.0"复选框。

（3）单击"确定"按钮。

注意：上面的步骤可以添加一组控件，工具栏控件、图像列表控件都采用这种方法。

3．状态栏控件的组成
状态栏控件由 Panel 对象组成，每个 Panel 对象都包含文本或图片。状态栏最多被分成 16 个 Panel 对象，对象包含在 Panels 集合中。

4．状态栏控件的属性

（1）Alignment（对齐）属性：设置状态栏 Panel 对象中的文本和图片的对齐方式。

（2）Style（样式）属性：共 7 个值，常用的有以下 4 个值。

① 1：表示大小写状态。

② 2：表示数字键盘状态。

③ 3：表示插入改写状态。

④ 6：表示日期状态。

四、ClipBoard 对象

1．ClipBoard 对象的功能

ClipBoard（剪贴板）对象提供对系统剪贴板的访问功能，用于操作剪贴板上的文本和图形，使用户能够复制、剪切和粘贴应用程序中的文本与图形。

2．ClipBoard 对象的常用方法

（1）Clear 方法。

① Clear 方法的功能：用于清除系统剪贴板的内容。

② 语法格式：

ClipBoard.Clear

（2）GetData 方法。

① GetData 方法的功能：用于从 ClipBoard 对象返回一个图形。

② 语法格式：

ClipBoard.GetData(format)

（3）GetText 方法。

① GetText 方法的功能：用于返回 ClipBoard 对象中的文本字符串。

② 语法格式：

ClipBoard.GetText(format)

参数 format 的设置值有以下几个。

● vbCFLink（&HBF00）：表示 DDE 对话信息。

● vbCFText（1）（默认值）：表示文本。

● vbCFRTF（&HBF01）：表示 RTF 文件（.rtf）。

（4）SetData 方法。

① SetData 方法的功能：使用指定的图形格式将图片放到 ClipBoard 对象中。

② 语法格式：

ClipBoard.SetData data, format

参数 data 指定被放置到 ClipBoard 对象中的图形；

参数 format 指定 Visual Basic 识别的 ClipBoard 对象格式。

（5）SetText 方法。

① SetText 方法的功能：使用指定的 ClipBoard 图像格式将文本字符串放到 ClipBoard 对象中。

② 语法格式：

ClipBoard.SetText data, format

参数 data 给出被放置到剪贴板中的字符串数据；

参数 format 是可选的，用于指定 Visual Basic 识别的剪贴板格式，其设置值与 GetText 方法相同。

五、工具栏控件

1．工具栏（Toolbar）控件的功能

工具栏控件包含一个 Button 对象集合，用来创建与应用程序相关联的工具栏。工具栏为用户访问应用程序的最常用功能和命令提供了图形接口。

2．创建工具栏

利用工具栏控件和图像列表控件创建工具栏。

3．工具栏控件的常用属性

（1）Buttons 属性：返回对工具栏控件 Button 对象集合的引用。

语法格式：

Toolbar1.Buttons

（2）ImageList 属性：返回或设置与工具栏相关联的图像列表控件。

语法格式：

Toolbar1.ImageList [=ImageList]

其中，ImageList 为对象引用，指定工具栏控件使用哪个图像列表控件。

（3）工具栏与图像列表控件相关联的方法：

① 将工具栏的 ImageList 属性设置为要使用的图像列表控件。

② 在"工具栏属性页"对话框中切换到"通用"选项卡，在"图像列表"列表框中选择要使用的图像列表控件。

4．工具栏控件的常用事件

ButtonClick 事件：单击工具栏控件中的按钮激发 ButtonClick 事件。

ButtonClick 事件的语法格式：

Private Sub Toolbar1_ButtonClick(ByVal Button As MSComctlLib.Button)

参数 Button 表示对被单击的 Button 对象（工具栏按钮）的引用。

六、图像列表控件

图像列表（ImageList）控件包含 ListImage 对象的集合，该集合中的每个对象都可以通过其索引或关键字被引用。

图像列表控件是为其他控件提供图像资料的中心，不能独立使用。

项目七　访问与管理文件

复习要求

（1）理解并识记驱动器列表框控件的常用属性和事件。

（2）理解并识记目录列表框控件的常用属性和事件。

（3）理解并识记文件列表框控件的常用属性和事件。

（4）掌握顺序文件的建立、写入数据、读取数据和关闭操作。

（5）掌握定义记录类型和变量的方法。

（6）掌握随机文件的打开、写入记录、读取记录和关闭操作。

（7）掌握引用 Scripting 类型库的方法。

（8）理解并识记 FSO 对象类型。

（9）理解并识记 FSO 对象从文本中读取数据、添加数据的方法。

思维导图

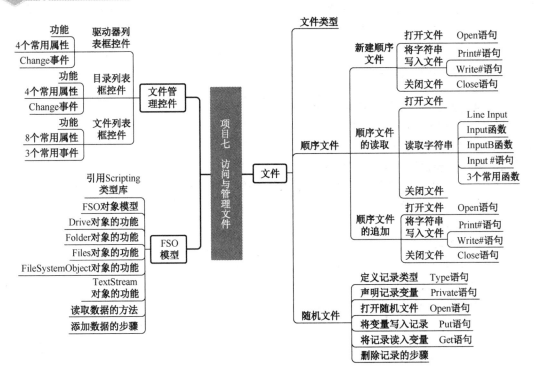

复习内容

一、驱动器列表框控件

1. 驱动器列表框（DriveListBox）控件的功能

驱动器列表框用来显示用户系统中所有有效磁盘驱动器的列表，供用户选择有效驱动器的磁盘文件列表中的文件。

2. 驱动器列表框控件的常用属性

（1）Drive 属性：返回或设置运行时选择的驱动器，默认值为当前驱动器，设计时是不可用的。

Drive 属性值如下。

① 软磁盘："a:"或"b:"等。

② 固定介质："c: [volume id]"。

③ 网络连接："x: \\server\share"。

（2）List 属性：包含有效的驱动器连接列表。

（3）ListCount 属性：连接的驱动器个数。

（4）ListIndex 属性：表示在运行时创建该控件的当前驱动器索引。

3. 驱动器列表框控件的 Change 事件

选择一个新的驱动器或通过代码改变 Drive 属性的设置时，会发生 Change 事件。

具体示例如下：

```
Private Sub Drive1_Change()
Dir1.Path=Drive1.Drive
End Sub
```

二、目录列表框控件

1. 目录列表框（DirListBox）控件的功能

目录列表框在运行时显示目录和路径，用于显示分层的目录列表，供用户在所有可用目录中从文件列表中打开一个文件。

2. 目录列表框控件的常用属性

（1）List 属性：包含所有目录的列表，范围为$-n$～ListCount−1。

如果当前展开的目录用索引值−1 表示，则当前展开目录的上一级目录用绝对值更大一些的负索引值来表示。

（2）ListCount 属性：返回当前目录中子目录的个数。

（3）ListIndex 属性：返回当前路径的索引。

（4）Path 属性：返回或设置当前路径，在设计时是不可用的。

3. 目录列表框控件的 Change 事件

当双击一个新的目录从而改变所选择的目录，或者通过代码改变 Path 属性的设置时，会发生 Change 事件。

具体示例如下：

```
Private Sub Dir1_Change()
File1.Path= Dir1.Path
End Sub
```

三、文件列表框控件

1．文件列表框（FileListBox）控件的功能

文件列表框在运行时把 Path 属性指定目录中的文件显示出来，用来显示所选择文件类型的文件列表，通过它可以选择一个文件或一组文件。

2．文件列表框控件的常用属性

（1）Archive 属性、Hidden 属性、Normal 属性和 System 属性：设置或返回一个布尔值，决定文件列表框是否以档案、隐藏、普通或系统属性来显示文件。

（2）FileName 属性：返回或设置所选文件的路径和文件名，在设计时是不可用的。

（3）List 属性：包含匹配 Pattern 属性的当前展开目录的文件列表。

（4）ListCount 属性：返回当前目录中匹配 Pattern 属性设置的文件个数。

（5）ListIndex 属性：返回当前选择文件的索引。

（6）MultiSelect 属性：返回或设置一个值，该值指示是否能够在文件列表框控件中进行复选，以及如何进行复选，在运行时是只读的。

（7）Path 属性：返回或设置当前路径，在设计时是不可用的。

（8）Pattern 属性：返回或设置一个值，指示在运行时显示在文件列表框控件中的文件名。Pattern 属性值是一个用来指定文件规格的字符串表达式。

3．文件列表框控件的常用事件

（1）Click 事件：在文件列表中单击一个文件时发生。

（2）PathChange 事件：当路径被代码中的 FileName 属性或 Path 属性的设置改变时发生。

（3）PatternChange 事件：当文件的列表样式被代码中的 FileName 属性或 Path 属性的设置改变时发生。

四、文件

1．文件的分类

文件按访问的类型可分为顺序型、随机型和二进制型。

（1）顺序型访问适用于读/写在连续块中的文本文件。

（2）随机型访问适用于读/写有固定长度记录结构的文本文件或二进制文件。

（3）二进制型访问适用于读/写任意有结构的文件。

2．顺序文件

（1）建立顺序文件的步骤。

① 用 Open 语句以 Output 方式打开顺序文件。

语法格式：

Open pathname For Output As filenumber [Len=buffersize]

注意：参数 filenumber 是一个有效的文件号，取值范围为 1～511。使用 FreeFile 函数可以得到下一个可用的文件号。buffersize 指定缓冲字符数：小于或等于 32767 字节的一个数。

② 用 Print 语句或 Write 语句把字符型数据写入打开的顺序文件中。

● Print 语句的语法格式：

Print #filenumber, [outputlist]

● Write 语句的语法格式：

Write #filenumber, [outputlist]

● Print 语句与 Write 语句的区别：

Print 语句只将字符型数据写入文件；

Write 语句将字符型数据的定界符和数据间的分隔符一并写入文件。

③ 用 Close 语句关闭文件。

语法格式：

Close [[#]filenumber] [, [#]filenumber] …

建立顺序文件的具体示例如下：

```
Open "D:\aa.txt" For Output As #1
Print #1, "登鹳雀楼"
Print #1, "白日依山尽，"
Print #1, "黄河入海流，"
Print #1, "欲穷千里目，"
Print #1, "更上一层楼。"
Close #1
```

利用记事本打开 D:\aa.txt，文件的内容如图 1-7-1 所示。

图 1-7-1　创建的顺序文件

（2）从顺序文件中读取字符型数据的步骤。

① 用 Open 语句以 Input 方式打开文件。

语法格式：

Open pathname For Input As filenumber [Len = buffersize]

② 用 Line Input 语句、Input 函数和 InputB 函数等读取顺序文件中的字符型数据。

● Line Input 语句的语法格式：

Line Input #filenumber, varname

具体示例如下：

```
Open "D:\aa.txt" For Input As #1
Line Input #1, x1        '读取1号文件中的第一行"登鹳雀楼"，存入变量x1
Print x1                 '在窗体上显示"登鹳雀楼"
Line Input #1, x1        '继续读取1号文件中的第二行"白日依山尽，"，存入变量x1
Print x1                 '在窗体上显示"白日依山尽，"
Close #1
```

运行结果如图 1-7-2 所示。

图 1-7-2　Line Input 语句读取文本

● Input 函数：返回字符串，它包含以 Input 方式打开的文件中的字符。语法格式如下：
Input(number, [#]filenumber)
具体示例如下：

```
Open "D:\aa.txt" For Input As #1
x=Input (1,#1)       '从1号文件中读取1个字符，赋值给x
Print x              '在窗体上显示"登"
x=Input (3,#1)       '继续从1号文件中读取3个字符，赋值给x
Print x              '在窗体上显示"鹳雀楼"
Close #1
```

运行结果如图 1-7-3 所示。

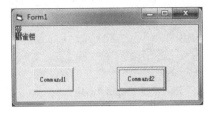

图 1-7-3　Input 函数读取文本

● InputB 函数：将整个文件的内容复制到变量中。

InputB 函数返回一个 ANSI 字符串，必须使用 StrConv 函数将 ANSI 字符串转换为如下
所示的 Unicode 字符串：

LinesFromFile = StrConv(InputB(LOF(FileNum), FileNum), vbUnicode)

具体示例如下：

```
Open "D:\aa.txt" For Input As #1
x=StrConv(InputB(LOF(1), 1), vbUnicode)
Print x
Close #1
```

输出结果如图 1-7-4 所示。

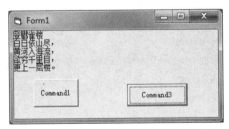

图 1-7-4　InputB 函数读取文件所有内容

注意：

LOF(1)指的是 1 号文件的长度，也就是 1 号文件包含字符的个数，其大小以字节为单位；

InputB(LOF(1), 1)的功能是读取 1 号文件的所有内容；

StrConv(String, vbUnicode)函数将 String 转换为 Unicode 代码。

● Input #语句：从已打开的顺序文件中读取字符型数据，并将其指定给变量。语法格
式如下：

Input #filenumber, varlist

具体示例如下：

```
Open "D:\aa.txt" For Input As #1
Input #1 , a,b,c,d
Print a
Print b
Print c
Close #1
```

将 1 号文件的内容按分隔符依次读取至 a、b、c、d 四个变量中，然后显示前三个变量，也就是前三句，如图 1-7-5 所示。

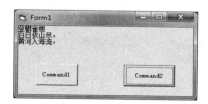

图 1-7-5　Input #语句读取文本

EOF 函数的功能：返回一个布尔值，若为 True，则表明已经到达文件的结尾。

EOF 函数的语法格式：

EOF(filenumber)

其中，参数 filenumber 指定任何有效的文件号。

例如，若 EOF(2)的值为 True，则证明文件 2 已经读到了文件的结尾。

（3）向顺序文件中追加字符型数据的步骤。

① 用 Open 语句以 Append 方式打开。

语法格式：

Open pathname For Append As filenumber [Len = buffersize]

② 用 Print #语句或 Write #语句将字符型数据写入文件中。

③ 用 Close 语句关闭文件。

具体示例如下：

```
Open "D:\aa.txt" For Append As #1
    Print #1, "寻隐者不遇"
    Print #1, "松下问童子，"
    Print #1, "言师采药去，"
    Print #1, "只在此山中，"
    Print #1, "云深不知处。"
    Close #1
```

追加了以后，利用记事本打开 D:\aa.txt，文件的内容如图 1-7-6 所示。

图 1-7-6　追加文本后文件的内容

3．随机文件

（1）随机文件的组成：随机文件由记录组成，每个记录包含一个或多个字段。

（2）随机文件的读/写：包括如下 4 个步骤。

① 定义记录类型和变量。

② 使用 Open 语句以随机方式打开文件。

③ 对记录进行读/写操作。

④ 关闭随机文件。

（3）定义记录类型和变量：

① 用 Type 语句定义记录类型。

Type 语句的语法格式如下：

[Public | Private] Type 记录类型名

字段 1　As 数据类型 ＊ 长度

字段 2　As 数据类型 ＊ 长度

…

字段 3　As 数据类型 ＊ 长度

End Type

具体示例如下：

```
Type xs
xh As String*8
xm As String*8
xb As String*2
nl As Integer
End Type
```

随机文件由记录组成，定义记录类型实际就是定义记录中各字段的类型与长度。本示例定义了一个记录类型，由 4 个字段组成，xh 表示学号，由 8 个字符组成，xm 表示姓名，由 8 个字符组成，xb 表示性别，由 2 个字符组成，nl 表示年龄，是整型数据，由 2 字节组成。一条记录的长度是 20 字节。

注：1 个汉字占 2 字节。

② 用 Private 语句声明记录变量。

语法格式：

Private 记录变量名 As 记录类型名

具体示例如下：

声明一个记录变量 xsda。

```
Private xsda As xs
```

声明后，xsda 是一个记录变量，其类型是上面定义的 xs，xsda 代表一条记录，内有 4 个字段，分别为 xsda.xh、xsda.xm、xsda.xb 和 xsda.nl。

③ 打开随机文件。

语法格式：

Open pathname [For Random] As filenumber Len = reclength

具体示例如下：

以随机访问方式打开新文件 Student.txt。

```
Open "Student.txt" For Random As #1 Len = len(xsda)
```

④ 使用 Put 语句将变量写入记录。

语法格式：

Put [#]filenumber, [recnumber], varname

具体示例如下：

把"0001""张三""男""18"写入文件的第 1 条记录。

```
Open "Student.txt" For Random As #1 Len = len(xsda)
xsda.xh="0001"
xsda.xm="张三"
xsda.xb="男"
xsda.nl=18
Put #1,1,xsda
```

⑤ 用 Get 语句将记录读入变量。

语法格式：

Get #iFileNum, recnumber, varname

具体示例如下：

要把第 1 条记录从 Student.txt 记录文件中复制到记录变量 xsda 中，可以使用以下代码。

```
Get #1,1,xsda
Print xsda.xm,xsda.xh,xsda.nl
```

⑥ 删除随机文件中的记录。

● 创建一个新文件。

● 把有用的所有记录从原文件复制到新文件。

● 关闭原文件并用 Kill 语句将其删除。

● 使用 Name 语句把新文件以原文件的名字重新命名。

五、FSO 对象模型

1. 引用 Scripting 类型库

FSO 对象模型包含在 Scripting 类型库中，Scripting 类型库位于 Scrrun.dll 文件中。引用类型库的步骤如下：

（1）单击"工程"菜单，选择"引用"命令。

（2）在"引用"对话框中勾选"Microsoft Scripting Runtime"复选框。

（3）单击"确定"按钮。

2. FSO 对象模型的功能

提供了一个基于对象的工具来处理文件夹和文件。

3. FSO 对象模型包括的对象

（1）Drive 对象。

Drive 对象用于收集系统所用驱动器的信息。

（2）Folder 对象。

Folder 对象用于创建、移动或删除文件夹，并向系统查询文件夹的名称和路径等。

（3）Files 对象。

Files 对象用于创建、移动或删除文件，并向系统查询文件的名称和路径等。

（4）FileSystemObject 对象。

FileSystemObject 对象用于创建、删除和收集相关信息，以及操作驱动器、文件夹和文件。

（5）TextStream 对象。

TextStream 对象用于读/写文本文件。

4．FileSystemObject 对象的常用方法

FileSystemObject 对象的常用方法有 Get 方法。

① GetDrive 方法：访问已有的驱动器。

② GetFolder 方法：访问文件夹。

③ GetFile 方法：访问文件。

5．从文本文件中读取数据

从一个文本文件中读取数据的方法有以下几种。

（1）Read 方法：从一个文件中读取指定数量的字符。

（2）ReadLine 方法：从一个文件中读取一整行（紧跟，但不包括换行符）。

（3）ReadAll 方法：读取一个文本文件的所有内容。

6．向文本文件中添加数据

向文本文件中添加数据的步骤如下。

（1）打开文本文件。

① 使用 File 对象的 OpenAsTextStream 方法打开。

② 使用 FileSystemObject 对象的 OpenTextFile 方法打开。

（2）向打开的文本文件中写入数据。

① 使用 TextStream 对象的 Write 方法或 WriteLine 方法，两者之间的差别是：WriteLine 方法在指定的字符串末尾添加换行符。

② 使用 WriteBlankLines 方法向文本文件中添加一个空行。

（3）关闭一个已打开的文本文件。

使用 TextStream 对象的 Close 方法。

项目八　数据库应用程序设计

复习要求

（1）理解并识记数据控件的功能，掌握其常用属性、常用方法和常用事件。

（2）理解数据绑定控件的概念及将控件设置为绑定控件的方法。

（3）掌握 SQL SELECT 语句的功能及各子句的功能。

（4）理解 ODBC 数据源的概念、功能与分类。

（5）掌握 MSFlexGrid 控件的功能、常用属性与方法、事件。

（6）掌握 ADO 数据控件的功能、常用属性及相关对象的方法。

（7）了解 DataGrid 控件的功能及属性的设置。

（8）了解引用 ADO 对象库的方法。

（9）了解 ADO Connection、ADO RecordSet、ADO Command 等对象的属性与方法。

（10）理解并掌握 SQL INSERT 语句的应用。

思维导图

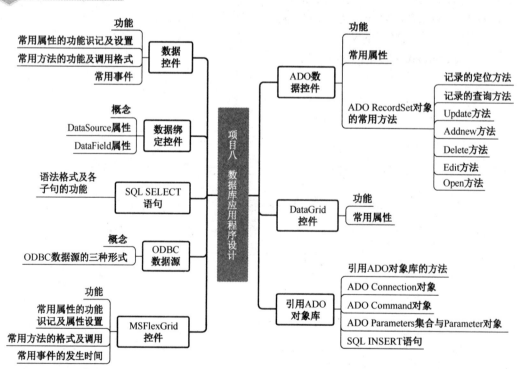

复习内容

一、数据控件

1．数据控件的功能

将窗体连接到要访问的 Access 数据库，数据控件是数据库与 Visual Basic 窗体之间的桥梁。

2．数据控件的常用属性

（1）Connect 属性：设置数据控件要连接的数据库类型，默认的数据库类型是 Access 的 MDB 文件，也可以连接 DBF、XLS、ODBC 等类型的数据源。

（2）DatabaseName 属性：设置要使用的数据库文件名，包括所有路径名。

（3）RecordSource 属性：设置数据控件的记录源，可以是数据表或 SQL SELECT 语句。

（4）RecordSetType 属性：设置数据控件存放记录集的类型，有以下几个设置值。

① Table：表示表格类型记录集。

② DynaSet（默认值）：表示动态集类型记录集。

③ SnapShot：表示快照类型记录集。

（5）ReadOnly 属性：设置数据库的内容是否为只读，默认值为 False。

（6）EOFAction 属性：设置当记录指针移到记录集的结尾时程序执行的操作。

（7）BOFAction 属性：设置当记录指针移到记录集的开头时程序执行的操作。

（8）Exclusive 属性：设置是否独占数据库，默认值为 False。

3．数据控件的常用方法

（1）Refresh 方法。

① Refresh 方法的功能：

用于打开或重新打开数据库，并且能重建控件的 RecordSet 属性内的记录集。

② 语法格式：

Data 控件名.Refresh

具体示例如下：

```
Data1.Refresh
```

（2）UpdateRecord 方法。

① UpdateRecord 方法的功能：

对数据库进行修改后，调用 UpdateRecord 方法可以使修改生效。

② 语法格式：

Data 控件名.UpdateRecord

4．数据控件的常用事件

（1）Reposition 事件。

Reposition 事件发生在一条记录成为当前记录之后。

（2）Validate 事件。

Validate 事件是在移动到一条不同记录之前发生的。

语法格式：

Private Sub Data1_Validate(Action As Integer , Save As Integer)

二、数据绑定控件

1．数据绑定控件的概念
数据绑定控件是数据识别控件，将控件的 DataSource 属性设置为数据控件，DataField 属性设置为当前记录的一个字段，可以显示和更新该字段的值。

2．数据绑定控件的属性
（1）DataSource 属性：用来指定控件的数据源，数据绑定控件的数据源一般设置为数据控件，通过数据控件与数据库中的数据相关联。

（2）DataField 属性：用来指定控件中要显示和编辑的字段，字段是数据库表中的字段。

数据控件可以是 Visual Basic 6.0 中的文本框、标签、复选框等标准控件，还可以是 ActiveX 控件。

三、SQL SELECT 语句

1．SELECT 语句的功能
用于从数据库中检索满足特定条件的记录。

2．SELECT 语句语法格式
SELECT <字段列表>

FROM <数据来源>

[WHERE <搜索条件>]

[ORDER BY <排序表达式> [ASC | DESC]]

具体示例如下：

筛选出 xsda 表中年龄不小于 15 岁的学生记录，按入学成绩降序排列。

```
SELECT * FROM xsda WHERE 年龄>=15 ORDER BY 入学成绩 DESC
```

四、ODBC 数据源

1．ODBC 的概念
ODBC 的英文全称是 Open DataBase Connectivity，即开放式数据库互连，是一种基于 Windows 环境的数据库访问接口标准，可以访问各种格式的数据库和非数据库对象。

2．ODBC 的功能
ODBC 使应用程序不受限于某种专用的数据库语言，应用程序可以以自己的格式接收和发送数据，并在应用程序中直接嵌入标准 SQL 语句的源代码，访问数据库的数据。

3．数据控件通过 ODBC 连接到 SQL Server 的步骤
（1）在 SQL Server 服务器上创建一个数据库。

（2）利用 ODBC 管理器创建一个 ODBC 数据源。

（3）创建数据库应用程序，添加一个数据控件，将其 Connect 属性设置为 ODBC 的 DSN 名称，将其 RecordSource 属性设置为数据库表名称。

（4）在数据库应用程序中添加一个数据绑定控件，将控件的 DataSource 属性设置为数据控件。

4．ODBC 数据源的分类
（1）用户 DSN。

ODBC 用户数据源存储了如何与指定数据库提供者连接的信息，只有当前用户可见，而且只能用于当前机器上。可以配置当前机器上的数据库，也可以配置局域网中另一台机

器上的数据库。

（2）系统 DSN。

ODBC 系统数据源存储了如何与指定数据库提供者连接的信息。系统数据源对当前机器上的所有用户都是可见的，包括 NT 服务。即本机上配置的数据源，这台机器的用户都可以访问。

（3）文件 DSN。

ODBC 文件数据源允许用户连接数据提供者。文件 DSN 可以由安装了相同驱动程序的用户共享。

五、MSFlexGrid 控件

1．MSFlexGrid 控件的功能

显示并操作网格数据，它提供了高度灵活的网格排序、合并和格式设置功能，网格中可以包含字符串和图片。

2．MSFlexGrid 控件的常用属性

（1）AllowBigSelection 属性：返回或设置一个值，该值决定了在行头或列头上单击鼠标左键时，是否可以使整个行或列都被选中。

（2）AllowUserResizing 属性：返回或设置一个值，该值决定了是否可以用鼠标对 MSFlexGrid 控件中行和列的大小重新进行调整。

（3）BackColorBand 属性：返回或设置 MSFlexGrid 控件带区域的背景色。

（4）BackColorHeader 属性：返回或设置 MSFlexGrid 控件标头区域的背景色。

（5）BackColorIndent 属性：返回或设置 MSFlexGrid 控件缩进区域的背景色。

（6）BackColorUnpopulated 属性：返回或设置 MSFlexGrid 控件未填数据区域的背景色。

（7）CellAlignment 属性：返回或设置的数值确定了一个单元格或被选定的多个单元格所在区域的水平对齐方式和垂直对齐方式。

（8）CellBackColor 属性：返回或设置单独的单元格或单元格区域的背景色。

（9）CellForeColor 属性：返回或设置单独的单元格或单元格区域的前景色

（10）Col 属性和 Row 属性：返回或设置 MSFlexGrid 控件中活动单元的坐标。

（11）ColPosition 属性：设置一个 MSFlexGrid 列的位置，允许移动列到指定的位置。

（12）DataSource 属性：返回或设置一个数据源，通过该数据源将一个数据使用者绑定到一个数据库。

（13）RowPosition 属性：设置一个 MSFlexGrid 行的位置，允许移动行到指定的位置。

（14）Cols 属性：返回或设置在一个 MSFlexGrid 控件中的总列数。

（15）Rows 属性：返回或设置在一个 MSFlexGrid 控件中的总行数。Rows 属性也返回或设置在 MSFlexGrid 控件中的每个带区中的总行数。

（16）ColSel 属性：为一定范围内的单元格返回或设置起始列和/或终止列。

（17）RowSel 属性：为一定范围内的单元格返回或设置起始行和/或终止行。

（18）ColWidth 属性：以缇为单位，返回或设置指定带区中的列宽。

（19）FixedCols 属性：返回或设置在一个 MSFlexGrid 控件中的固定列的总数。

（20）FixedRows 属性：返回或设置在一个 MSFlexGrid 控件中的固定行的总数。

3．MSFlexGrid 控件的常用方法

（1）AddItem 方法。

① AddItem 方法的功能：用于将一行添加到 MSFlexGrid 控件中。

② 语法格式：

object.AddItem (string, index, number)

（2）Clear 方法。

① Clear 方法的功能：用于清除 MSFlexGrid 控件中的内容，包括所有文本、图片和单元格式。

② 语法格式：

object.Clear

（3）RemoveItem 方法。

① RemoveItem 方法的功能：可以从 MSFlexGrid 控件中删除一行。

② 语法格式：

object.RemoveItem(index, number)

4．MSFlexGrid 控件的常用事件

（1）Compare 事件。

① 当 MSFlexGrid 控件的 Sort 属性被设置为 Custom Sort(9)时会发生 Compare 事件，用户可以自定义排序进程。

② 语法格式：

Private Sub object_Compare(row1, row2, cmp)

（2）EnterCell 事件。

① 将当前活动单元更改到一个不同单元时会发生 EnterCell 事件。

② 语法格式：

Private Sub object_EnterCell()

（3）SelChange 事件。

① 将选定的范围更改到一个不同的单元或单元范围时会发生 SelChange 事件。

② 语法格式：

Private Sub object_SelChange()

六、ADO 数据控件

1．ADO 数据控件的功能

可以使用 Microsoft 公司的 ADO 技术快速地创建到数据库的连接。

2．ADO 数据控件的常用属性

（1）ConnectionString 属性：设置 ADO 数据控件的连接字符串，可设置为一个有效的数据连接文件、ODBC 数据源或连接字符串。

（2）RecordSource 属性：设置为一个适用于数据库管理者的语句来创建一个连接。

3．ADO RecordSet 对象

（1）ADO RecordSet 对象的概念。

在运行时，Visual Basic 根据 ADO 数据控件设置的属性打开数据库，并返回一个 ADO RecordSet 对象，该对象提供与物理数据库相对应的一组逻辑记录，可以是一个数据库表中的所有记录，也可以是满足查询条件的所有记录。

（2）ADO RecordSet 对象的常用属性。

① EOF 属性：若记录指针指向 ADO RecordSet 对象的最后一条记录之后，则 EOF 属性值为 True，否则为 False。

② BOF 属性：若记录指针指向 ADO RecordSet 对象的首条记录之前，则 BOF 属性值为 True，否则为 False。

③ RecordCount 属性：返回 ADO RecordSet 对象包含的记录个数。

④ AbsolutePosition 属性：返回当前记录的记录号，其取值范围为 0～RecordCount−1。

⑤ NoMatch 属性：用 Find 方法在表中查询满足某个条件的记录，如果没有找到符合条件的记录，则属性值为 True，否则为 False。

⑥ Fields 属性：记录集中所有字段组成的集合。

⑦ ActiveConnection 属性：指定的 RecordSet 对象当前所属的 Connection 对象。

⑧ CursorLocation 属性：设置或返回游标引擎的位置。

⑨ CursorType 属性：是指在 RecordSet 对象中使用的游标类型，其值可以是以下符号常量。

● adOpenForwardOnly（默认值）：表示仅向前游标。

● adOpenKeySet：表示键集游标。

● adOpenDynamic：表示动态游标。

● adOpenStatic：表示静态游标。

（3）ADO RecordSet 对象的常用方法。

① 记录的定位方法。

记录的定位方法的语法格式：

ADO 数据控件名.RecordSet.方法名

其中，方法名包括以下 5 种情况。

● MoveFirst：将记录指针定位到第一条记录。

● MoveLast：将记录指针定位到最后一条记录。

● MoveNext：将记录指针定位到下一条记录。

● MovePrevious：将记录指针定位到上一条记录。

● Move[n]：向前或向后移动 n 条记录，n 为指定的数值。

② 记录的查询方法。

记录的查询方法用于在记录中集中查询满足条件的记录。如果找到，则记录指针定位在找到的记录上；如果找不到，则记录指针定位在记录集的末尾。

记录的查询方法的语法格式：

ADO 数据控件名.RecordSet.方法名

其中，指定的方法名包括以下 4 种情况。

● FindFirst：从记录集的开始查找满足条件的第一条记录。

● FindLast：从记录集的末尾查找满足条件的第一条记录。

● FindNext：从当前记录开始查找满足条件的下一条记录。

● FindPrevious：从当前记录开始查找满足条件的上一条记录。

③ Update 方法。

Update 方法用于更新记录内容。

语法格式：

ADO 数据控件名.RecordSet.Update

④ AddNew 方法。

AddNew 方法用于添加一条新的空白记录。

语法格式：

ADO 数据控件名.RecordSet.AddNew

⑤ Delete 方法。

Delete 方法用于删除当前记录。

语法格式：

ADO 数据控件名.RecordSet.Delete

⑥ Edit 方法。

在将当前记录的内容进行修改之前，使用 Edit 方法可以使记录处于编辑状态。

语法格式：

ADO 数据控件名.RecordSet.Edit

⑦ Open 方法。

Open 方法用于打开游标。

语法格式：

recordset.Open Source, ActiveConnection, CursorType, LockType, Options

七、DataGrid 控件

1．DataGrid 控件的功能

显示并允许对 RecordSet 对象中代表记录和字段的一系列行与列进行数据操纵。

2．DataGrid 控件的常用属性

DataGrid 控件的 Columns 集合的 Count 属性：设置控件中列的数目。

DataGrid 控件可以包含的行数取决于系统的资源，而列数最多可达 32767 列。

八、引用 ADO 对象库

1．引用 ADO 对象库的方法

从"工程"菜单中选择"引用"命令，并在"引用"对话框中选择"Microsoft ActiveX Data Object 2.5 Library"选项，然后单击"确定"按钮。

2．ADO Connection 对象

ADO Connection 对象代表打开的与数据源的连接，Connection 对象代表与数据源进行的唯一会话。

（1）Connection 对象的常用属性。

① CommandTimeout 属性：是指在终止尝试和产生错误前执行命令期间需要等待的时间（单位为秒），默认值为 30。

② ConnectionString 属性：包含用来建立到数据源的连接的信息。

③ ConnectionTimeout 属性：是指在终止尝试和产生错误前建立连接期间所等待的时间（单位为秒），默认值为 15。

④ CursorLocation 属性：设置成返回游标引擎的位置，确定临时表是创建在服务器（adUseServer），还是客户端（adUseClient）。

⑤ DefaultDatabase 属性：是指 Connection 对象的默认数据库。

（2）Connection 对象的常用方法。

① Close 方法：用于关闭打开的对象及任何相关对象。

② Open 方法：用于打开到数据源的连接。

语法格式：

connection.Open ConnectionString, UserID, Password, OpenOptions

3．ADO Command 对象

ADO Command 对象定义了将对数据源执行的命令。

4．Parameters 集合与 Parameter 对象

Command 对象的 Parameters 集合可以获取有关 Command 对象中指定的存储过程或参数化查询的提供者的参数信息。

Parameter 对象代表与基于参数化查询或存储过程的 Command 对象相关联的参数或自变量。

5．SQL INSERT 语句

（1）INSERT 语句用于向一个已经存在的表中添加一行新的记录。

（2）语法格式：

INSERT [INTO] <目标表名>

[(<字段列表>)] VALUES (<值列表>)

具体示例如下：

```
INSERT INTO xsda VALUES("00001", "李四", "男", 18)
```

项目九　开发图书管理系统

复习要求

（1）理解系统功能设计的概念。
（2）理解并识记软件功能设计和数据库功能设计的概念。
（3）理解 DBCombo 控件的概念与功能。
（4）掌握制作安装程序的方法和步骤。

思维导图

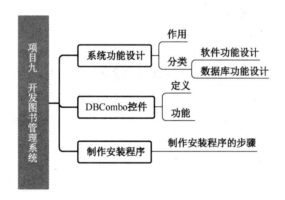

复习内容

一、系统功能设计

1. 系统功能设计的作用
系统功能设计是程序设计的起始部分，它是程序设计的"骨架"，直接决定后期程序的质量。

2. 系统功能设计的分类
系统功能设计分为软件功能设计和数据库功能设计两大部分。
（1）软件功能设计：主要包括程序界面设计、功能代码的编写。
（2）数据库功能设计：根据系统功能设计创建数据库和表。

二、DBCombo 控件

1. DBCombo 控件的定义
DBCombo 控件是带有下拉列表框的与数据相连的组合框。

2. DBCombo 控件的功能
DBCombo 控件能自动从与它相连的 Data 控件的字段中获取数据，也可以有选择地更新其他 Data 控件中相关表的字段，DBCombo 的文本框部分能用来编辑选定的字段。

三、制作安装程序

制作安装程序的步骤如下。

（1）执行"开始"→"所有程序"→"Microsoft Visual Basic 6.0 中文版"→"Microsoft Visual Basic 6.0 中文版工具"→"Package & Deployment 向导"命令，启动并展开向导。

（2）单击"浏览"按钮，选择要打包的工程文件，单击"打包"按钮。

（3）在向导中选取"标准安装包"选项，单击"下一步"按钮。

（4）在向导中选择打包文件夹，单击"下一步"按钮。

（5）向导自动打开所选工程中应用的控件和动态链接库等文件，还可以附加其他文件，单击"下一步"按钮。

（6）选择压缩文件选项。

（7）输入安装程序标题。

（8）设置启动菜单。

（9）设置安装位置。

（10）设置共享文件。

（11）指定脚本名称。

（12）显示打包报告。

（13）单击"关闭"按钮或"完成"按钮。

Visual Basic 6.0 程序设计题型示例

一、选择题（每小题中只有一个选项是正确的）

1. 在 Visual Basic 6.0 中，窗体、文本框和命令按钮都可以称为（ ）。
   A．对象　　　　　B．属性　　　　　　C．方法　　　　　　D．事件

2. 针对控件或窗体的事件编写的代码称为（ ）。
   A．事件过程　　　B．通用过程　　　　C．过程调用　　　　D．参数传递

3. 下列可以激活属性窗口的操作是（ ）。
   A．用鼠标双击窗体的任何部位
   B．选择"文件"菜单中的"属性窗口"命令
   C．选择"编辑"菜单中的"属性窗口"命令
   D．按 F4 键

4. Visual Basic 6.0 集成开发环境的主窗口不包括（ ）。
   A．标题栏　　　　B．菜单栏　　　　　C．工具栏　　　　　D．状态栏

5. 下列叙述中错误的是（ ）。
   A．工程是一个文件，而不是一个文件集
   B．以.bas 为扩展名的文件是标准模块文件
   C．窗体模块是应用程序的基础模块
   D．类模块也是工程的一个模块

6. 下列关于对象的说法中，不正确的是（ ）。
   A．应用程序是一个对象　　　　　　B．一个窗体也是一个对象
   C．对象都是可见的　　　　　　　　D．命令按钮是一个控件对象

7. Visual Basic 窗体设计器的主要功能是（ ）。
   A．添加图片　　　B．建立用户界面　　C．编写代码　　　　D．运行程序

8. 类模块的扩展名是（ ）。
   A．.xls　　　　　B．.frm　　　　　　C．.cls　　　　　　D．.bas

9. Visual Basic 有三种工作模式，分别是（ ）。
   A．设计、运行和中断　　　　　　　B．调试、运行和中断
   C．设计、运行和调试　　　　　　　D．设计、中断和调试

10. 在设计阶段，双击窗体上的某个控件时所打开的是（ ）。
    A．立即窗口　　　B．属性窗口　　　　C．代码窗口　　　　D．工具箱窗口

11. 以下哪个操作不能运行程序？（ ）
    A．按 F5 键　　　　　　　　　　　B．从"运行"菜单中选择"启动"命令
    C．在工具栏中单击"启动"按钮　　　D．按 F6 键

12. 一个窗体最多可以容纳（ ）个控件。
    A．1　　　　　　　B．254　　　　　　C．32767　　　　　D．10

13. 控制对象动作行为的方式是（　　　）。

　　A．对象　　　　　　B．事件　　　　　　C．方法　　　　　　D．属性

14. 在下列数据类型中，占用内存最小的是（　　　）。

　　A．布尔型　　　　　B．单精度型　　　　C．双精度型　　　　D．可变型

15. 整型变量的取值范围是（　　　）。

　　A．0～32767　　　　　　　　　　　B．−32768～32767

　　C．0～65535　　　　　　　　　　　D．−128～127

16. 布尔型（Boolean）数据的取值范围是（　　　）。

　　A．0 或 1　　　　　　B．T 或 F　　　　　C．True 或 False　　D．不确定

17. 在一个语句行内写多条语句时，每条语句之间应该使用的分隔符是（　　　）。

　　A．逗号　　　　　　　B．分号　　　　　　C．顿号　　　　　　D．冒号

18. 日期型常量前后要加上符号（　　　）。

　　A．!　　　　　　　　B．*　　　　　　　　C．#　　　　　　　　D．&

19. 下列叙述中错误的是（　　　）。

　　A．Visual Basic 的所有对象都具有相同的属性项

　　B．Visual Basic 的同一类对象都具有相同的属性和行为方式

　　C．属性用来描述和规定对象应具有的特征与状态

　　D．设置属性的方法有两种

20. 运行工程的错误操作是（　　　）。

　　A．选择"运行"菜单中的"启动"命令

　　B．单击工具栏中的"启动"按钮

　　C．按 F5 键

　　D．按 Alt+F5 组合键

21. 如果编写的过程要被多个窗体及其对象调用，那么应将这些过程放在（　　　）中。

　　A．窗体模块　　　　B．标准模块　　　　C．工程模块　　　　D．类模块

22. 打开属性窗口不能使用下列哪项操作？（　　　）

　　A．选择"视图"菜单中的"属性窗口"命令

　　B．按 F4 键

　　C．单击工具栏中的"属性窗口"按钮

　　D．使用组合键 Ctrl+T

23. 下列操作中，不能打开工具箱的操作是（　　　）。

　　A．选择"视图"菜单中的"工具箱"命令

　　B．单击工具栏中的"工具箱"按钮

　　C．按 Alt+F5 组合键

　　D．按住 Alt 键的同时，先按 V 键，再按 X 键

24. 窗体的名称、标题、字体、背景色等都是（　　　）。

　　A．对象　　　　　　B．事件　　　　　　C．方法　　　　　　D．属性

25. 窗体文件的扩展名是（　　　）。

　　A．.from　　　　　　B．.frm　　　　　　C．.bas　　　　　　D．.cls

26. 打开代码窗口的快捷键是（　　　）。

　　A．F6　　　　　　　B．F7　　　　　　　C．F8　　　　　　　D．F9

27．以下关于局部变量的叙述中错误的是（　　）。

A．在过程中用 Dim 语句或 Static 语句声明的变量是局部变量

B．局部变量的作用域是它所在的过程

C．在过程中用 Static 语句声明的变量是静态局部变量

D．过程执行完毕，该过程中用 Dim 或 Static 语句声明的变量即被释放

28．下列关于变量的说法中，错误的是（　　）。

A．Dim 可以声明局部变量

B．Private 可以声明模块变量

C．Public 声明的变量的作用范围是整个应用程序

D．变量必须声明

29．下列关于变量的初始化描述中，不正确的是（　　）。

A．数值型变量初始化为 0

B．字符串型变量初始化为空字符串

C．变体型变量初始化为空字符串

D．布尔型变量初始化为 True

30．用（　　）来声明用户定义的符号常量。

A．Dim　　　　　　B．Const　　　　　　C．Public　　　　　　D．Private

31．关于注释语句的说法正确的是（　　）。

A．用//开头　　　　　　　　　　B．只能用 '（单撇号）

C．有两种形式：Rem 和 '（单撇号）　D．只能用/*

32．关于常量，下列描述错误的是（　　）。

A．在程序执行期间数值始终不变的量称为常量

B．常量分为字面常量和符号常量两种

C．系统内部定义的符号常量在程序设计中不能直接使用

D．数值常量包括整数、定点数和浮点数

33．符合 Visual Basic 6.0 规范的变量名是（　　）。

A．a1　　　　　　B．1a　　　　　　C．1+a　　　　　　D．IF

34．如果要向工具箱中添加控件的部件，可利用"工程"菜单中的（　　）命令。

A．引用　　　　　B．添加控件　　　　C．工程属性　　　　D．部件

35．按（　　）组合键可以打开立即窗口。

A．Ctrl+G　　　　B．Ctrl+A　　　　C．Alt+G　　　　D．Alt+A

36．通过（　　）可以在设计阶段直接调整窗体在屏幕上的显示位置。

A．窗体布局窗口　　　　　　　　B．窗体设计窗口

C．代码窗口　　　　　　　　　　D．属性窗口

37．如果要把窗体上的某个控件变为活动控件，应执行的操作是（　　）。

A．双击该控件　　　　　　　　　B．单击该控件的内部

C．单击窗体的边框　　　　　　　D．双击窗体

38．向窗体中添加控件，正确的操作方法是（　　）。

A．用鼠标双击工具箱中所要添加的控件按钮

B．在窗体上需要添加控件的位置双击

C．用鼠标单击当前窗体的空白处

D．用鼠标右键单击所选中的多个控件中的任意一个

39．如果想同时调整选定控件的宽度和高度，正确的操作方法是（　　）。

 A．只能用鼠标拖动控件右下角的小方块

 B．只能用鼠标拖动控件左下角的小方块

 C．用鼠标拖动控件四个角中任意一个角的小方块

 D．用鼠标拖动控件四个边中任意一个边上的小方块

40．下列关于控件的说法，不正确的是（　　）。

 A．移动控件的方法是，按住鼠标左键，拖动到新的位置后再释放鼠标左键

 B．只能在工具栏中单击"添加控件"按钮，不能在窗体中复制已经添加好的控件

 C．利用鼠标进行操作，就可以同时修改控件的宽度和高度

 D．有些控件没有标题（Caption）属性

41．整型变量可以存放的最大整数是（　　）。

 A．32767　　　　B．256　　　　　C．32768　　　　　D．255

42．下列标识符不能作为 Visual Basic 变量名的是（　　）。

 A．Abcd　　　　B．a567　　　　C．2id　　　　　D．ccrd

43．程序执行过程中其值可以变化的量称为（　　）。

 A．常量　　　　B．变量　　　　C．函数　　　　D．表达式

44．表达式 Abs(-3.6)的值是（　　）。

 A．3　　　　　　B．3.6　　　　　C．-3.6　　　　　D．-3

45．Len("我爱 VB 编程")=（　　）。

 A．4　　　　　　B．5　　　　　　C．6　　　　　　D．10

46．语句 Y=Y+1 的正确含义是（　　）。

 A．变量 Y 的值与 Y+1 的值相等

 B．将变量 Y 的值存到 Y+1 中

 C．将变量 Y 的值加 1 后赋值给变量 Y

 D．变量 Y 的值为 1

47．属于合法的 Visual Basic 变量名称的是（　　）。

 A．a3　　　　　　B．Const　　　　C．9abc　　　　D．a#x!

48．如果要在窗体上输出显示"Hello！"，可以用下面哪条语句？（　　）

 A．Print " Hello！"　　　　　　　B．Cls " Hello！"

 C．form1.Text=" Hello！"　　　　　D．Print =" Hello！"

49．数据类型中的数值型数据可以包括（　　）、Double、Currency。

 A．Integer、Data、Single　　　　B．Integer、Long、Variant

 C．Single、Long、Data　　　　　D．Integer、Long、Single

50．下列（　　）可以表示日期常量。

 A．"1/1/22"　　B．1/1/22　　　　C．#1/1/22#　　　D．{1/1/22}

51．下列符号常量的声明中，不合法的是（　　）。

 A．Const a1 As Single=314

 B．Const a1 As Integer=314

 C．Const a1 As Double=Sin(2)

 D．Const a1="HELLO"

52．使用声明语句声明一个变量后，Visual Basic 自动将布尔型的变量赋初值为（   ）。

    A．True   B．False   C．NULL   D．不确定

53．根据标识符命名规则，下面（   ）组变量是同一个变量。

    A．UserName 和 username

    B．S2 和 2S

    C．Number 和 Num

    D．C1 和 C_1

54．Int(100*Rnd())+1 产生的随机整数的区间是（   ）。

    A．[0,100)   B．[0,101)   C．[1,101)   D．[1,100]

55．Rnd()函数不可能产生的值是（   ）。

    A．0   B．1   C．0.01   D．0.0001

56．在 Visual Basic 程序中，语句行的续行符是（   ）。

    A．'   B．:   C．\   D．_

57．在 Visual Basic 程序中，注释所使用的字符是（   ）。

    A．'   B．:   C．\   D．_

58．表达式 Abs(-9) + Sqr(25)的值是（   ）。

    A．-4   B．4   C．16   D．14

59．设 a="ShangHai"，则表达式 Mid(a,2,3) & Right(a,2)的值是（   ）。

    A．"angai"   B．"Shaai"   C．"hanai"   D．"angHa"

60．假设变量a=4，b=6，执行 t=a:a=b:b=t 语句以后，a 和 b 的值分别是（   ）。

    A．6 和 4   B．4 和 4   C．4 和 6   D．6 和 6

61．设 a=2，b=3，c=4，d=5，下列表达式的值是（   ）。

```
3>2*b Or a=c And b<>c Or b<>a+c
```

    A．1   B．-1   C．True   D．False

62．下列程序段运行后，窗体中的输出结果为（   ）。

```
Private Sub Command1 Click()
a = 5: b = 6: C = 7: d = 8
X = 3 > 2 * b Or a = C And b <> C Or C > d
Print X
End Sub
```

    A．1   B．True   C．False   D．2

63．表达式 5 Mod 3+5\3 的值是（   ）。

    A．0   B．3   C．4   D．6

64．在 Not、And、Or 三个逻辑运算符中，优先级别最高的是（   ）。

    A．Not   B．And   C．Or   D．级别一样高

65．条件"身高 H 超过 1.7m 且体重 W 不高于 65kg"用布尔表达式表示为（   ）。

    A．H>1.7 And W<=65

    B．H<=1.7 Or W>=65

    C．H>=1.7 And W<65

    D．H>1.7 Or W<65

66．条件 x 位于闭区间[-4,4]用 Visual Basic 表达式表示为（   ）。

    A．4<=x<=4   B．x>=-4 Or x<=4

C．x>=-4 And x<=4   D．x>=-4 Or x<=4

67．表达式 Print Int(-7.8)的值是（　　）。

  A．7   B．-7   C．8   D．-8

68．算术运算符、字符运算符、比较运算符和逻辑运算符的运算优先级由高到低依次是（　　）。

  A．算术运算符、字符运算符、逻辑运算符、比较运算符

  B．算术运算符、字符运算符、比较运算符、逻辑运算符

  C．逻辑运算符、比较运算符、算术运算符、字符运算符

  D．字符运算符、比较运算符、算术运算符、逻辑运算符

69．设 x=4，y=8，z=7，表达式(x<y) Or z<x 的值是（　　）。

  A．1   B．-1   C．True   D．False

70．执行语句 s=Len(Mid("VisualBasic",1,6))后，s 的值是（　　）。

  A．Visual   B．Basic   C．6   D．11

71．表达式 CInt(8.9)的值是（　　）。

  A．8   B．8.9   C．9   D．-8.9

72．将数学表达式 $\sin(3a^2+b^2)+5\ln 2$ 写成 Visual Basic 的表达式，正确的形式是（　　）。

  A．sin(3*a^2+b^2)+5*exp(2)   B．sin^2(a+b)+5*exp(2)

  C．sin(3*a^2+b^2)+5*log(2)   D．sin^2(a+b)+5*ln(2)

73．x 是大于 0 且不大于 100 的数，用 Visual Basic 表达式表示正确的是（　　）。

  A．0<=x<100   B．0<=x<=100

  C．0<x And x<=100   D．0<=x Or x<100

74．表达式 4+6*7\8 Mod 2 的值是（　　）。

  A．4   B．5   C．6   D．7

75．7/2 的值和 7\2 的值分别是（　　）。

  A．3 和 3   B．3.5 和 3.5   C．4 和 3.5   D．3.5 和 3

76．下列运算符中，运算级别最高的是（　　）。

  A．关系运算符   B．逻辑运算符   C．算术运算符   D．字符运算符

77．表达式 12 Mod 5+24\3^2 的值是（　　）。

  A．4   B．6   C．66   D．5

78．在下列 4 个逻辑表达式中，其逻辑值为 True 的是（　　）。

  A．Not(3+4<4+6)   B．2>1 And 3<2

  C．1>2 Or 2>3   D．Not(1>2)

79．表达式 IIf (3>6,1,0) 的值是（　　）。

  A．0   B．1   C．3   D．6

80．如果 x 是一个正实数，那么对 x 的第二位小数四舍五入的表达式是（　　）。

  A．0.1*Int(x+0.05)   B．0.1*Int(10*(x+0.05))

  C．0.1*Int(100*(x+0.5))   D．0.1*Int(x+0.5)

81．可以删除字符串尾部空格的函数是（　　）。

  A．Ltrim   B．Rtrim   C．Trim   D．Mid

82．函数 Print UCase("visual basic")的值是（　　）。

  A．Visual Basic   B．Visual basic

C. VISUALBASIC   D. VISUAL BASIC

83. 既有输出功能，又有计算功能的语句是（   ）。

    A. Print   B. Cls   C. Let   D. End

84. 函数 InStr("Visual Basic 6.0 程序设计教程", "程序")的值是（   ）。

    A. 11   B. 13   C. 15   D. 17

85. 函数 Ltrim("　Visual Basic 6.0　")的功能是（   ）。

    A. 去除字符串两边的空格   B. 去除字符串右边的空格

    C. 去除字符串左边的空格   D. 去除字符串所有的空格

86. 获得当前系统日期的函数是（   ）。

    A. Time   B. Now   C. Date   D. Year

87. 以下哪个是符合规范的表达式？（   ）

    A. (a+b)÷c   B. a 2a+3b   C. a^2*b^3   D. [(a+b)*c]

88. 下列关于多行结构条件语句的执行过程，说法正确的是（   ）。

    A. 在各个条件所对应的语句块中，一定有一个语句块被执行

    B. 找到条件为 True 的第一个入口，然后从此开始执行其后的所有语句块

    C. 若有多个条件为 True，则它们对应的语句块都被执行

    D. 多行选择结构中的语句块，有可能任何一个语句块都不被执行

89. 在 Visual Basic 中，Select Case 语句中的测试表达式可以是（   ）。

    A. 数值型表达式或字符串表达式   B. 关系表达式

    C. 日期表达式   D. 布尔表达式

90. 以下（   ）是循环语句。

    A. While   B. End   C. If   D. Exit

91. 数学式子 8+(a-b)×5 对应的 Visual Basic 表达式是（   ）。

    A. 8+a-b*5   B. 8+(a-b)5   C. 8+(a-b)*5   D. 8+(a-b)×5

92. Print Int(15/3*2\3) Mod 3 的输出结果是（   ）。

    A. 0   B. 1   C. 2   D. 3

93. Print 方法可以在（   ）对象上输出数据。

    A. 桌面   B. 标题栏   C. 窗体   D. 状态栏

94. 下面程序的输出结果是（   ）。

```
Dim c As Integer
a=sqr(9):b=sqr(16):c=a<b
Print c
```

    A. -1   B. 0   C. False   D. True

95. 设有如下程序段：

```
x=2
For c=1 To 4 Step 2
x=x+c
Next c
```

运行以上程序后，x 的值是（   ）。

    A. 6   B. 7   C. 8   D. 9

96. 设 a=5，b=10，执行语句 a=b: b=a 后，a 和 b 的值分别是（   ）。

    A. 5 和 10   B. 10 和 10   C. 10 和 5   D. 5 和 15

97．下列关于 For … Next 语句的说法，正确的是（　　）。

　　A．循环变量、初值、终值和步长都必须为数值型

　　B．Step 后的步长只为正数

　　C．初值必须小于终值

　　D．初值必须大于终值

98．下列语句或表达式不正确的是（　　）。

　　A．Const m = &o27　　　　　　　　B．Dim a%, x%

　　C．Static b As Integer　　　　　　　D．66 ＞ "AB"

99．设 A="123456789"，则表达式 Val(Left(A,3)+Mid(A,5,4)) 的值为（　　）。

　　A．1235678　　　B．5801　　　　C．1234567　　　D．3455678

100．Chr(13)表示（　　）。

　　A．空格符　　　　B．换行符　　　　C．回车符　　　　D．退格

101．Chr(10)表示（　　）。

　　A．空格符　　　　B．换行符　　　　C．回车符　　　　D．退格

102．通过 InputBox 函数可以产生输入对话框。若执行下列语句：

```
st$=InputBox("请输入字符串","字符串对话框","字符串")
```

则运行程序时，当用户输入完毕并单击"确定"按钮后，st$变量的内容为（　　）。

　　A．字符串　　　　　　　　　　　B．请输入字符串

　　C．字符串对话框　　　　　　　　D．用户输入内容

103．设有以下语句：

```
S=InputBox("录入参数","2","管理")
```

程序运行后，如果从键盘上输入数值"20"，并按 Enter 键，则下列说法正确的是（　　）。

　　A．信息提示区显示的是"管理"

　　B．在 InputBox 对话框标题栏中显示的是"管理"

　　C．"录入参数"是默认值

　　D．变量 S 的值是字符串"20"

104．执行语句 str1 = InputBox("字符串 a","字符串 b","字符串 c")时，用户单击"取消"按钮后，变量 str1 的值是（　　）。

　　A．"字符串 a"　　　　　　　　　B．"字符串 b"

　　C．"字符串 c"　　　　　　　　　D．长度为零的字符串

105．MsgBox 函数的返回值是（　　）。

　　A．对话框中的提示信息　　　　　B．对话框中的按钮参数

　　C．对话框中的图标参数　　　　　D．用户单击的按钮对应的值

106．在 MsgBox 函数中，Buttons 参数的设置值是（　　）时，函数只显示"确定"按钮。

　　A．0　　　　　　B．1　　　　　　C．2　　　　　　D．3

107．在 MsgBox 函数中，Buttons 参数的设置值是（　　）时，函数只显示"确定"和"取消"按钮。

　　A．0　　　　　　B．1　　　　　　C．2　　　　　　D．3

108．关于 MsgBox 函数，下列说法正确的是（　　）。

　　A．函数用于显示输入对话框

B．函数返回一个整数，表示用户单击的按钮

C．函数返回一个字符串

D．不可以设置对话框中显示的图标

109．语句 Dim Arr(-4 To 6) As Intger 定义的数组的元素个数是（　　）。

    A．10　　　　　　B．11　　　　　　C．2　　　　　　D．6

110．语句 Dim Arr(-2 To 2，-5 To 5)定义的数组的元素个数是（　　）。

    A．10　　　　　　B．20　　　　　　C．45　　　　　　D．55

111．声明一个包含 10 个元素、数据类型为整型的数组，语句是（　　）。

    A．Dim a(10) as Single　　　　　　B．Dim a(10) as Integer

    C．Dim a(9) as Single　　　　　　D．Dim a(9) as Integer

112．用 Dim 语句定义数组时，字符串数组中的全部元素初始化为（　　）。

    A．字节型　　　　B．空字符串　　　　C．布尔型　　　　D．长整形

113．用 Dim 语句定义数组时，数值数组中的全部元素初始化为（　　）。

    A．随机数　　　　B．0　　　　　　C．1　　　　　　D．空字符串

114．下列各项声明的数组不是动态数组的是（　　）。

    A．Dim X()　　　　　　　　　　B．Dim X(8)

    C．ReDim X(8)　　　　　　　　D．ReDim Preserve X(8)

115．使用数组声明语句 Dim Y(1 To 12)As Integer 后，以下说法正确的是（　　）。

    A．Y 数组中的所有元素值均为 0

    B．Y 数组中的所有元素值不确定

    C．Y 数组中的所有元素值均为空串

    D．运行 Erase Y 后，Y 数组中的所有元素值均为 0

116．输出一个二维数组中的各个元素，可以通过（　　）方法。

    A．引用数组的一个下标　　　　B．引用数组的两个下标

    C．直接引用数组名，不带下标　　D．以上都不正确

117．使用 ReDim Preserve 语句，可以（　　）。

    A．保留数组的内容　　　　　　B．清除数组的内容

    C．改变数组第一维的大小　　　　D．改变数组的维数

118．以下哪个是合法的数组元素表示？（　　）

    A．X[5]　　　　B．X5　　　　C．X(5)　　　　D．X(0 To 5)

119．下列描述 Visual Basic 6.0 过程参数传递的说法中，不正确的是（　　）。

    A．实参和形参的个数、顺序、类型必须一致

    B．过程调用既可以使用 Call，也可以直接使用过程名

    C．实参和形参的名称可以不同

    D．过程的参数调用都是单向的

120．在 Visual Basic 应用程序中，下列关于过程的说法中正确的是（　　）。

    A．过程的定义可以嵌套，但过程的调用不可以嵌套

    B．过程的定义不可以嵌套，但过程的调用可以嵌套

    C．过程的定义和调用都可以嵌套

    D．过程的定义和调用都不可以嵌套

121．下列关于 Sub 过程的叙述，正确的是（   ）。

　　A．一个 Sub 过程必须有一个 Exit Sub 语句

　　B．一个 Sub 过程必须有一个 End Sub 语句

　　C．可以在 Sub 过程中定义一个 Function 过程，但不能定义 Sub 过程

　　D．调用一个 Function 过程可以获得多个返回值

122．在声明过程语句中，使用的<形式参数表>可以是（   ）。

　　A．常量　　　　　　　　　　　　B．表达式

　　C．变量名　　　　　　　　　　　D．函数名

123．在调用过程时，参数的传递方式有两种，属于按值传递的是（   ）。

　　A．Sub aa(ByRef x As Integer)

　　B．Sub aa(x As Single)

　　C．Sub aa(ByVal x As Integer)

　　D．Sub aa(x() As Integer)

124．调用子过程的语句正确的是（   ）。

　　A．Call aaa 2,3　　B．aaa(2,3)　　　C．Call aaa(2,3)　　　D．不确定

125．关于事件过程，下面说法不正确的是（   ）。

　　A．事件过程分为窗体事件过程和控件事件过程

　　B．与通用过程不同的是，事件过程通常不需要显式调用

　　C．相应的事件发生时会自动触发事件过程

　　D．事件过程的名称和参数可以随意指定

126．下列关于过程的叙述，不正确的是（   ）。

　　A．过程的传值调用是将实参的副本传递给形参

　　B．过程的传址调用是将实参在内存的地址传递给形参

　　C．过程的传值调用参数是单向传递的，过程的传址调用参数是双向传递的

　　D．无论是过程传值调用还是过程传址调用，参数传递都是双向的

127．（   ）语句可以使程序在一定条件下从一个 Sub 过程中退出，并且在 Sub 过程的任何位置都可以使用。

　　A．Exlt Sub　　　B．Exit For　　　C．End Sub　　　D．Exit Sub

128．Function 过程与 Sub 过程最根本的区别是（   ）。

　　A．两种过程的参数的传递方式不同

　　B．Function 过程可以传递参数，而 Sub 过程不能传递参数

　　C．Function 过程具有返回值，而 Sub 过程不能通过过程名返回值

　　D．Sub 过程可以直接使用过程名调用，而 Function 过程不可以

129．若要从 Function 过程返回一个值，则可以将这个值赋给（   ）。

　　A．函数名　　　　B．变量名　　　　C．常量名　　　　D．过程名

130．Function 过程中如果省略了 As 子句，则返回值的类型为（   ）。

　　A．Integer　　　　B．Variant　　　　C．Long　　　　D．Double

131．现有如下过程：

```
Sub aaa(x,y,z)
   x=y+z
End Sub
```

在下列选项中，所有参数的虚实结合都是按地址传递方式调用的是（   ）。

  A．Call aaa(6,9,z)   B．Call aaa(x,y,z)

  C．Call aaa(3+x,5+y,z)   D．Call aaa(x+y,x−y,z)

132．在下列关键字中，声明全局变量使用的关键字是（   ）。

  A．Dim   B．Private   C．Public   D．Static

133．新建一个 VB 工程后，如果将其窗体的名称属性设置为 MyForm，则保存时默认的窗体文件名为（   ）。

  A．工程 1.frm   B．Form1.frm   C．Form1.vbp   D．MyForm.frm

134．Visual Basic 6.0 中"运行程序"的快捷键是（   ）。

  A．F2   B．Ctrl+Enter   C．F5   D．Enter

135．（   ）属性可以用来设置窗体最小化时的图标。

  A．Picture   B．Icon   C．Image   D．MouseIcon

136．下列操作中不能触发一个命令按钮的 Click 事件的是（   ）。

  A．把焦点移至按钮上，然后按回车键

  B．右击按钮

  C．单击按钮

  D．使用该按钮的访问键

137．下列程序的功能是（   ）。

```
Private Sub Form_Load()
 Me.Caption = Now
End Sub
```

  A．在窗体中显示系统当前日期和时间

  B．在窗体中显示系统当前时间

  C．在窗体标题栏上显示系统当前日期

  D．在窗体标题栏上显示系统当前日期和时间

138．已知 Str1="HelloWorld"，下列语句操作能够正确执行的是（   ）。

  A．Form 1.Height= Str1   B．Form1.Caption= Str1

  C．Form 1.Enabled= Str1   D．Form 1.Visible= Str1

139．在文本框中输入字符时，通过（   ）事件过程可以得到字符的 ASCII 码值。

  A．Change   B．GotFocus   C．KeyPress   D．LostFocus

140．在窗体中画一个名称为 Command1 的命令按钮，然后编写如下事件过程：

```
Private Sub Command1_Click( )
s1="Visual Basic 6.0"
Print String(4,s1)
End Sub
```

程序运行后，单击命令按钮，在窗体中显示的内容是（   ）。

  A．VVVV   B．Visu   C．sic   D．uuuu

141．在窗体中绘制一个命令按钮，然后编写如下程序：

```
Private Sub Command1_Click()
x=0
a= Val(InputBox("请输入 a 的值"))
b= Val(InputBox("请输入 b 的值"))
c= Val(InputBox("请输入 c 的值"))
do Until x>10
 x=a+b+c
```

```
  a=a+2
Loop
Print a
End Sub
```

程序运行后，单击命令按钮，依次在对话框中输入 1、2、3，则输出结果是（　　）。

  A．7   B．8   C．9   D．11

142．窗体上有 Text1、Text2 两个文本框及一个命令按钮 Command1，编写下列程序：

```
Dim y As Integer
Private Sub Command1_Click()
Dim x As Integer
  x = 2
  Text1.Text = p2(pl(x), y) : Text2.Text = pl(x)
End Sub
Private Function pl(x As Integer)As Integer
  x = x + y: y = x + y
  pl = x + y
End Function
Private Function p2(x As Integer,y As Integer)As Integer
  p2 = 2 * x + y
End Function
```

程序运行后，单击命令按钮，文本框 Text1 和 Text2 中的值分别是（　　）。

  A．2 和 4   B．2 和 2   C．10 和 10   D．4 和 4

143．下列关于窗体的描述中，错误的是（　　）。

  A．窗体的名称属性为 Caption 属性。

  B．窗体的 BackColor 属性用于设置窗体上文本和图形的背景颜色

  C．窗体的 Height 属性和 Width 属性用于设置窗体的高度与宽度

  D．当前窗体名可以用关键字 Me 表示

144．通常利用（　　）事件过程来设置窗体启动时的初始属性。

  A．Active   B．Open   C．Load   D．Unload

145．假设窗体上有两个命令按钮，将其中一个命令按钮的名称命名为 acmd，则另一个命令按钮的名称不能为（　　）。

  A．Command2 B．bcmd   C．cmda   D．Acmd

146．在设计阶段，将命令按钮的（　　）属性设置为 False，则运行时按钮在窗体上不可见。

  A．DisabledPicture   B．Enabled

  C．Visible   D．Default

147．在设计阶段，将命令按钮的（　　）属性设置为 False，则运行时按钮不能响应鼠标事件。

  A．DisabledPicture   B．Enabled

  C．Visible   D．Default

148．（　　）属性可以设置标签边框样式。

  A．Alignment   B．BackStyle   C．AutoSize   D．BorderStyle

149．在窗体上添加一个标签控件 Label1，保持其默认的"(名称)"属性和"Caption"属性，然后执行语句 Label1.Caption="Welcome"之后，该标签控件的"(名称)"属性和

"Caption"属性值分别为（   ）。

    A．"Label""Welcome"　　　　　　B．"Label1""Label1"

    C．"Welcome""Label"　　　　　　D．"Welcome""Welcome"

150．以下叙述正确的是（   ）。

    A．窗体的 Name 属性指定窗体的名称，用来标识一个窗体

    B．窗体的 Name 属性的值是显示在窗体标题栏中的文本

    C．可以在运行期间改变对象的 Name 属性的值

    D．对象的 Name 属性的值可以为空

151．以下关于窗体的描述错误的是（   ）。

    A．执行 Unload Form1 语句后，窗体 Form1 消失，但仍在内存中

    B．窗体的 Load 事件在加载窗体时发生

    C．当窗体的 Enabled 属性为 False 时，通过鼠标和键盘对窗体的操作都被禁止

    D．窗体的 Height 属性和 Width 属性用于设置窗体的高度与宽度

152．要使一个标签能够显示所需要的文本，应设置该标签的（   ）属性的值。

    A．Caption　　　　B．Name　　　　C．Text　　　　D．AutoSize

153．要使一个文本框能够显示所需要的文本，应设置该文本框的（   ）属性的值。

    A．Caption　　　　B．Name　　　　C．Text　　　　D．AutoSize

154．为了使窗体的大小可以改变，应该把它的 BorderStyle 属性设置为（   ）。

    A．1　　　　　　B．2　　　　　　C．3　　　　　　D．4

155．若要将窗体从内存中卸载，则实现的方法或语句是（   ）。

    A．Show　　　　B．Unload　　　　C．Load　　　　D．Hide

156．若一个窗体成为活动窗口时发生的事件是（   ）。

    A．Show　　　　B．Load　　　　C．Activate　　　　D．Hide

157．下列说法正确的是（   ）。

    A．在默认情况下，Visible 属性的值为 False

    B．设置 Visible 属性与设置 Enabled 属性的功能是相同的

    C．Visible 属性的值可设为 True 或 False

    D．如果设置控件的 Visible 属性为 True，则运行时控件会隐藏

158．关于控件属性，下列说法正确的是（   ）。

    A．每个控件都有相同的属性

    B．Height 属性和 Width 属性返回或设置控件的高度与宽度

    C．能确定控件位置的属性是 Left 属性和 Right 属性

    D．Enabled 属性返回或设置一个布尔值，决定控件是否可见

159．组合框控件是将（   ）控件的特性组合在了一起。

    A．标签框和列表框　　　　　　B．文本框和列表框

    C．标签框和文本框　　　　　　D．列表框和复选框

160．组合框的 Style 属性值设置为（   ）时，该组合框只能选择而不能输入数据。

    A．0　　　　　　B．1　　　　　　C．2　　　　　　D．以上都是

161．以下叙述中错误的是（   ）。

    A．KeyPress 和 KeyDown 事件有相同的参数

    B．MouseMove 事件是当鼠标指针在屏幕上移动时发生的事件

C．双击鼠标可以触发 DblClick 事件

  D．控件的名称可以由编程者自行设定

162．要使窗体 Form1 显示出来，应该使用（ ）。

  A．Load Form1   B．Show.Form1

  C．Form1 Load   D．Form1.Show

163．程序运行后，单击窗体中的空白处，此时窗体不会接收到的事件是（ ）。

  A．MouseDown B．MouseUp   C．Load   D．Click

164．下列（ ）属性可设置文字字体为加粗显示。

  A．FontSize   B．FontBold   C．FontItalic   D．FontName

165．在窗体中放置一个文本框 Txt1，在文本框中输入 "123"，并有如下事件过程：

```
Private Sub Form_Click()
    a = InputBox("请输入一个数")
    Print  Txt1.Text+ a
End Sub
```

单击该窗体，在对话框中输入 "456"，单击 "确定" 按钮后，窗体中显示的是（ ）。

  A．123   B．456

  C．1234567   D．456123

166．设组合框 Combo1 中有 3 个项目，则下列能删除最后一项的语句是（ ）。

  A．Combo1.RemoveItem Text

  B．Combo1.RemoveItem 2

  C．Combo1.RemoveItem 3

  D．Combo1.RemoveItem Combo1.ListCount

167．如果要使文本框在运行时不能进行编辑，可以将文本框的（ ）属性设置为 True。

  A．MultiLine B．Visible   C．Text   D．Locked

168．所有的控件都具有（ ）属性。

  A．Caption   B．Font   C．Text   D．（名称）

169．在设计阶段，将按钮的 Caption 属性设置为（ ）加某字母，在程序运行时，该字母就成为该按钮的快捷访问键。

  A．$ B．#   C．&   D．@

170．文本框的 MultiLine 属性设置为 True，ScrollBars 属性设置为（ ）可以使文本框同时具有水平和垂直滚动条。

  A．3   B．2   C．1   D．0

171．（ ）属性可以设置按钮为窗体的默认按钮，可通过按 Enter 键选中该按钮。

  A．Cancel   B．Default   C．Value   D．Style

172．（ ）属性可以设置按钮为窗体的取消按钮，可通过按 Esc 键选中该按钮。

  A．Cancel   B．Default   C．Value   D．Style

173．（ ）属性可以设定标签控件的背景是否透明。

  A．BackColor B．ForeColor   C．BackStyle   D．Style

174．在下列控件的属性中，属性值的类型不相同的是（ ）。

  A．Label 控件的 Enabled 属性与 TextBox 控件的 Enabled 属性

  B．OptionButton 控件的 Value 属性与 CheckBox 控件的 Value 属性

C．Command 控件的 Default 属性与 Command 控件的 Cancel 属性

D．Command 控件的 Visible 属性与 Form 控件的 Visible 属性

175．在标签控件中，要更改文字对齐方式的属性项是（　　　）。

A．Alignment　　　　B．Font　　　　　　C．Style　　　　　　D．以上都不是

176．使用文本框输入密码时，通常设置（　　　）属性为"*"。

A．Password　　　　B．Text　　　　　　C．PasswordChar　　D．Caption

177．通过文本框的（　　　）属性可以获得当前插入点所在的位置。

A．Position　　　　B．SelStart　　　　　C．SelLength　　　　D．SelText

178．要使文本框获得输入焦点，应使用文本框控件的（　　　）方法。

A．GotFocus　　　　B．LostFocus　　　　C．KeyPress　　　　D．SetFocus

179．关于文本框，下列说法中正确的是（　　　）。

A．TabStop 属性可以设定文本框访问 Tab 键的顺序

B．SelText 属性返回当前文本框中所有的文本

C．SelStart 属性返回或设置所选择的文本的终止点

D．SelLength 属性返回或设置所选择的字符数

180．文本框的（　　　）属性可以设置文本框接收的最长字符数。

A．MaxLength　　　　B．Width　　　　　C．MultiLine　　　　D．Text

181．关于框架与控件的绑定，以下正确的是（　　　）。

A．先绘制框架，再在框架中绘制控件

B．先绘制控件，再绘制框架将其包围

C．分别在不同位置绘制框架和控件，再将控件拖动到框架内

D．在不同位置绘制框架和控件，再将两者的名称属性修改为一样的

182．若窗体中已经有若干不同的单选按钮，要把它们改为一个单选按钮数组，则在属性窗口中需要且只需要进行的操作是（　　　）。

A．把所有单选按钮的 Index 属性改为相同的值

B．把所有单选按钮的 Index 属性改为连续的不同的值

C．把所有单选按钮的 Caption 属性改为相同的值

D．把所有单选按钮的名称改为相同，并且把它们的 Index 属性改为连续的不同的值

183．当一个单选按钮被选中时，它的 Value 属性的值是（　　　）。

A．True　　　　　　B．False　　　　　　C．1　　　　　　　D．0

184．当一个复选框被选中时，它的 Value 属性的值是（　　　）。

A．True　　　　　　B．False　　　　　　C．1　　　　　　　D．0

185．为了在列表框中使用 Ctrl 键和 Shift 键进行多个列表项的选择，应将列表框的 MultiSelect 属性值设置为（　　　）。

A．0　　　　　　　B．2　　　　　　　　C．False　　　　　　D．True

186．复选框控件的 Value 属性的值为（　　　）时，表示该复选框不可用。

A．0　　　　　　　B．1　　　　　　　　C．2　　　　　　　D．3

187．窗体的 BorderStyle 属性的默认值为0，表示（　　　）。

A．窗体无边框　　　　　　　　　　B．窗体有固定单线边框

C．窗体有双线边框　　　　　　　　D．窗体有立体边框

188．设置计时器控件 Timer1 的时间间隔为1秒，正确的写法是（　　　）。

A．Timer1.Interval=1   B．Timer1.Interval=10

  C．Timer1.Interval=100   D．Timer1.Interval=1000

189．用（   ）方法可以添加项目到列表框中。

  A．AddItem   B．RemoveItem   C．Print   D．Cls

190．（   ）属性可返回列表框中列表部分项目的个数。

  A．Columns   B．ListIndex   C．ListCount   D．List

191．要从列表框中删除一项使用（   ）方法。

  A．Remove   B．Clear   C．RemoveItem   D．Move

192．要清除列表框中的所有列表项时，应使用（   ）方法。

  A．Remove   B．Clear   C．RemoveItem   D．Move

193．通过（   ）属性可以获得用户在组合框中输入或选择的数据。

  A．Text   B．ListCount   C．List   D．ListIndex

194．用户单击滚动条和滚动箭头之间的区域时，滚动条 Value 属性值的改变量可以设置滚动条的（   ）属性。

  A．Max   B．Min   C．LargeChange D．SmallChange

195．滚动条在滚动或通过代码改变 Value 属性的设置时，发生（   ）事件。

  A．Scroll   B．Change   C．DblClick   D．Click

196．当水平滚动条位于右端或垂直滚动条位于下端时，此时 Value 属性的值为（   ）。

  A．0   B．Min 的值

  C．Max 的值   D．Max 和 Min 之间的值

197．关于滚动条的 Scroll 事件和 Change 事件，当拖动滚动条时，以下说法正确的是（   ）。

  A．Scroll 事件先于 Change 事件发生

  B．Change 事件先于 Scroll 事件发生

  C．会发生 Scroll 事件，但不会发生 Change 事件

  D．会发生 Change 事件，但不会发生 Scroll 事件

198．以下图形中，不能使用 Shape 控件进行绘制的是（   ）。

  A．椭圆形   B．矩形   C．圆角矩形   D．正三角形

199．可以自动调整图片的大小以适应图像控件的尺寸的属性是（   ）属性。

  A．AutoRedraw B．Stretch   C．AutoSize   D．Appearance

200．图像框控件（PictureBox）不包含下列（   ）属性。

  A．Name   B．BackColor   C．Stretch   D．Picture

201．下列关于图像框控件和图像控件的说法中，错误的是（   ）。

  A．两者都有 Picture 属性

  B．两者都支持 Print 方法

  C．两者都可以用 LoadPicture 函数把图形文件装入控件中

  D．两者都能在属性窗口装入图形文件，也都能在运行期间装入图形文件

202．在图像框控件上绘制图形文件的内容，可以用（   ）方法来实现。

  A．LoadPicture B．Print   C．PaintPicture D．Picture

203．下列关于图像框控件（PictureBox）和图像控件（Image）的说法正确的是（   ）。

  A．图像框控件有 Stretch 属性而图像控件没有

B．图像控件可做容器，其中可以包含其他控件

C．图像控件比图像框控件所占的内存大

D．两者都有 Picture 属性

204．下列哪组控件可以作为其他控件的容器？（　　）

A．窗体、列表框、图像框 　　　　　B．窗体、图像框、框架

C．列表框、文本框、框架 　　　　　D．标签框、窗体、图像框

205．程序运行时，向图像框 Picture1 中加载当前目录下的"flower.bmp"图像文件，应使用（　　）。

A．Picture1.Picture=("flower.bmp")

B．Picture1.Picture=LoadPicture("flower.bmp")

C．Picture1.Picture=LoadPicture(App.Path & "flower.bmp")

D．Picture1.Picture=LoadPicture(App.Path & "\flower.bmp")

206．QBColor 函数能够选择（　　）种颜色。

A．8 　　　　　B．16 　　　　　C．64 　　　　　D．256

207．下列语句的输出结果是（　　）。

```
Circle (1000, 1000), 500, vbBlue
```

A．一段蓝色的圆弧 　　　　　B．一个蓝色的圆

C．一个蓝色的扇形 　　　　　D．一个蓝色的椭圆

208．要建立用户自定义坐标系，可以用（　　）方法。

A．Scale 　　　B．NewScale 　　　C．ScaleMode 　　　D．ReScale

209．Line 控件的（　　）属性用于返回或设置边框的宽度。

A．BorderStyle 　　B．Width 　　　C．BorderWidth 　　D．BorderColor

210．Shape 控件的 FillStyle 属性值设置为（　　）时，图形的填充效果为水平线。

A．0 　　　　　B．1 　　　　　C．2 　　　　　D．3

211．要使 Shape 控件显示正方形，则应设置其 Shape 属性值为（　　）。

A．0 　　　　　B．1 　　　　　C．2 　　　　　D．3

212．ShockWaveFlash 控件的（　　）属性指定要播放的 Flash 动画文件。

A．Quality 　　B．CurrentFrame 　　C．Movie 　　D．TotalFrames

213．ShockWaveFlash 控件的 Forward 方法的功能为（　　）。

A．开始播放动画 　　　　　B．跳到动画的上一帧

C．返回动画的第一帧 　　　　　D．跳到动画的下一帧

214．ShockWaveFlash 控件中的（　　）方法可以返回动画的第 1 帧。

A．Play 　　　B．Back 　　　C．Stop 　　　D．Rewind

215．在窗体上创建一个单选按钮数组 Option1，以下说法错误的是（　　）。

A．该控件数组中的各个控件拥有一个相同的名称 Option1，用 Index 属性来标识数组中的控件

B．如若访问其中一个单选按钮则只需要使用名称 Option1

C．可以针对控件数组整体创建事件过程

D．数组内每个控件共享事件过程

216．选择"工程"菜单中的（　　）命令，可以添加一个 MDI 窗体。

A．"添加窗体" 　　　　　B．"标准模块"

C．"添加 MDI 窗体"   D．"通用过程"

217．下列关于多文档界面（MDI）程序的叙述中，正确的是（   ）。

A．最大化一个子窗体时，它的标题不会与 MDI 窗体标题组合在一起

B．最小化一个子窗体时，它的图标将显示在任务栏中

C．一个应用程序可以有多个 MDI 窗体，也可以有多个 MDI 子窗体

D．要让一个窗体成为 MDI 窗体的子窗体，需将 MDIchild 属性设置为 True

218．当一个工程含有多个窗体时，其中的启动窗体是（   ）。

A．在"工程属性"对话框中指定的窗体

B．第一个添加的窗体

C．最后一个添加的窗体

D．启动 Visual Basic 时建立的窗体

219．CommandDialog 控件显示"字体"对话框的方法是（   ）。

A．Font   B．ShowFont   C．ShowOpen   D．Show

220．创建通用对话框之前，需要将（   ）控件添加到工具箱中。

A．Form   B．Dialog

C．Library   D．CommonDialog

221．通过调用通用对话框的 ShowColor 方法或设置 Action 属性为（   ），可以显示"颜色"对话框。

A．1   B．2   C．3   D．4

222．使用"打开"对话框的方法是（   ）。

A．双击工具箱中的"打开"对话框控件，将其添加到窗体中

B．单击 CommonDialog 控件，然后在窗体中画出 CommonDialog 控件，再将 Action 属性值设为 1

C．在程序中用 Show 方法显示"打开"对话框

D．在程序中用 ShowSave 方法显示"打开"对话框

223．通过调用通用对话框的 ShowPrinter 方法，可以显示（   ）对话框。

A．"打开"   B．"另存为"   C．"打印"   D．"帮助"

224．当除数为零时，会导致（   ）。

A．编译错误   B．逻辑错误   C．实时错误   D．无错误

225．下列不会导致编译错误的是（   ）。

A．有 If 而无对应的 End If   B．循环中起始值和终止值不正确

C．括号不匹配   D．拼错了关键字

226．Err 对象的（   ）属性用来存储当前错误的编号。

A．Number   B．Error

C．Description   D．ErrorNum

227．在 Visual Basic 中，使用（   ）语句激活错误捕捉。

A．Err   B．Get Error   C．On Error   D．Goto Exit

228．在 Visual Basic 中，菜单控件只有一个（   ）事件。

A．Load   B．Click   C．GetFocus   D．MouseDown

229．菜单控件用于显示应用程序的自定义菜单，每一个创建的菜单至多有（   ）级子菜单。

A．两　　　　　　B．三　　　　　　C．四　　　　　　D．五

230．下列关于菜单设计的叙述中，错误的是（　　）。

A．菜单也是一种控件

B．菜单设计在"菜单编辑器"中进行

C．菜单也有属性和事件

D．可以在工具箱中找到菜单控件

231．为了对某菜单项指定访问键，可以在（　　）框中输入访问键字母，并在该字母之前放置一个"&"符号。

A．名称　　　　　B．标题　　　　　C．索引　　　　　D．关键字

232．在设计菜单时，如果要在菜单中加入一个菜单分隔项，则菜单分隔项的标题必须设置为（　　）。

A．减号（-）　　B．加号（+）　　C．冒号（:）　　D．感叹号（!）

233．下列关于菜单控件的属性的叙述，正确的是（　　）。

A．Enabled 属性用来设置菜单项是否可见

B．Checked 属性用于设置或返回一个布尔值，表示该菜单项是否被选中

C．Caption 属性用来设置菜单项名称

D．Shortcut 属性可以为菜单项设置快捷键

234．能够把 RichTextBox 控件的内容存入文件的方法是（　　）。

A．Find 方法　　　　　　　　　　　B．GetLineFromChar 方法

C．LoadFile 方法　　　　　　　　　D．SaveFile 方法

235．下列关于 RichTextBox 控件属性的叙述，错误的是（　　）。

A．FileName 属性用于返回或设置装入 RichTextBox 控件的文件名

B．RightMargin 属性用于返回或设置 RichTextBox 控件中文本的右边距

C．SelAlignment 属性用于返回或设置 RichTextBox 控件当前选择的文本

D．SelBullet 属性用于返回或设置一个值，决定在 RichTextBox 控件中包含当前选择或插入点的段落是否有项目符号样式

236．状态栏控件最多能被分成（　　）个 Panel 对象。

A．2　　　　　　B．4　　　　　　C．8　　　　　　D．16

237．状态栏控件是（　　）。

A．Toolbar　　　B．ClipBoard　　C．StatusBar　　D．Menu

238．创建工具栏时，如果需要显示图片，则可以关联（　　）控件。

A．ClipBoard　　B．StatusBar　　C．ImageList　　D．PictureList

239．从 ClipBoard 对象中返回一个图形，可以使用（　　）方法。

A．SetData　　　B．GetData　　　C．SetDate　　　D．GetDate

240．在复制任何信息到 ClipBoard 对象中之前，应调用（　　）方法清除 ClipBoard 对象中的内容。

A．Cls 方法　　　　　　　　　　　B．Clear 方法

C．Move 方法　　　　　　　　　　D．Delete 方法

241．在驱动器列表框控件中，如果改变所选择的驱动器就会触发该控件的（　　）事件。

A．Change 事件　　　　　　　　　B．Click 事件

C. MouseDown 事件　　　　　　　　D. DriveList 事件

242．在下列驱动器列表框控件的属性中，用于返回或设置运行时选择的驱动器的是（　　）。

　　A．Drive　　　　B．List　　　　C．ListIndex　　　D．ListCount

243．在下列驱动器列表框控件的属性中，用于返回连接的驱动器个数的是（　　）。

　　A．Drive　　　　B．List　　　　C．ListIndex　　　D．ListCount

244．在目录列表框控件的属性中，用于返回或设置当前路径的是（　　）。

　　A．Path　　　　B．ListIndex　　　C．ListCount　　　D．List

245．文件列表框控件的（　　）属性用于返回或设置所选文件的路径和文件名。

　　A．FileName　　　B．List　　　　C．Path　　　　D．Pattern

246．在文件列表框控件中单击一个文件时，发生（　　）事件。

　　A．Change　　　B．PathChange　　　C．Click　　　　D．PatternChange

247．在 Visual Basic 6.0 中有三种文件访问类型，分别是（　　）、随机型、二进制型。

　　A．倒置型　　　B．顺序型　　　C．十进制型　　　D．十六进制型

248．当要处理只包含文本的文件时，使用（　　）访问最好。

　　A．二进制型　　　B．随机型　　　C．顺序型　　　D．十进制型

249．以顺序型访问方式打开一个文件时，不能使用下列（　　）方法。

　　A．向文件中输入字符（Input）　　　　B．把字符加到文件中（Append）

　　C．从文件中输出字符（Output）　　　D．向文件中插入字符（Insert）

250．下列关于文件的叙述，错误的是（　　）。

　　A．使用 Append 方式打开文件时，文件指针被定位于文件尾

　　B．当以 Input 方式打开文件时，如果文件不存在，则自动建立一个新文件

　　C．顺序文件的各个记录的长度可以不同

　　D．随机文件打开后，既可以进行读操作，也可以进行写操作

251．利用（　　）函数可以判断是否已经到达文件的结尾。

　　A．LOF　　　　B．EOF　　　　C．LOC　　　　D．BOF

252．利用（　　）函数可以判断用 Open 语句打开的文件的大小。

　　A．LOF　　　　B．EOF　　　　C．LOC　　　　D．BOF

253．执行语句 "Open "c:\aa.txt" For Input As #2" 后，系统（　　）。

　　A．将 C 盘当前文件夹下名为 aa.txt 的文件的内容读入内存

　　B．在 C 盘当前文件夹下建立名为 aa.txt 的顺序文件

　　C．将内存数据存放在 C 盘当前文件夹下名为 aa.txt 的文件中

　　D．将某个磁盘文件的内容写入 C 盘当前文件夹下名为 aa.txt 的文件中

254．对随机文件的读/写有以下操作：① 关闭随机文件；② 对记录进行读/写操作；③ 使用 Open 语句以随机方式打开文件；④ 定义记录类型和变量。

　　正确的步骤是（　　）。

　　A．①②③④　　　B．④③②①　　　C．①④③②　　　D．④①②③

255．使用（　　）语句可以把记录添加到随机型访问打开的文件中。

　　A．Open　　　　B．Put　　　　C．Write　　　　D．Add

256．打开随机访问的文件时，应在 Open 语句中使用（　　）子句。

　　A．For Input　　　B．For Random　　　C．For Write　　　D．For Output

257. FSO 对象模型中用于创建、移动文件夹的对象是（   ）。

    A．Drive   B．TextStream   C．Files   D．Folder

258. FSO 对象模型中的（   ）对象用于读/写文本文件。

    A．Drive   B．TextStream   C．Files   D．Folder

259. 关于数据控件的属性，下列说法错误的是（   ）。

    A．ReadOnly 设置数据库的内容是否为只读

    B．Exclusive 属性默认值为 True

    C．RecordSource 设置数据控件的记录源

    D．EOFAction 属性用于设置指针移到记录集结尾时执行的操作

260. RecordSet 对象的 EOF 属性为 True 时，表示记录指针处于（   ）。

    A．最后一条记录之前   B．最后一条记录之后

    C．第一条记录之前   D．不确定

261. ADO RecordSet 对象更新记录内容可以使用（   ）方法。

    A．Add   B．AddNew   C．Edit   D．Update

262. 将记录指针定位到下一条记录，可以使用 ADO RecordSet 对象的（   ）方法。

    A．MovePrevious   B．MoveNext

    C．MoveFirst   D．MoveLast

263. ADO RecordSet 对象的（   ）方法用于从记录集当前记录开始查找满足条件的下一条记录。

    A．FindPrevious   B．FindNext

    C．FindFirst   D．FindLast

264. （   ）属性可以设置数据绑定控件的数据源属性。

    A．DataField   B．DataSource

    C．DataBase   D．RecordSource

265. SQL 语句中，（   ）语句用于向一个已经存在的表中添加一行新记录。

    A．Select   B．Insert

    C．Add   D．Create

266. 在使用 MSFlexGrid 控件时，（   ）属性用于设置指定带区中的列宽。

    A．Width   B．Col

    C．ColWidth   D．TextMatrix

267. 语句 MSFlexGrid1.TextMatrix(1,1) 的作用是（   ）。

    A．得到第 1 行第 1 列单元格的文本内容

    B．设置活动单元格的坐标为(1,1)

    C．设置当前单元格的行高为 1，列宽为 1

    D．在单元格中输入字符(1,1)

268. 执行下面的程序：

```
x = 10
y = 20
x = x + y
y = x - y
x = x - y
Print x;y
```

运行后的输出结果为（　　）。

 A．20　30 B．30　20 C．20　10 D．10　20

269．下列程序执行后，变量 a 的值为（　　）。

```
Dim a, b, c, d As Single
a = 10: b = 20: c = 40
If b > a Then
    d = a: a = b: b = d
End If
If c > a Then
    d = a: a = c: c = d
End If
If c > b Then
    d = b: b = c: c = d
End If
```

 A．10 B．40 C．20 D．100

270．执行下列程序：

```
For i=1 To 20 Step 2
    Print i
Next i
```

该程序中循环体 Print i 的执行次数是（　　）。

 A．4 B．5 C．10 D．20

271．执行下列程序：

```
sum = 0
n = 5
For i = 1 To n
    For j = 1 To n
        sum = sum + j
    Next j
Next i
Print sum
```

运行后的输出结果为（　　）。

 A．10 B．30 C．60 D．75

272．执行下列程序：

```
n = 0
m = 1
Do Until n > 3
    n = n + 1
    m = m + n^2
Loop
Print n; m
```

运行后的输出结果为（　　）。

 A．2　6 B．3　15 C．4　31 D．5　56

273．执行下列程序：

```
Dim aa(5) As Integer, i As Integer
For i = 1 To UBound(aa)
    aa(i) = i * i
Next i
Print aa(3) * i
```

运行后的输出结果为（　　）。

   A．27　　　　　　　B．45　　　　　　　C．54　　　　　　　D．64

274．执行下列程序：

```
Dim a, i As Integer
a =Array(1,3,5,7,9)
For i= LBound(a) To UBound(a)
    a(i) = a(i)* i
Next i
Print a(i)
```

运行后的输出结果为（　　）。

   A．0　　　　　　　B．49　　　　　　　C．81　　　　　　　D．下标越界

275．执行下列程序，运行结果是（　　）。

```
a = 3: b = 4: c = 5
Print "X("; a + b * c; ")"
```

   A．X(12)　　　　　B．X(23)　　　　　C．X(35)　　　　　D．X(a+b*c)

276．执行下列程序，运行结果是（　　）。

```
x = 0
y = 1
Do
    x = x + y
    y = y + 1
Loop While x < 7
Print x; y
```

   A．6　5　　　　　B．6　4　　　　　C．0　1　　　　　D．10　5

277．执行下列程序：

```
a = CInt(InputBox("请输入一个整数："))
Select Case a
    Case Is < = 0
        b = 0
    Case Is < = 10
        b = a^2+1
    Case Is < = 20
        b = a - 10
    Case Is > 20
        b = 20
End Select
```

在消息框中输入"5"后，b 的值为（　　）。

   A．0　　　　　　　B．20　　　　　　　C．26　　　　　　　D．125

278．下面的程序运行后，输出的结果是（　　）。

```
x = Int(Rnd() + 1)
 Select Case x
     Case 0
 Print "AAA"
     Case 1
Print "BBB"
     Case 2
Print "CCC"
     Case Else
```

```
    Print "DDD"
End Select
```

    A. AAA   B. BBB   C. CCC   D. DDD

279. 下列程序段的运行结果是（　　　）。

```
Dim a, b, c, d As Single
Dim x As Single
a = 10 : b = 30 : c = 400
If b > a Then
    d = a: a = b: b = d
End If
If b > c Then
    x = b
ElseIf a > c Then
    x = c
Else
x = a
End if
Print x
```

    A. 10   B. 30   C. 400   D. 430

280. 执行下列程序：

```
sum=1
For i=1 To 10 Step 3
    sum=sum*i
    i=i+1
Next i
Print sum,i
```

程序输出的结果是（　　　）。

    A. 280　13   B. 23　13   C. 45　11   D. 45　13

281. 下列程序的运行结果是（　　　）。

```
Dim a (5),b (5)
For j=1 To 4
    a(j)= j*2
    b(j)=a(j)*2
Next j
Print b(j-1)
```

    A. 12   B. 16   C. 18   D. 8

282. 假定有如下的 Sub 过程：

```
Sub S(x As Single,y As Single)
    t=x
    x=t/y
    y=t Mod y
End Sub
```

在窗体上画一个命令按钮，然后编写如下事件过程：

```
Private Sub Command1_Click()
Dim a As Single, b As Single
    a=5 : b=4
    S a,b
    Print a,b
End Sub
```

程序运行后，单击命令按钮，输出的结果为（　　　）。

　　A．5　4　　　　　B．1　1　　　　　C．1.25　4　　　　D．1.25　1

283．执行下列程序：

```
Private Sub Command1_Click()
Dim i As Integer
i =6
Do Until i> 10
i=i+2
Print i;
Loop
End Sub
```

程序运行后，单击命令按钮，显示的结果为（　　　）。

　　A．6　8　10　　　　　　　　　　　B．8　10　12

　　C．6　8　10　12　　　　　　　　　D．8　10　12　14

284．单击命令按钮执行以下程序，输出结果为（　　　）。

```
Private Sub Command1_Click()
Dim x As Integer, y As Integer
    x = 12: y = 32
    Call Proc(x, y)
    Print x; y
End Sub
Public Sub Proc(n As Integer, ByVal m As Integer)
    n = n Mod 10 : m = m Mod 10
End Sub
```

　　A．12　32　　　　B．2　32　　　　C．2　3　　　　D．12　3

285．给命令按钮 Cmd1 编写如下事件过程：

```
Private Sub Cmd1_Click()
Dim a(1 To 5, 1 To 5) As Integer
    For i = 1 To 5
        For j = 1 To 5
            a(i, j) = j+(i-1) * 2
        Next j
    Next i
    For i = 4 To 5
        For j = 4 To 5
            Print a(i, j)
        Next j
    Next i
End Sub
```

该程序执行后，输出的结果是（　　　）。

　　A．10　11　17　18　　　　　　　B．10　11　12　13

　　C．9　10　12　30　　　　　　　　D．8　9　10　11

286．在窗体上画一个文本框 Text1 和一个命令按钮 Command1，然后编写如下事件过程：

```
Private Sub Command1_Click( )
Dim i As Integer,a As Integer
For i=0 To 20
 i=i+2
```

```
       a=a+1
       If i>12 Then Exit For
     Next
     Text1.Text=str(a)
     End Sub
```

运行程序，单击按钮后，文本框中显示的内容是（　　）。

  A．3   B．4   C．5   D．6

287．编写如下通用过程：

```
     Public Sub Fun1(a() As Integer, x As Integer)
        For i = 1 To 4
           x = x * a(i)
        Next
     End Sub
```

在窗体上画一个名称为 Text1 的文本框和一个名称为 Command1 的命令按钮，然后编写如下事件过程：

```
     Private Sub Command1_Click()
     Dim kkk(5) As Integer, n As Integer
        n = 1
        For i = 1 To 4
           kkk(i) = i + i
        Next
        Fun1 kkk, n
        Text1.Text = Str(n)
     End Sub
```

程序运行后，单击命令按钮，则在文本框中显示的内容是（　　）。

  A．30   B．384   C．48   D．1

288．在窗体中画一个命令按钮 Command1，然后编写如下事件过程：

```
     Private Sub Command1_Click( )
     a = -3
     If a >0 Then
     b = a * ( a + 2 )
     Else
     b = -a
     End If
     Print b
     End Sub
```

程序运行后，单击命令按钮，窗体中显示的是（　　）。

  A．15   B．15   C．3   D．-3

289．下列程序运行后，输出的结果是（　　）。

```
     Dim m As Integer ,n As Integer
     m = 1
     n = 0
     While m<=10
     n = n+m
     m = m+3
     Wend
     Print n
```

  A．5   B．12   C．22   D．36

290．编写如下程序段：

```
Dim i As Integer, s As Integer
s = 0
For i = 0 To 10
    If i Mod 2 = 0 And i Mod 4 <> 0 Then
        s = s + i
    End If
Next
Print s
```

程序运行后，单击窗体，输出的结果为（　　）。

 A．30   B．18   C．12   D．10

291．有如下 Sub 过程：

```
Sub AAA(x As Single, y As Single)
    t = x
    x = t / y
    y = t Mod y
End Sub
```

在窗体上的命令按钮 Command1 中编写如下事件过程，执行该事件过程调用 AAA 过程，其结果是（　　）。

```
Private Sub Command1_Click()
    Dim a As Single
    Dim b As Single
    a = 5
    b = 4
    AAA a, b
    Print a; b
End Sub
```

 A．5 4   B．1 1   C．1.25 1   D．0.8 1

292．执行下列程序段，运行结果是（　　）。

```
s=0
For i=10 To 0 Step -3
s=s+i
Next i
Print s;i
```

 A．22 -2   B．22 0   C．20 0   D．20 -2

293．执行下列程序段，运行结果是（　　）。

```
x = 12
y = 18:
Do
z=y Mod x
y=x
x=z
Loop  Until x = 0
Print y
```

 A．2   B．6   C．18   D．12

294．有如下函数过程：

```
Function f1(x As Integer) As Long
Dim s As Long
```

```
Dim i As Integer
    s = 0
    For i = 1 To x
        s = s + i
    Next i
    f1 = s
End Function
```

在窗体上画一个命令按钮，名为 Command1，并编写事件过程调用该函数，则输出结果为（   ）。

```
Private Sub Command1_Click()
Dim i As Integer
Dim sum As Long
    For i = 1 To 5
        sum = sum + f1(i)
    Next i
    Print sum
End Sub
```

  A．25   B．35   C．45   D．55

295．在窗体上画一个名为 Command1 的命令按钮，然后编写如下事件过程：

```
Private Sub Command1_Click( )
Str1="ABC"
For i=1 To 3
Print_____
Next
End sub
```

程序运行后，单击命令按钮，在窗体上显示了如下内容：

C

BC

ABC

则在横线处应填入（   ）。

  A．Mid(Str1,i,1)   B．Left(Str1,i)

  C．Right(Str1,i)   D．Str1

296．编写如下程序：

```
Private Sub Form_Click ( )
Dim i As Integer, sum As Integer
i=1
s=0
While i<=10
  s=s+i
Wend
Print s
End Sub
```

运行程序后，单击窗体，输出结果为（   ）。

  A．45   B．55   C．0   D．死循环

297．在窗体中画一个名为 Command1 的命令按钮，然后编写如下程序：

```
Private Sub Command1_Click( )
Dim a
a = Array(1, 2, 3, 4, 5)
```

```
x=1
For i = 4 To 0 Step -2
s = s + a(i)*x
x =x * 10
Next i
Print s
End Sub
```

运行程序后，单击命令按钮，输出的结果是（   ）。

A．531　　　　　　B．135　　　　　　C．12345　　　　　　D．54321

298．运行如下程序，输出的结果是（   ）。

```
Dim a(5)
For i = 0 To 4
    a(i) = i + 1
    m = i + 1
    If m = 3 Then a(m - 1) = a(i - 2) Else a(m) = a(i)
    If i = 2 Then a(i - 1) = a(m - 3)
    a(4) = i
    Print a(i);
Next i
```

A．1　1　1　4　4　　　　　　　B．1　2　3　4　1
C．1　2　1　4　4　　　　　　　D．1　1　1　4　1

299．运行程序，单击命令按钮之后，下列程序的执行结果为（   ）。

```
Private Sub Command1_Click( )
s=AA(1)+AA(2)+AA(3)
Print s;
End sub
Public Function AA(n As Integer)
Static sum
For i=1 To n
sum=sum+i
Next i
AA=sum
End Function
```

A．15　　　　　　B．20　　　　　　C．35　　　　　　D．6

300．下列程序段的运行结果是（   ）。

```
Private Sub Command1_Click()
    Dim a As Integer, b As Integer, c As Integer
    a = 9
    b = 3
    c = 5
    Print SecProc(a, b, c)
End Sub
Function FirProc(x As Integer, y As Integer, z As Integer)
    FirProc = 3 * x + y + 2 * z
End Function
Function SecProc(x As Integer, y As Integer, z As Integer)
    SecProc = FirProc(z, x, y) + x
End Function
```

A．32　　　　　　B．37　　　　　　C．36　　　　　　D．39

二、判断题

1．Visual Basic 6.0 的企业版包括专业版的全部功能。　　　　　　　　（　　）

2．新建一个标准 EXE 工程后，还需要在工程中再创建一个窗体。　　　（　　）

3．在程序设计阶段，双击窗体上的某个控件，打开"属性"窗口。　　（　　）

4．对象的属性只能在"属性"窗口中进行设置。　　　　　　　　　　　（　　）

5．用来构筑用户图形界面的每个可视的控件均为对象，对象都是可见的。（　　）

6．在 Visual Basic 中，窗体和控件都是对象，整个应用程序也是一个对象。（　　）

7．一个对象对应一个事件，一个事件对应一个事件过程。　　　　　　　（　　）

8．方法是预先设置好的、能够被对象识别的动作。　　　　　　　　　　（　　）

9．按 Ctrl+G 组合键可以进入立即窗口。　　　　　　　　　　　　　　（　　）

10．工程是 Visual Basic 应用程序开发过程中使用的文件集。　　　　　（　　）

11．标准模块是大多数 Visual Basic 应用程序的基础。　　　　　　　　（　　）

12．以.bas 为扩展名的文件是类模块文件。　　　　　　　　　　　　　（　　）

13．Visual Basic 中的布尔型数值有两个，分别是 0 和 1。　　　　　　（　　）

14．变量在使用前一般要预先声明，声明变量就是将变量的有关信息事先告诉编译系统。　　　　　　　　　　　　　　　　　　　　　　　　　　　　　　（　　）

15．标识符必须以字母开头，最大长度为 255。　　　　　　　　　　　（　　）

16．Visual Basic 中标识符不区分大小写。　　　　　　　　　　　　　（　　）

17．赋值语句中，赋值号"="与数学上的等号意义相同。　　　　　　（　　）

18．注释语句是对程序的说明，对程序运行有一定的影响。　　　　　　（　　）

19．在 Visual Basic 中，不允许变量不经过声明就直接使用。　　　　　（　　）

20．在 Visual Basic 中输入 Print 语句时，无论是输入"PRINT"还是"print"，Visual Basic 都会转换为"Print"。　　　　　　　　　　　　　　　　　　　　　　（　　）

21．Visual Basic 中全局变量声明应使用 Public 关键字。　　　　　　　（　　）

22．Visual Basic 中 Mod 运算符的优先级别高于整除运算符"\"。　　　（　　）

23．Print 语句不具备计算功能。　　　　　　　　　　　　　　　　　　（　　）

24．多个赋值语句放在同一行，各个语句之间用分号隔开。　　　　　　（　　）

25．表达式 3>2>1 的计算结果是 True。　　　　　　　　　　　　　　　（　　）

26．不能使用 Visual Basic 中的保留关键字作为标识符。　　　　　　　（　　）

27．在多行块结构的 If 语句中，必须以 End If 语句结束。　　　　　　（　　）

28．在 For 循环语句中，Step 必须设置，不能省略。　　　　　　　　　（　　）

29．前侧型 Do 循环有可能一次都不执行。　　　　　　　　　　　　　（　　）

30．执行 Do … Loop While 语句时，首先都会无条件执行一次循环。　　（　　）

31．函数 Len("VB 程序设计"+space(2))的值是 8。　　　　　　　　　（　　）

32．Visual Basic 程序的基本结构有两种：选择结构和循环结构。　　　（　　）

33．数组的初始化就是给数组的各个元素赋初值。　　　　　　　　　　（　　）

34．用 Dim 语句声明数组后，字符串数组中的全部元素初始化为空字符串。（　　）

35．在编写程序代码时，可以使用 Dim 语句对已经声明了的数组重新进行声明。

　　　　　　　　　　　　　　　　　　　　　　　　　　　　　　　（　　）

36．声明数组时，如果省略了"下标下界 To"，则数组默认下界为 1。　（　　）

37．UBound 函数返回某一维数组的下界值。　　　　　　　　　　　　（　　）

38．Array 函数只适合一维数组，不能对二维数组赋值。　　　　　　　（　　）

39．使用 Array 函数给数组赋初值时，数组变量可以是 Variant 类型的，也可以是其他数据类型。　　　　　　　　　　　　　　　　　　　　　　　　　（　　）

40．动态数组可以用 ReDim 语句再次分配动态数组占据的存储空间。　（　　）

41．Erase 语句用于动态数组时，将删除整个数组结构，但不会释放该数组所占有的内存。　　　　　　　　　　　　　　　　　　　　　　　　　　　（　　）

42．按值传递参数是 Visual Basic 过程参数传递的默认方式。　　　　　（　　）

43．在 Visual Basic 中，所有的可执行代码都必须属于某个过程。　　　（　　）

44．通用过程由事件过程或其他通用过程调用，并最终由事件过程调用执行。
　　　　　　　　　　　　　　　　　　　　　　　　　　　　　　　　（　　）

45．Sub 过程有返回值，而 Function 过程没有。　　　　　　　　　　（　　）

46．Sub 过程可以在过程中嵌套其他过程的定义。　　　　　　　　　　（　　）

47．不同事件有可能会同时触发。　　　　　　　　　　　　　　　　　（　　）

48．控件数组虽然共用一个控件名，但它们的事件过程可以不相同。　　（　　）

49．如果 Click 事件中有代码，则 DblClick 事件将永远不会触发。　　　（　　）

50．窗体的 ScaleWidth 和 ScaleHeight 两个属性可以在设计阶段修改，也可以在运行时修改。　　　　　　　　　　　　　　　　　　　　　　　　　　　（　　）

51．函数 InputBox 的前三个参数分别是输入对话框的提示信息、标题及默认值。
　　　　　　　　　　　　　　　　　　　　　　　　　　　　　　　　（　　）

52．MsgBox 语句没有返回值。　　　　　　　　　　　　　　　　　　（　　）

53．Visual Basic 程序中的错误分为编译错误、实时错误和逻辑错误三种。（　　）

54．在使用 Visual Basic 开发软件的过程中，对于不可避免的错误或还没有发现的错误，可以设置错误捕获语句，对错误进行捕获和处理。　　　　　　　　　（　　）

55．计时器控件只能响应 Timer 事件。　　　　　　　　　　　　　　　（　　）

56．计时器的 Interval 属性的时间间隔是秒。　　　　　　　　　　　　（　　）

57．垂直滚动条的上端代表最大值（MAX），下端代表最小值（MIN）。（　　）

58．为了使标签框的内容居中对齐，应把 Alignment 属性设置为1。　　（　　）

59．如果按下组合键 Ctrl+Alt+Shift，则键盘事件的 Shift 参数值为7。　（　　）

60．在"窗体名.KeyPreview = Boolean"语句中，Boolean 为 True 时，窗体先接收键盘事件，然后由活动控件接收事件；Boolean 为 False 时，活动控件接收键盘事件，而窗体不接收。　　　　　　　　　　　　　　　　　　　　　　　　　　（　　）

61．一个应用程序只能有一个 MDI 窗体。　　　　　　　　　　　　　（　　）

62．所有子窗体都在 MDI 窗体的内部区域显示，可以像其他任何窗体一样移动子窗体和改变子窗体的大小，但不能移出 MDI 父窗体外。　　　　　　　　　（　　）

63．使用 Circle 方法绘制扇形时，要绘制出两条半径，应设置 Start 属性值和 End 属性值为0。　　　　　　　　　　　　　　　　　　　　　　　　　　　（　　）

64．改变窗体的标题也就是改变其属性窗口中的 Name 属性。　　　　　（　　）

65．单击命令控件时触发按钮的 Click 事件，双击时触发 DblClick 事件。（　　）

66．当列表框中的项目较多且超过了列表框的长度时，系统会自动在窗体边上加一个滚动条。　　　　　　　　　　　　　　　　　　　　　　　　　　　（　　）

67．要清除列表框控件中的内容，可以使用 Cls 方法。　　　　　　　　（　　）

68．标签框控件和其他控件一样，在运行时可以获得焦点。 （　　）

69．键盘事件中 KeyAscii 和 KeyCode 都是用 ASCII 码表示，所以它们的含义完全相同。
（　　）

70．通用对话框是一种 ActiveX 控件。 （　　）

71．可以利用通用对话框制作"帮助"对话框。 （　　）

72．用 ShowOpen 方法打开"打开"对话框，在该对话框中不仅可以选择一个文件，还可以打开、显示文件。 （　　）

73．QBColor()函数中参数的取值范围是 0～255。 （　　）

74．图像框是容器对象，可以在此控件中放置其他控件，但不能显示图像。 （　　）

75．图像框 PictureBox 有一个属性，可以自动调整图形的大小，以适应图像框的尺寸，这个属性是 Strentch 属性。 （　　）

76．图像控件专门用于显示图像。 （　　）

77．通过控件数组可以实现菜单项的增减。 （　　）

78．菜单控件只有一个 Click 事件。 （　　）

79．菜单控件可以通过 AddItem 方法来增加菜单项。 （　　）

80．创建菜单时，下拉菜单的深度不能超过三层。 （　　）

81．RichTextBox 控件不仅允许输入和编辑文本，还提供了标准文本框控件所没有的且更高级的指定格式的许多功能。 （　　）

82．图像列表控件不能独立使用，只能为其他控件提供图像资料。 （　　）

83．驱动器列表框的 Drive 属性在设计时不可用。 （　　）

84．通过 MSFlexGrid 控件可以以电子表格的形式显示数据，所以数据的修改、更新非常方便。 （　　）

85．ADO RecordSet 对象提供与物理数据库相应的一组逻辑记录，既可以表示一个数据库表中的所有记录，也可以表示满足查询条件的所有记录。 （　　）

86．要在 Visual Basic 中创建一个 Web 浏览器，可以使用 WebBrowser 控件。 （　　）

87．状态栏控件 StatusBar 最多能被分成 12 个 Panel 对象。 （　　）

88．当要处理只包含文本的文件时，使用顺序型访问最好。 （　　）

89．随机访问文件中的所有记录都必须有相同的长度。 （　　）

90．在 SQL 语言中，Select 语句的 From 子句用于指定对记录的过滤条件。 （　　）

91．ADO RecordSet 对象的 Update 方法用于更新记录内容。 （　　）

92．系统功能设计是程序设计的起始部分，是程序设计的骨架。 （　　）

93．数据控件 Data 可以执行大部分数据访问操作，而根本不用编写代码。 （　　）

94．在 Visual Basic 中，仅可以使用文本框、标签框等内部控件作为数据绑定控件，而不能使用 ActiveX 控件作为数据绑定控件。 （　　）

95．MSFlexGrid 控件可以显示网格数据，但是不能对其进行操作。 （　　）

96．在使用 ADO 对象之前，必须保证 ADO 已经安装。 （　　）

97．菜单栏控件提供的窗体通常位于父窗体的底部。 （　　）

98．系统设计是软件工程中开始程序设计的第一步。 （　　）

99．可以通过 Visual Basic 6.0 自带的打包程序制作一个安装程序。 （　　）

100．Visual Basic 编写的软件只能在 Windows 环境下运行。 （　　）

三、名词解释

1．对象	2．属性	3．事件
4．方法	5．工程	6．事件驱动
7．事件过程	8．常量	9．字面常量
10．符号常量	11．变量	12．数组
13．定长数组	14．动态数组	15．编译错误
16．实时错误	17．逻辑错误	18．过程
19．通用过程	20．表达式	21．运算符的优先顺序
22．窗体	23．类模块	24．窗体模块
25．标准模块	26．注释语句	27．赋值语句
28．通用对话框	29．MDI	30．标签框控件
31．文本框控件	32．命令按钮控件	33．复选框控件
34．组合框控件	35．计时器控件	36．Line 控件
37．Circle 方法	38．图像控件	39．InputBox 函数
40．MsgBox 函数	41．对话框	42．菜单控件
43．工具栏控件	44．图像列表框控件	45．驱动器列表框控件
46．FSO 模型	47．数据控件	48．ODBC
49．API	50．SQL	

四、简答题

1．简述 Visual Basic 6.0 集成开发环境的组成。

2．打开属性窗口有哪些方法？

3．打开代码窗口有哪些方法？

4．简述用 Visual Basic 编程的一般步骤。

5．什么是工程？Visual Basic 工程主要由哪几种模块组成？

6．运行程序有哪几种方法？

7．Visual Basic 6.0 有哪些基本数据类型？

8．简述标识符的命名规则。

9．在 Visual Basic 中编写程序语句时，需要注意哪些规则？

10．简述结束语句的语法格式及功能。

11．Visual Basic 6.0 的表达式有哪些类？

12．写出各种运算符从高到低的优先级顺序。

13．写出 Visual Basic 程序设计中的三大结构。

14．写出单行形式的 If 语句格式。

15．写出多行 If 语句的语法格式。

16．写出 Select ⋯ Case 语句的语法格式。

17．写出 For 循环语句的语法格式。

18．简述 While Wend 循环语句的执行流程。

19．引用数组元素时有哪些注意事项？

20．访问数组的常用方法有哪些？

21．简述创建动态数组的步骤。

22．Visual Basic 6.0 过程参数有哪几种传递方式？有何区别？

23．建立事件过程有哪几种方法？

24．简述建立通用过程的操作步骤。

25．调用 Sub 过程有哪几种方式？

26．简述常用内部函数及其特点。

27．Visual Basic 6.0 程序中的错误分为哪几类？

28．简述 Visual Basic 中错误处理的方法。

29．简述窗体的 Load 事件和 Activate 事件的区别。

30．简述创建对话框的方法。

31．如何创建 MDI 应用程序？

32．MDI 应用程序有哪些特性？

33．简述创建快速显示窗体的方法。

34．简述控件都有哪些基本操作。

35．写出向窗体中添加控件的两种方法。

36．列举出工具箱中的标准控件。

37．简述为文本框设置访问键的方法。

38．如何向列表框控件中添加选项？

39．如何创建控件数组？

40．Shape 控件可以用来显示哪些图形？

41．简述图像框控件的功能。

42．文件访问有哪些类型？分别适用于什么类型文件？

43．顺序文件有哪几种访问方式？

44．简述随机文件的读/写步骤。

45．简述清除随机访问文件中记录的步骤。

46．FSO 对象模型包含哪些对象？各对象的功能是什么？

47．简述向文本文件中添加数据的步骤。

48．简述将 ActiveX 控件添加到工具箱中的操作步骤。

49．ODBC 数据源有哪几种形式？

50．什么是系统功能设计？包括哪些部分？

五、综合题

1．编写一个计算圆的面积的程序，运行时用户输入一个半径值 r，程序能够计算出该半径值对应的圆的面积 s，并将结果按一定的格式显示到窗体上。

2．编写一个程序，用户任意输入一个整数，程序能够判定该整数是奇数还是偶数，并将判断结果显示出来。

3．编写一个程序，输出显示[50, 100]范围内所有 5 的倍数和 7 的倍数，计算并显示出这些数的个数，以及它们的和。

4．编写一个成绩等级判定程序，输入一个百分制整数成绩，成绩在 90～100 之间的等级为 "A"，在 75～89 之间的等级为 "B"，在 60～74 之间的等级为 "C"，在 0～59 之间的等级为 "D"，输出成绩与等级。

5．编写一个程序，输出[100, 200]范围内所有的素数。（一个数除了 1 和它本身以外，

不能被其他正整数整除，这个数就叫素数）

6．编写一个程序，计算 1～n 之间所有奇数之和（若 n 为奇数，包含 n）。

7．编写一个程序，用户任意输入三个数，程序能显示输出这三个数，并且计算显示出这三个数中的最大者和最小者。

8．我国目前有 14 亿的人口，假如每年人口增长率固定为 0.5%，请设计一个程序，计算多少年后我国人口将超过 20 亿。

9．编写一个程序，显示[100, 500]内所有的水仙花数，以及这些水仙花数之和。（水仙花数是一个三位数整数，其各位上的数字的立方和与这个数本身相等）

10．编写一个程序，要求用户输入一个数，求这个数是否是回文数。（设 n 是任意自然数，若将 n 的各位数字反向排列所得的自然数 nl 与 n 相等，则称 n 为回文数。例如：12321）

11．编写一个程序，用户输入一个年份，程序判断其是否为闰年。（闰年判断条件：年份能被 4 整除但不能被 100 整除；或者年份能被 400 整除）

12．一个具有 10 个元素的一维数组，下标从 1 到 10，每个元素的值是由随机函数产生的[100, 300]之间的随机整数。要求：用 Visual Basic 语言写一个程序，求出该数组中的最大值及其下标，并输出结果。

13．编写一个程序，随机生成 20 个[0, 100]范围内的随机整数，将这些整数显示出来，每行显示 5 个数，再用冒泡法对这些数进行排序，按照从高到低的顺序显示，每行显示 5 个数。

14．将 0, 11, 22, 33, 55, 66, 77, 88, 99, 100 存入一个数组中，现输入一个数，要求将它插入数组中，数组中的数据仍然由小到大排列。

15．编写一个程序，计算 $1+2^1+2^2+2^3+\cdots+2^n$ 的值，n 由用户输入。

16．从键盘输入两个自然数，求这两个自然数的最大公约数和最小公倍数。

17．$1/1-1/3+1/5-1/7+\cdots=\pi/4$，请编写一个程序，求圆周率 π 的值。

18．编写一个求 $n!$ 的 Sub 过程，并利用这个过程求 $2!+4!+6!+\cdots+10!$。

19．编写一个 Function 过程，计算三角形的面积，并利用这个过程求三条边长为 30、40 和 50 的三角形的面积。

20．将百元钞票换成 5 元、10 元、20 元的零钱，每种至少有一张，求出所有换法。

第二部分

计算机组装与维修

复 习 指 导

项目一　识别部件与认识品牌

 **关键词**

　　计算机，计算机组成，运算器，存储器，控制器，输入/输出设备，硬件设备，接口，内部接口，外部接口，DIY，计算机品牌

重点难点

（1）计算机的组成（重点）。
（2）计算机各部件的功能（重点、难点）。
（3）计算机的内部接口及常见连接线（重点）。
（4）计算机的外部接口及各外部设备之间的连接（重点）。

思维导图

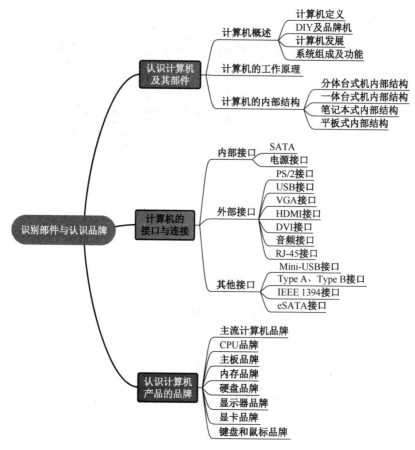

复习内容

什么是计算机？计算机俗称电脑。目前，计算机已成为人们不可缺少的工具，它极大地改变了人们的工作、生活和学习方式，成为信息时代的主要标志。本章将带领同学们了解计算机的发展、计算机系统的组成及计算机的工作原理，并能够识别计算机的部件，了解各个部件的功能及品牌，使同学们能够按照自己的想法和兴趣选择不同部件组装适合自己的计算机，以满足个性化需求，同时也为今后组装和维修计算机奠定良好的基础。

第一节　认识计算机及其部件

一、计算机概述

1. 计算机

计算机即微型计算机，简称微机，也叫个人计算机或电脑等。微型计算机就是以微处理器为基础，配以内存储器及输入/输出设备和相应的辅助设备而构成的计算机。

日常所说的 PC 就是个人计算机（Personal Computer），主要指的是微型计算机。

2．兼容机和品牌机

兼容机是指 DIY（Do It Yourself）装配的计算机，这种计算机没有经过整机环节的测试，各部件之间的兼容性、配合性依赖于 DIY 用户的个人经验。

品牌机是指整机出厂的计算机，厂家保证整机质量。品牌机在设计组装过程中需要经过很多测试环节，从而保证各部件间具有较好的兼容性。

3．DIY

DIY 是英文 Do It Yourself 的缩写，可译为自己动手做，意指"自助的"。自从计算机部件模块化之后，计算机的 DIY 也逐步被广大消费者所认同，计算机内部部件、计算机周边外设，以及耗材的零售通路的建立及产业化之后，在全球范围中形成了微型计算机硬件 DIY 热。

早期 DIY 用户主要是为了省钱，按需配置，而当今，根据个性需求，按自己想法和兴趣对自己的爱机进行任何可能的改造和技术尝试，渐渐形成潮流。

4．计算机系统的组成

微型计算机的全称为微型计算机系统。一个完整的微型计算机系统包括硬件系统和软件系统两大部分。

1）硬件系统

硬件系统由运算器、存储器（含内存、外存和缓存）、控制器、输入设备、输出设备组成，采用"指令驱动"的方式工作。

（1）运算器。

运算器又称为算术逻辑单元（Arithmetical and Logical Unit），其主要功能是对数据进行各种运算。这些运算除了常规的加、减、乘、除等基本的算术运算，还包括"逻辑判断"，即"与""或""非"这样的基本逻辑运算，以及进行数据的比较、移位等操作。

（2）存储器。

存储器（Memory Unit）的主要功能是存储程序和各种数据信息，并且能在计算机运行过程中高速、自动地完成程序或数据的存取。

存储器是由成千上万个存储单元构成的，每个存储单元存放一定位数（计算机上为 8bit）的二进制数，每个存储单元都有唯一的编号，称为存储单元的地址。存储单元是基本的存储单位，不同的存储单元是用不同的地址来区分的。

计算机采用按地址访问的方式到存储器中存/取数据，即在计算机程序中，每当需要访问数据时，要向存储器送去一个地址，指出数据的位置，同时发出一个"存放"命令，或者发出一个"取出"命令。这种按地址存储方式的优点是只要知道数据的地址就能直接存取，缺点是一个数据往往要占用多个存储单元，必须连续存取有关的存储单元其结果才是一个完整的数据。

计算机在计算之前，程序和数据通过输入设备送入存储器，计算机在开始工作之后，存储器要为其他部件提供信息，也要保存中间结果和最终结果。因此，存储器的存取速度是计算机系统的一个非常重要的性能指标。

（3）控制器。

控制器（Control Unit）是整个计算机系统的控制中心，它指挥计算机各部分协调地工作，从而保证计算机能按照预先规定的目标和步骤有条不紊地进行操作及处理。

控制器从存储器中逐条取出指令，分析每条指令规定的是什么操作及所需数据的存放位置等，然后根据分析结果向计算机其他部件发出控制信号，统一指挥整个计算机完成指令所规定的操作。因此，计算机工作的过程，实际上是自动执行程序的过程，而程序中的每条指令都是由控制器来分析执行的，它是计算机实现程序控制的主要部件。

通常把控制器与运算器合称为中央处理器（Central Processing Unit，CPU）。工业生产中总是采用最先进的超大规模集成电路技术来制造 CPU 芯片。CPU 是计算机的核心部件，对机器的整体性能有全面的影响。

（4）输入设备。

用来向计算机输入各种原始数据和程序的设备称为输入设备（Input Device）。输入设备把各种形式的信息（如数字、文字、图像等）转换为数字形式的编码，即计算机能够识别的、用"0""1"表示的二进制代码（电信号），并且把它们输入计算机内存储起来。键盘、鼠标是必备的输入设备，除此以外还有 U 盘、麦克风、摄像头、图形输入板等。

（5）输出设备。

从计算机输出各类数据的设备称为输出设备（Output Device）。输出设备把计算机加工处理的结果（仍然是数字形式的编码）转换为人或其他设备所能接收和识别的信息形式，如文字、数字、图形、声音和电压等。常用的输出设备有显示器、打印机、绘图仪、U 盘等。

通常把输入设备和输出设备合称为 I/O 设备。

2）软件系统

软件系统可以分为系统软件和应用软件。系统软件是指管理、监控和维护计算机资源（包括硬件和软件资源）的软件，主要包括操作系统、语言处理程序、数据库管理系统等。其中，操作系统是系统软件的核心，用户只有通过操作系统才能完成对计算机的各种操作。应用软件是为某种应用目的而编制的计算机程序，如文字处理软件、图形图像处理软件、网络通信软件、财务管理软件、视频剪辑软件等。

微型计算机系统组成如图 2-1-1 所示。

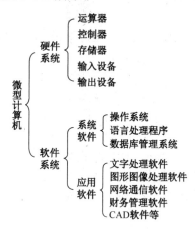

图 2-1-1　微型计算机系统组成

二、计算机的工作原理

现代微型计算机硬件系统采用冯·诺依曼提出的体系结构，它由控制器、运算器、存储器、输入设备、输出设备组成。计算机在运行过程中，把要执行的程序和待处理的数据通过输入设备存入计算机的存储器，然后送到运算器，运算完毕后把结果送到存储器存储，最后通过输出设备显示出来。整个过程由控制器通过程序指令按顺序执行。计算机的工作原理如图 2-1-2 所示。

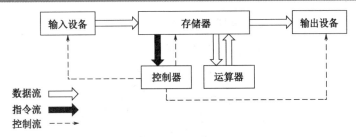

图 2-1-2　计算机的工作原理

三、计算机的内部结构

根据外形、体积及主机设置位置的不同，可以将市场上流行的计算机分为分体台式计算机、一体台式计算机、笔记本式计算机、平板式计算机和二合一计算机等。

1．分体台式机内部结构

分体台式计算机是使用最多的一种，其硬件设备主要包括主机、显示器、键盘、鼠标和音箱等，设备的外观和作用如表 2-1-1 所示。

表 2-1-1　分体台式计算机硬件设备的外观和作用

设备名称	设备外观	作　用
主机		主机是计算机用于放置主板及其他主要部件的容器。位于主机箱内的设备称为内设，而位于主机箱之外的设备称为外设。通常，主机自身已经是一台能够独立运行的计算机系统
显示器		显示器是指将一定的电子文件通过特定的传输设备显示到屏幕上再反射到人眼的一种显示工具，目前一般指与计算机主机相连接的显示设备
键盘		键盘是计算机操作中最基本的输入设备，用于输入命令和数据。键盘由按键、导电塑胶、编码器和接口电路组成
鼠标		鼠标也是计算机的一种输入设备，它是通过"单击"来输入相应的命令的，是计算机显示系统纵坐标和横坐标定位的指示器，分为有线和无线两种。按接口类型不同，可以将鼠标分为 PS/2 鼠标、总线鼠标和 USB 鼠标
音箱		音箱是将音频信号转换为声音的一种设备，通俗地讲，音箱主机箱体或低音炮箱体内自带功率放大器，在对音频信号进行放大处理后由音箱本身回放声音

打开主机箱，其内部结构如图 2-1-3 所示，主要包括主板、电源、CPU/CPU 风扇、内存和硬盘等部件。

（1）主板：主板的英文为 Motherboard 或 Mainboard，是负责连接计算机各零部件与接口的设备。

（2）电源：电源是为整台计算机提供充足电力的设备。

（3）CPU/CPU 风扇：CPU 是计算机的"大脑"，负责算术运算、逻辑运算、资源调配和外围控制等；而 CPU 风扇负责 CPU 的散热。

（4）内存：内存实质上是指内存条，也就是 RAM，即随机存取内存，是计算机系统的重要组成部分，是计算机暂时存取数据的地方，容量越大，计算机运行效率越高；但断电后，数据会自动消失。

（5）硬盘：硬盘是计算机最重要的外存设备，操作系统及各种软件、数据一般存储在硬盘上，它具有容量大、存取速度快等优点，关机后数据仍然存在。

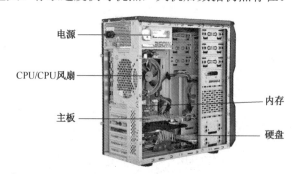

图 2-1-3　主机箱内的硬件设备

除了上述主要硬件设备，还有一些与计算机相关的外部设备，如耳麦、打印机、U 盘、摄像头和扫描仪等，其外观和作用如表 2-1-2 所示。

表 2-1-2　计算机其他硬件设备的外观和作用

设 备 名 称	设 备 外 观	作　　用
耳麦		耳麦是耳机与麦克风的整合体。它不同于普通耳机，普通耳机往往是立体声的，而耳麦大多数是单声道的，同时，耳麦有普通耳机所没有的麦克风
打印机		打印机是目前经常被使用的文字和图像的输出设备。打印机按照工作方式的不同，一般分为针式打印机、喷墨打印机和激光打印机
U 盘		U 盘是目前非常流行的一种携带方便、价格低廉的外存储器，插在计算机的 USB 接口上即可使用，市场现有 32GB、64GB、128GB、256GB 等几种容量的产品。其特点是支持热插拔，不需要驱动程序，即插即用
摄像头		摄像头又称为计算机相机或计算机眼，是计算机的视频输入设备。用户可以通过摄像头在网络中进行有影像、有声音的交谈和沟通。另外，用户也可以将其用于各种流行数码影像、影音的处理方面
扫描仪		扫描仪是一种捕获影像的装置，作为一种光机电一体化的计算机外设产品，扫描仪是继鼠标和键盘之后的第三大计算机输入设备，它可将影像转换为计算机可以显示、编辑、存储和输出的数字格式，是功能很强的一种输入设备

2．一体台式机内部结构

一体台式计算机的概念由联想集团最先提出，是指将传统分体台式计算机的主机集成到显示器中，从而形成一体台式计算机。

一体台式计算机只需要一根电源线就可以完成无线鼠标、键盘及无线网卡等设备的连接，减少了音箱线、摄像头线、视频线、网线、键盘线、鼠标线等的使用，而且节约空间，时尚美观。一体台式计算机的外观如图 2-1-4 所示。

图 2-1-4　一体台式计算机的外观

一体台式计算机中的各个硬件均集成在显示器背面，其内部结构如图 2-1-5 所示。

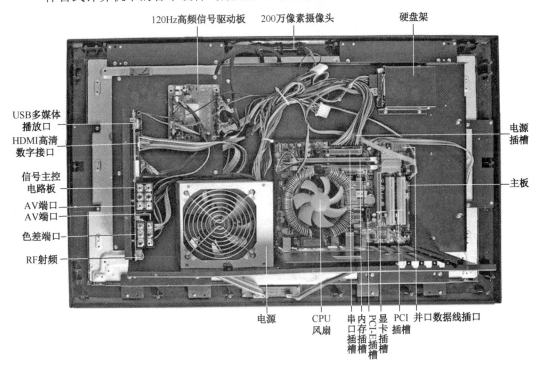

图 2-1-5　一体台式计算机的内部结构

3．笔记本式内部结构

　　笔记本式计算机又称为便携式计算机，其最大的特点是机身小巧，与台式计算机相比，其携带方便。虽然笔记本式计算机的机身十分轻便，但是完全不用怀疑其应用性，在日常操作和基本的商务、娱乐活动中，笔记本式计算机完全可以胜任。笔记本式计算机的外观及内部结构分别如图 2-1-6 和图 2-1-7 所示。

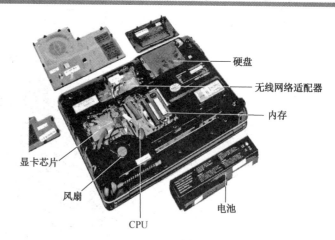

　　硬盘

　　无线网络适配器

　　内存

显卡芯片

风扇

CPU

　　电池

图 2-1-6　笔记本式计算机的外观　　　　　　图 2-1-7　笔记本式计算机的内部结构

4．平板式内部结构

　　平板式计算机是一种小型、携带方便的计算机，又称平板电脑，其以触摸屏作为基本的输入设备。它的触摸屏（数位板技术）允许用户通过触控笔或数字笔进行操作，而不是通过传统的键盘或鼠标。平板式计算机就是一款不需要翻盖、没有键盘、小到可以放入女士手袋，但却功能完整的计算机，其外观和内部结构分别如图 2-1-8 和图 2-1-9 所示。

图 2-1-8　平板式计算机的外观

图 2-1-9　平板式计算机的内部结构

第二节　计算机的接口与连接

　　接口是指同一台计算机不同功能之间的通信规则。由于计算机的外部设备品种繁多，几乎都采用了机电传动设备，CPU 在与外部（输入/输出）设备进行数据交换时存在速度不匹配、时序不匹配、信息格式不匹配和信息类型不匹配等问题，因此 CPU 与外部设备之间的数据交换必须通过接口来完成。

一、内部接口

　　在主机箱内，光驱、内存、硬盘、电源、主板、CPU 和 CPU 风扇等部件之间具有不同的接口与连接线。计算机的内部接口和连接线如表 2-1-3 所示。

表 2-1-3　计算机的内部接口和连接线

接口名称	接口外观	说　明
SATA		SATA（Serial ATA）是一种连接存储设备（大多为硬盘、光驱）的串行总线。SATA 以连续串行的方式传送数据，可以在较小的位宽下使用较高的工作频率来提高数据传输速率。SATA 1.0 的传输速率是 1.5Gb/s，SATA 2.0 的传输速率是 3.0Gb/s，SATA 3.0 的传输速率则提高到了 6Gb/s。SATA 一般采用点对点的连接方式，即一头连接主板的 SATA 接口，另一头直接连接硬盘，没有其他设备可以共享这根数据线，而并行 ATA 允许这种情况（每根数据线可以连接 1 个或 2 个设备），因此，也就无须像并行 ATA 硬盘那样设置主盘和从盘
电源接口	ATX 24/20针主板供电接头 ATX 12V 8/4针CPU供电接头 PCI-E 8针显卡供电接头 SATA硬盘&光驱供电接头 并行IDE硬盘&光驱供电接头	电源接口有为主板供电的 24/20 针 ATX 接口，有为硬盘供电的 4 针供电接口，以及 SATA 设备供电接口，此外，还有专门为 CPU 和功率较大的显卡提供的 6 针供电接口。为了提供更好的兼容性功能，有些电源接口可以更换或组合

主机内部的设备连接还有两个重要设备，就是 CPU 和内存，其接口特性及安装连接方式将在后面的章节详细讲解。

二、外部接口

计算机的外部接口主要是指主机箱后面主板上与其他外部设备连接的接口，常用外部接口如图 2-1-10 所示。

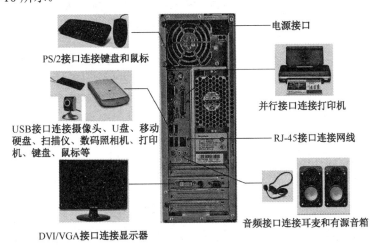

图 2-1-10　计算机的常用外部接口

计算机的外部接口如表 2-1-4 所示。

表 2-1-4　计算机的外部接口

接口名称	接口外观	说　明
PS/2 接口		PS/2 接口是一种 6 针圆接口，用于连接键盘和鼠标，PC99 规定紫色为键盘接口，绿色为鼠标接口
USB 接口		USB（Universal Serial Bus，通用串行总线）是计算机领域广为应用的新型接口技术。USB 接口具有传输速率更快、支持热插拔，以及可以连接多个设备的特点。USB 接口应用比较广泛，已成为计算机和其他电子设备连接的主要接口之一
VGA（D-SUB）接口		VGA（D-SUB）是一个 15 针 D 形接口，用于连接显示器信号线，通常为蓝色
DVI 接口		DVI 接口是连接显示器的数字接口，常用的有 DVI-D 接口和 DVI-I 接口。前者只能接收数字信号，不兼容模拟信号；后者可兼容模拟信号和数字信号。DVI 接口比标准 VGA（D-SUB）接口好，数字界面保证了全部内容采用数字格式传输，并且保证了主机到显示器的传输过程中资料的完整性（无干扰信号引入），可以得到更清晰的影像
HDMI 接口		HDMI（High Definition Multimedia Interface，高清晰度多媒体接口）是一种全数位化影像和声音传送接口，可以传送无压缩的音频信号及视频信号。HDMI 可用于机顶盒、DVD 播放机、计算机、游戏机、数位音响和电视机。HDMI 可以同时传送音频信号和视频信号，由于采用同一条电缆进行传送，因此大大简化了系统的安装过程
音频接口		音频接口一般有 3 个接口：MIC 输入接口，用于连接麦克风进行录音或音频聊天，通常为粉红色；Line-out 接口，用于连接耳机和有源音箱（扬声器）进行声音的回放，通常为草绿色；Line-in 接口，用于连接外部音源（录音卡座等）进行录音，通常为浅蓝色
RJ-45 接口（网络接口）		计算机的网络主要使用双绞线进行互相连接，这种接口为 RJ-45，用于连接网络信号线。双绞线由 8 芯不同颜色的金属丝组成，水晶状 RJ-45 头（压制后）的一端连接接口，另一端连接交换机或集线器

三、其他接口

其他常见接口如表 2-1-5 所示。

表 2-1-5　计算机的其他接口

接口名称	接口外观	说　明
Mini-USB 接口		Mini-USB 接口一般用于数码照相机、数码摄像机、测量仪器及移动硬盘等

续表

接口名称	接口外观	说　　明
Type A、Type B 接口		Type A 接口一般用于 PC 端，Type B 接口一般用于 USB 设备端
IEEE 1394 接口		IEEE 1394 接口又称为 Firewire 火线接口，是苹果公司开发的串行标准。同 USB 一样，它也支持外设热插拔，可以为外设提供电源，省去了外设自带的电源，能连接多个不同设备，支持同步数据传输。 IEEE 1394 接口分为两种传输方式：Backplane 模式和 Cable 模式。Backplane 模式的最小传输速率也比 USB 1.1 的最高传输速率高，分别为 12.5Mb/s、25Mb/s 和 50Mb/s，可以用于多数的高带宽应用。Cable 模式的传输速率非常高，分别为 100Mb/s、200Mb/s 和 400Mb/s 等，在 200Mb/s 时可以传输不经压缩的高质量电影，所以该接口被广泛应用在数码摄像机上
eSATA 接口		eSATA 是 external Serial ATA 的简称，是为外接 SATA 硬盘制定的扩展规格接口。有了 eSATA 接口，用户可以轻松地将 SATA 硬盘插到 eSATA 接口上，而不用打开机箱更换 SATA 硬盘。eSATA 接口的传输速率最高可达 3000Mb/s

第三节　认识计算机产品的品牌

一、主流计算机品牌

目前市场上占有重要份额的主流计算机品牌有联想、惠普、戴尔、宏碁、华硕、神州和苹果，以及后起之秀华为，其 Logo 及简介如表 2-1-6 所示。

表 2-1-6　主流计算机品牌的 Logo 及简介

品牌名称	Logo	简介
华为		华为技术有限公司成立于 1987 年，是全球领先的信息与通信技术（ICT）解决方案供应商。华为于 2018 年正式进军笔记本电脑行业，从此之后便一鸣惊人，推出了多款重量级产品。现在更是成为了笔记本领域的一个重要厂商，旗下笔记本电脑有多个系列，多个版本
联想		联想集团是一家成立于中国的全球化科技公司。联想集团聚焦全球化发展，树立了行业领先的多元企业文化和运营模式典范，服务全球超过 10 亿用户。联想集团是全球最大的计算机厂商之一
惠普		惠普公司成立于 1939 年，总部位于美国加利福尼亚州的帕洛阿托市。惠普公司下设三大业务集团：信息产品集团、打印及成像系统集团、企业计算及专业服务集团。惠普公司在打印机及成像领域与 IT 服务领域都处于领先地位
戴尔		戴尔公司的总部位于美国得克萨斯州朗德罗克市，是世界 500 强企业。其以生产、设计、销售家用及办公室计算机而闻名，不过它也涉足高端计算机市场，生产与销售服务器、数据存储设备、网络设备等。戴尔公司的其他产品还包括 PDA、软件、打印机等计算机周边产品

续表

品牌名称	Logo	简　介
宏碁	*acer*	宏碁集团创立于 1976 年，成立于中国台湾，其以性价比优势使销量在 2011 年占据全球第 2 名，主要从事自主品牌的笔记本式计算机、平板式计算机、台式计算机、液晶显示器、服务器等产品的研发、设计、营销与服务
华硕	/ASUS®	华硕电脑股份有限公司总部设在中国台湾，是全球最大的主板制造商之一，并跻身全球消费性笔记本式计算机品牌前列。它的产品线完整地覆盖了笔记本式计算机、主板、显卡、服务器、光存储设备、有线/无线网络通信产品、LCD、PDA、手机等
苹果	🍎	苹果公司于 1976 年由史蒂夫·乔布斯和史蒂夫·沃兹尼亚克创立，总部位于美国加利福尼亚州库比蒂诺市，苹果公司在高科技企业中以创新闻名。苹果公司的产品包括超炫的一体式计算机、笔记本式计算机、平板式计算机、iPhone 智能手机，以及 iPod 音乐播放器等

二、CPU 品牌

目前，市场主流的 CPU 品牌有 Intel 和 AMD，其 Logo 及简介如表 2-1-7 所示。

表 2-1-7　CPU 品牌的 Logo 及简介

品牌名称	Logo	简　介
Intel	(intel) Leap ahead™	Intel 公司是全球最大的半导体芯片制造商，成立于 1968 年，总部位于美国加利福尼亚州。1971 年 Intel 公司推出了全球第一个微处理器 4004，该微处理器（CPU）集成 2250 个晶体管，采用 10μm 工艺、4bit 处理器，微处理器所带来的计算机和互联网革命改变了整个世界
AMD	AMD	在 CPU 市场上唯一能与 Intel 公司抗衡的是 AMD 公司。AMD 公司的市场占有率勉强超过 20%，而 Intel 公司拥有将近 80% 的市场占有率。但是 AMD 公司通过低价、高性能等优势抗衡 Intel 公司，特别是在 AMD 公司推出 Fusion 加速处理器（APU）后，部分产品逐渐成为组装机的首选

三、主板品牌

主板又称为主机板，是计算机最基本、最重要的部件之一，主板的品牌、类型及品质决定整个计算机系统的类型和档次，因此在整个计算机系统中具有举足轻重的地位。

目前，市场上主流的主板分为三类：① 华硕、微星、技嘉等；② 富士康、映泰、梅捷等；③ 华擎、捷波、昂达、翔升、盈通、铭瑄等。主板品牌的 Logo 如图 2-1-11 所示。

华硕

微星

技嘉

富士康

映泰

梅捷

图 2-1-11　主板品牌的 Logo

华擎　　　　　　　　捷波　　　　　　　　昂达

翔升　　　　　　　　盈通　　　　　　　　铭瑄

图 2-1-11　主板品牌的 Logo（续）

四、内存品牌

这里所指的内存品牌非内存芯片品牌。

市场占有率较大的内存品牌有金士顿、威刚、宇瞻、海盗船、三星、芝奇、金邦、金泰克、南亚易胜等，其 Logo 如图 2-1-12 所示。

金士顿　　　　　威刚　　　　　宇瞻　　　　　海盗船　　　　　三星

芝奇　　　　　金邦　　　　　金泰克　　　　南亚易胜

图 2-1-12　内存品牌的 Logo

五、硬盘品牌

硬盘（Hard Disk Drive，HDD）是计算机主要的存储媒介之一。硬盘即机械硬盘，是高度复杂尖端的装置，主要的生产厂商有希捷（Seagate）、西部数据（Western Digital）、日立、三星、东芝。2011 年，西部数据收购了日立集团的硬盘业务，希捷收购了三星的硬盘业务，消费级硬盘市场上只剩下希捷、西部数据、东芝这三家生产厂商。主流硬盘品牌的Logo 及简介如表 2-1-8 所示。

表 2-1-8　主流硬盘品牌的 Logo 及简介

品 牌 名 称	Logo	简　　介
希捷	Seagate	希捷成立于 1979 年，总部位于美国加利福尼亚州。1980 年，希捷制造了业内第一台面向台式计算机的 5.25in（1in=25.4mm）、容量为 5MB 的硬盘；1992 年，希捷推出了第一台 7200r/min 的硬盘；2002 年，希捷交付业界第一款 SATA 硬盘；2005 年，希捷推出第一款采用垂直记录技术的 2.5in 硬盘。作为行业领袖，希捷的技术水平始终处于存储行业的领先地位

续表

品 牌 名 称	Logo	简　　介
西部数据	WD Western Digital®	西部数据是全球知名的硬盘厂商，成立于 1970 年，总部位于美国加利福尼亚州。2010 年，西部数据超越希捷占据了硬盘市场近 50%的份额，成为全球第一大硬盘制造商。2011 年 3 月，西部数据成功收购日立集团的硬盘业务，此次合并是存储业界第一和第三的结合，这次合并也巩固了西部数据在存储设备领域中的地位
东芝	TOSHIBA	东芝（Toshiba）是日本最大的半导体制造商，也是第二大综合电机制造商。1972 年，东芝率先推出 14in 的硬盘产品；2010 年，东芝推出独家增强型安全技术"WIPE"；2012 年，东芝成为全球唯一拥有全线存储产品的硬盘厂家。其固态硬盘（SSD）在抗震、传输速率、设计灵活性和电源效率方面具有优势，为公司继续在 NAND 闪存领域保持活力和处于市场领先地位做出了贡献

六、显示器品牌

我国市场上的显示器品牌主要有三星、冠捷（AOC）、明基（BenQ）、LG、飞利浦（PHILIPS）、惠科（HKC）、华硕（ASUS）、戴尔（DELL）、宏碁（acer）等。冠捷是我国较早接触计算机显示器产销业务的制造商，其在我国市场显示器领域占有的份额遥遥领先于其他制造商，2004 年，其成功收购飞利浦显示器部门，是联想集团、IBM 公司、戴尔公司、惠普公司的长期战略合作伙伴，是全球最大的显示器销售厂商之一。

目前，显示器市场上影响力最大的品牌之一是三星，其产品关注比例始终排在品牌榜的前列，三星的 LCD 和 LED 显示器的市场份额居全球首位。部分显示器品牌的 Logo 如图 2-1-13 所示。

图 2-1-13　部分显示器品牌的 Logo

七、显卡品牌

生产主板的厂商一般也生产显卡。目前，市场上较为知名的显卡品牌是七彩虹、影驰、蓝宝石、微星、华硕、索泰、映众、铭瑄、迪兰、XFX 讯景、耕昇、镭风等。部分知名显卡的 Logo 如图 2-1-14 所示。

图 2-1-14　部分知名显卡的 Logo

八、键盘和鼠标品牌

在键盘和鼠标市场上，罗技始终是最受用户关注的品牌，而国产品牌雷柏和精灵也受到广大用户的欢迎。除此之外，其他比较知名的品牌还有微软、双飞燕、雷蛇、富勒、多彩、宜博等。部分键盘和鼠标的 Logo 如图 2-1-15 所示。

图 2-1-15　部分键盘和鼠标的 Logo

项目二　深入认知计算机部件

关键词

CPU，缓存，主频，超频，主板，内存，芯片组，南桥，北桥，内存容量，双通道，三通道，交火，硬盘，显卡，固态硬盘，U 盘，显示器，机箱，电源，移动硬盘，液晶面板，3C 认证

重点难点

（1）CPU 的分类、性能指标及其主流产品（重点）。
（2）主板的结构及主板芯片组的构成和功能（重点、难点）。
（3）内存的功能和性能指标（重点、难点）。
（4）硬盘的分类、工作原理和性能指标（重点）。
（5）显卡的作用、组成及性能指标（重点）。
（6）机箱的作用、分类和结构（重点）。
（7）电源的作用、分类和品质认证（重点）。

思维导图

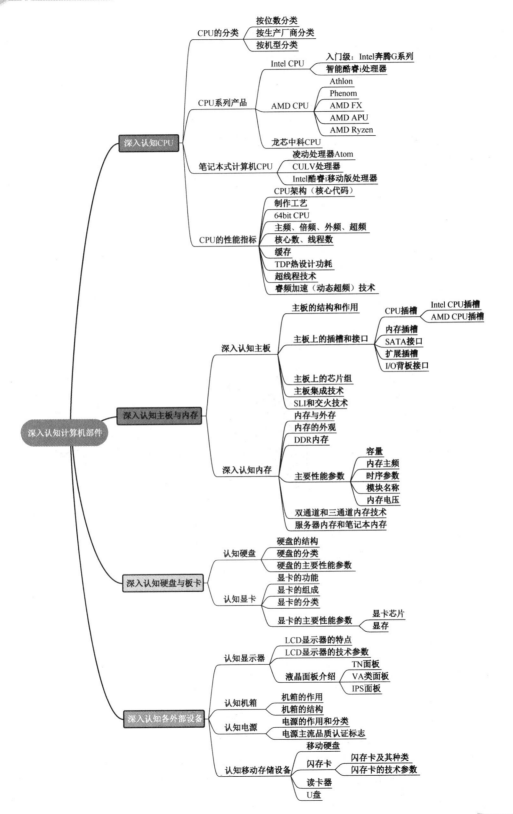

复习内容

学习计算机组装与维修，需要对组成计算机的各个部件有深入的了解，为下一步组装、配置和维修计算机做好准备。

第一节 深入认知 CPU

CPU 是计算机中最核心的部件，也是最复杂的部件，负责算术运算、逻辑运算、资源调配和外围控制等重要工作。CPU 的等级、性能，直接影响一台计算机的整体性能与价格。CPU 的升级换代带动着其他部件的升级换代，它的进步代表了整个计算机技术的进步，甚至会推动整个信息产业的飞速发展。

一、CPU 的分类

1．按位数分类
目前市场上有 64bit 和 128bit 微处理器，但主流市场上的微处理器多为 64bit。

2．按生产厂商分类
目前，市场销售 CPU 的生产厂商主要为 Intel 公司、AMD 公司、龙芯中科。如图 2-2-1 所示，分别是这三家公司生产的 CPU。

图 2-2-1　Intel CPU、AMD CPU 和龙芯 CPU

3．按机型分类
CPU 按机型分为台式机 CPU 和笔记本 CPU。

二、CPU 系列产品

CPU 系列产品通常被分为 Intel CPU、AMD CPU、龙芯 CPU 三种。

1．Intel CPU

1971 年，世界上第一块微处理器 4004 在 Intel 公司诞生了，比起现在的 CPU，4004 显得很可怜，它只有 2300 个晶体管，功能相当有限，而且速度还很慢，但是它的出现是具有划时代意义的。

Intel CPU 从诞生到发展至今已经有四十多年的历史了，四十年里，它的发展完全符合神奇的摩尔定律的描述。其产品型号已经从 Intel 4004、80286、80386、80486、Pentium 一直发展到 Core，数位也从 4 位、8 位、16 位、32 位发展到 64 位，主频从几兆发展到今天的 4GHz 以上，芯片里集成的晶体管个数从最初的 2300 个跃升到 10 亿个以上，半导体制造技术的规模由 SSI、MSI、LSI、VLSI 达到 ULSI，封装的输入/输出针脚从几十根逐渐增加到几百根，现已达到 2000 根以上。

时至今日，Intel 公司生产的 CPU 种类很多，其应用不局限于 PC，在服务器、笔记本电脑、工业计算机等方面也有广泛的应用。

在 Intel CPU 的发展历史中，不同年代、不同系列并具有代表性的几款 CPU 如下，希望读者通过对此的学习能深入认知 CPU。

1）入门级：Intel 奔腾 G 系列

关于入门级 CPU，我们要谈一谈 Intel 的奔腾 G 系列 CPU，较之前的 CPU 而言，奔腾 G 系列集成了"核心显卡"，功耗控制优秀，性能卓越，成为入门级家庭、校园、办公用户的首选 CPU，如图 2-2-2 所示。

图 2-2-2　奔腾 G 系列 CPU

当年市场热销的几款型号是 G630、G640、G860、G2010、G2020 等。CPU 的微架构和制作工艺直接决定了 CPU 的效能，以上款型的 CPU 采用了两种不同的微架构，其中 G630、G640、G860 采用二代智能酷睿 i 处理器 Sandy Bridge 架构，G2010、G2020 采用三代智能酷睿 i 处理器 Ivy Bridge 架构，自然也就继承了该微架构的大部分优势。几款 CPU 的主要性能参数对比如表 2-2-1 所示。

表 2-2-1　主流奔腾 G 系列 CPU 比较

CPU	Pentium G630	Pentium G640	Pentium G860	Pentium G2010	Pentium G2020
微架构/核心代号	Sandy Bridge	Sandy Bridge	Sandy Bridge	Ivy Bridge	Ivy Bridge
核心/线程	2/2	2/2	2/2	2/2	2/2
制作工艺	32nm	32nm	32nm	22nm	22nm
CPU 频率	2.7GHz	2.8GHz	3.0GHz	2.8GHz	2.9GHz
GPU	HD Graphics	HD Graphics	HD Graphics	HD Graphics	HD Graphics
L3 缓存	3MB	3MB	3MB	3MB	3MB
TDP 热设计功耗	65W	65W	65W	55W	55W
接口	LGA 1155	LGA 1155	LGA 1155	LGA 1155	LGA 1155
支持内存	DDR3-1066	DDR3-1066	DDR3-1333	DDR3-1333	DDR3-1333

2）智能酷睿 i 处理器

2010 年 1 月，Intel 推出了全新酷睿处理器家族，其采用 32nm 制作工艺，而且内建图形核心，另外还有 Intel 最新的睿频功能，可以让 CPU 在实际应用中实现自动超频。其产品如图 2-2-3 所示。

图 2-2-3　第一代智能酷睿 i 系列 CPU

此后两年，Intel 相继发布了采用 Sandy Bridge 架构的第二代智能酷睿 i 处理器和基于 Ivy Bridge 架构的第三代智能酷睿 i 处理器。

第二代智能酷睿 i 处理器采用 Sandy Bridge 微架构和 32nm 制作工艺，已经实现了处理器、图形核心、视频引擎的单芯片封装，其中图形核心拥有最多 12 个执行单元，支持 DX 10.1、OpenGL 2.1，且在 CPU、GPU、L3（三级）缓存和其他 I/O 之间引入全新 RING（环形）总线，采用睿频加速技术 2.0，更加智能，其性能可达第一代 Core i5/i3 集显的 1.5～2 倍。

2012 年 4 月，Intel 发布第三代智能酷睿 i 处理器。第三代智能酷睿 i 处理器是比较有代表性的一代处理器，它结合了 22nm 制作工艺与三维晶体管技术，将执行单元的数量翻了一番，达到最多 24 个，自然也就带来了性能上的进一步飞跃。在大幅度提高晶体管密度的同时，核心显卡等部分性能比第二代智能酷睿 i 处理器甚至有了 1 倍以上的提升，Ivy Bridge 处理器在应用程序上的性能提高了 20%，在三维性能方面则提高了 1 倍，并且支持三屏独立显示、USB 3.0 等技术。第二代、第三代智能酷睿 i 系列 CPU 如图 2-2-4 所示。

图 2-2-4　第二代、第三代智能酷睿 i 系列 CPU

第三代智能酷睿 i 处理器与前两代处理器一样，分为 i7、i5、i3 三个系列，i7 面向高端发烧用户，主要为 4 核 8 线程产品，在性能方面表现得最为优异；i5 面向中端性能级用户，在产品规格、性能方面均低于 i7；i3 面向主流用户，主要为双核 4 线程产品，不支持睿频加速技术。

主流的第三代智能酷睿 i 处理器主要性能参数如表 2-2-2 所示。

表 2-2-2　主流智能酷睿 i 系列 CPU 比较

CPU	Core i7 3770K	Core i5 3570K	Core i5 3550	Core i3 3220
微架构/核心代号	Ivy Bridge	Ivy Bridge	Ivy Bridge	Ivy Bridge
核心/线程	4/8	4/4	4/4	2/4
制作工艺	22nm	22nm	22nm	22nm
CPU 频率	3.5GHz	3.4GHz	3.3GHz	3.3GHz
睿频加速频率	3.9GHz	3.8GHz	3.7GHz	不支持
GPU	HD Graphics 4000	HD Graphics 4000	HD Graphics 2500	HD Graphics 2500
L3 缓存	8MB	6MB	6MB	3MB
TDP 热设计功耗	77W	77W	77W	55W
接口	LGA 1155	LGA 1155	LGA 1155	LGA 1155
支持内存	DDR3-1600	DDR3-1600	DDR3-1600	DDR3-1600

第三代智能酷睿 i 处理器在命名方式上，仍沿用早期的命名方式。以第三代 Core i7 3770K 为例，如图 2-2-5 所示，来认识一下这款产品名称的含义。

图 2-2-5　第三代 Core i7 3770K CPU

这里，"INTEL"是生产厂商，"CORE"是处理器品牌，"i7"是定位标识，"3770K"中的"3"表示第三代，"3770"是该处理器的型号，"K"是不锁倍频版的。除此之外，还有不带字母的是标准版，也是最常见的版本，"S"是节能版，"T"是超低功耗版。

时光在前行，科技在进步，每过一两年 Intel 公司都会推出新的 CUP 产品，新产品在制作工艺、集成度、性能上都会有大的提升，产品架构不断更新，产品线也更加丰富。时至今日，占据市场主流的是 Intel 智能酷睿 i 处理器的第八代产品，这是当今流行的 Intel 处理器产品。应用于台式计算机的第八代处理器（Coffee Lake）有：i7 系列的 8700 和 8700K；i5 系列的 8600K、8600、8500 和 8400；i3 系列的 8350K、8300 和 8100；奔腾的 G5600、G5500 和 G54；赛扬的 G4920 和 G4900。

表 2-2-3 为几款 Intel 台式机第八代智能酷睿 i 处理器的性能参数。

表 2-2-3　第八代智能酷睿 i 系列 CPU 比较

CPU	Core i7 8700K	Core i5 8600K	Core i3 8350K	Pentium G5600
微架构/核心代号	Coffee Lake	Coffee Lake	Coffee Lake	Coffee Lake
核心/线程	6/12	6/6	4/4	2/4
制作工艺	14nm	14nm	14nm	14nm
CPU 频率	3.7GHz	3.6GHz	4GHz	3.9GHz
睿频加速频率	4.7GHz	4.3GHz	支持	不支持
GPU	UHD Graphics 630	UHD Graphics 630	UHD Graphics 630	UHD Graphics 630
L3 缓存	12MB	9MB	8MB	4MB
TDP 热设计功耗	95W	95W	91W	54W
接口	LGA 1151	LGA 1151	LGA 1151	LGA 1151
支持内存	DDR4-2666	DDR4-2666	DDR4-2400	DDR4-2400/2133

2．AMD CPU

AMD 处理器，往往以其卓越的性价比成为低端入门用户的首选，也凭借其优异的高性能常常成为游戏用户的不二选择，但较为缺憾的是功耗较高。AMD 台式计算机 CPU 产品主要有 Athlon（速龙）、Phenom（羿龙）、FX、APU 系列。

1）Athlon

Athlon 是 AMD 最为成功的一代处理器架构，中文官方名称为"速龙"。第一款 Athlon 处理器属于 AMD 的第七代（K7），及后出现 Athlon 64（64 位微处理器）、Athlon X2（双核微处理器）等。现时最新的 Athlon 处理器是属于 K10 架构的 Athlon II 系列，主要有双核、3 核、4 核等系列产品，其外观如图 2-2-6 所示。

图 2-2-6　Athlon II 处理器外观

Athlon II 产品有两种，如图 2-2-7 所示，其中第二个为 2012 年 5 月新发布的、核心代号为"Trinity"的 Athlon II X4 系列 CPU。Athlon II 处理器提升了二级高速缓存，但不设三级高速缓存。

图 2-2-7　Athlon II 处理器

另外，Athlon II 的双核产品均属原生设计（4 核系列部分不是），因此，处理器的热设计功耗（TDP）比 Phenom II 系列低。Athlon II X3（3 核）的核心架构与 Athlon II X4（4 核）相同，只是将其中一颗核心屏蔽起来。如表 2-2-4 所示为几款 Athlon II 处理器主要性能参数。

表 2-2-4　Athlon II 系列 CPU 比较

CPU	Athlon II X2 260	Athlon II X2 270	Athlon II X3 450	Athlon II X3 460	Athlon II X4 630	Athlon II X4 640	Athlon II X4 740	Athlon II X4 750K
核心代号	Regor	Regor	Rana	Rana	Propus	Propus	Trinity	Trinity
核心	2	2	3	3	4	4	4	4
制作工艺	45nm	45nm	45nm	45nm	45nm	45nm	32nm	32nm
CPU 频率	3.2GHz	3.4GHz	3.2GHz	3.4GHz	2.8GHz	3.0GHz	3.2GHz	3.4GHz
L2 缓存	2×1MB	2×1MB	3×512KB	3×512KB	4×512KB	4×512KB	4×1MB	4×1MB
TDP 热设计功耗	65W	65W	95W	95W	95W	95W	65W	100W
接口	AM3	AM3	AM3	AM3	AM3	AM3	FM2	FM2

表 2-2-4 中，核心代号为"Trinity"的 Athlon II X4 740 和 Athlon II X4 750K 处理器还具有类似 Intel 酷睿处理器"睿频加速"的"动态超频"技术，两款处理器的动态超频最高频率分别可达 3.7GHz 和 4.0GHz。另外，AMD 处理器型号中的"K"，同酷睿处理器一样都是指不锁倍频版的处理器。

2）Phenom

Phenom 与 Athlon 处理器相比，额外集成了至少 2MB 的三级高速缓存。处理器核心数主要为 3 核、4 核、6 核，定位高于 Athlon，主要面向中高端，特别是黑盒包装的 Phenom 处理器，更是游戏发烧友的至爱。"黑盒"是指处理器的包装是黑颜色的盒子，与散包及其他颜色唯一的区别是黑盒不锁倍频，可以为超频爱好者提供更大的超频空间。

2009 年，AMD 推出了 Phenom 二代处理器（Phenom Ⅱ）。该处理器采用 45nm 制作工艺，除时钟频率再次提高外，Phenom Ⅱ 的热设计功耗也更低了，同时有很大的超频空间，三级高速缓存的容量是第一代的 3 倍，由 2MB 提升至 6MB，此项改进令处理器在标准检查程序中的成绩提升了 30%。Phenom Ⅱ 处理器如图 2-2-8 所示。

图 2-2-8　Phenom Ⅱ 处理器

Phenom Ⅱ 处理器现在已经全部停产，但是市面上仍有较大库存。目前 Phenom Ⅱ 系列中，X6 1055T、X4 955 等以高性能、低价格的超高性价比占领了市场较大的份额。如表 2-2-5 所示，为 Phenom Ⅱ 几款处理器主要性能参数对比。

表 2-2-5　Phenom Ⅱ 系列 CPU 比较

CPU	Phenom Ⅱ X4 955	Phenom Ⅱ X4 965	Phenom Ⅱ X6 1055T	Phenom Ⅱ X6 1100T
核心	4	4	6	6
制作工艺	45nm	45nm	45nm	45nm
CPU 频率	3.2GHz	3.4GHz	2.8GHz	3.3GHz
L2 缓存	4×512KB	4×512KB	6×512KB	6×512KB
L3 缓存	6MB	6MB	6MB	6MB
TDP 热设计功耗	125W	125W	125W	125W
接口	AM3	AM3	AM3	AM3

3）AMD FX

AMD FX 系列采用了全新的 AMD Bulldozer 微架构（推土机）。其于 2011 年 10 月正式推出，面向高端发烧级用户，拥有 DDR3-1866 原生内存支持、XOP 指令集、集群多线程模块化设计等多项新特性，全面取代 Phenom Ⅱ 系列处理器。AMD 官方指出，这会使性能相对于 K10 构架提升 50% 以上。AMD FX 系列处理器如图 2-2-9 所示。

图 2-2-9　AMD FX 系列处理器

第二代 AMD FX 处理器在 2012 年 10 月 23 日正式上市，该处理器采用 AMD Piledriver 微架构（打桩机），核心代号为"Vishera"，单芯片最高 4 模 8 核，支持 TurboCore 3.0，无集成显示核心。据性能评测媒体表示，基于 Piledriver 微架构的 AMD FX 系列在性能上比 Bulldozer 的高 13%～15%，但仍不敌对手 Intel 的 Core i7 3770K，部分项目甚至只和 Core i5 3570K 持平，不过 FX-8350 的官方售价却不超过 200 美元。FX 的超频能力也超强，在 2011 年 8 月 31 日，由 AMD 团队推出的主频为 3.6GHz 的 FX-8150 8 核心处理器，超频达到 8.429GHz，荣登吉尼斯世界纪录"最高时钟频率的计算机处理器"。几款主流 FX 处理器的主要性能参数对比如表 2-2-6 所示。

表 2-2-6　FX 系列 CPU 比较

CPU	FX-4100	FX-6200	FX-8150	FX-4300	FX-6300	FX-8350
核心代号	Bulldozer	Bulldozer	Bulldozer	Piledriver	Piledriver	Piledriver
核心	4	6	8	4	6	8
制作工艺	32nm	32nm	32nm	32nm	32nm	32nm
CPU 频率	3.6GHz	3.8GHz	3.6GHz	3.8GHz	3.5GHz	4.0GHz
动态超频最高频率	3.8GHz	4.1GHz	4.2GHz	4.0GHz	4.1GHz	4.2GHz
L2 缓存	2×2MB	3×2MB	4×2MB	2×2MB	3×2MB	4×2MB
L3 缓存	8MB	8MB	8MB	8MB	8MB	8MB
TDP 热设计功耗	95W	125W	125W	95W	95W	125W
接口	AM3+	AM3+	AM3+	AM3+	AM3+	AM3+

4）AMD APU

AMD APU 称为 AMD 加速处理器（AMD Accelerated Processing Units）。AMD 并购 ATI 以后，随即公布了"AMD Fusion"（融聚计划）。简要地说，在新制作的芯片上集成了传统中央处理器和图形处理器，而且这种设计还会将北桥芯片从主板上移除，集成到中央处理器中，CPU 核心还可以将原来依赖 CPU 核心处理的任务（如浮点运算）交给为运算进行过优化的 GPU 处理（如处理浮点数运算），也就是 AMD 认为的加速处理单元（APU）。

目前，市场主流的 AMD APU 系列处理器为基于 AMD Piledriver 架构的二代 APU，核心代号为"Trinity"。二代 APU 支持双通道 DDR3-800～DDR3-2133，使用全新的 Socket FM2 插座，支持 Turbo Core 3.0，集成性能更强的 Radeon HD 7000 系列图形核心等。如表 2-2-7 所示，为几款基于 AMD Piledriver 架构的 APU 处理器主要性能参数对比，都是市场常见的几款，型号均带"K"，为不锁倍频版。

表 2-2-7　APU 系列处理器比较

CPU	A6-5400K	A8-5600K	A10-5800K
核心	2	4	4
制作工艺	32nm	32nm	32nm
CPU 频率	3.6GHz	3.6GHz	3.8GHz
动态超频最高频率	3.8GHz	3.9GHz	4.2GHz
L2 缓存	1MB	4MB	4MB
图形核心	集成 HD 7540D	集成 HD 7560D	集成 HD 7660D
TDP 热设计功耗	65W	100W	99W
接口	FM2	FM2	FM2

5）AMD Ryzen

美国旧金山当地时间 2017 年 2 月 21 日，AMD 总裁兼首席执行官 Lisa SU（苏姿丰）女士正式公布了 AMD Ryzen 7 处理器的型号、性能表现、价格及发售时间。Ryzen 7 处理器中国区正式命名为"锐龙"，如图 2-2-10 所示。

图 2-2-10　Ryzen 7 处理器

　　AMD 公司首批推出了 Ryzen 7 三款高端型号：1700、1700X 和 1800X，全部采用 14nm 制造工艺，8 核 16 线程设计，L2/L3 总缓存 20MB。Ryzen 7 1700 主频为 3.0GHz，加速频率为 3.7GHz，热设计功耗 65W。在 Cinebench R15 nT 性能测试中，Ryzen 7 1700 领先英特尔 i7 7700K 幅度高达 46%，表现惊艳，价格上，也比 7700K 便宜了 20 美元。Ryzen 7 1700X 主频为 3.4GHz，加速频率为 3.8GHz，热设计功耗 95W。在 Cinebench R15 nT 性能测试中，Ryzen 7 1700X 领先英特尔 i7 6800K 达到 39%，只比 i7 6900K 落后 4%。

　　之后 AMD 陆续推出了 Ryzen 中低端型号 R5 与 R3 系列，Ryzen 7 系列（简称 R7）定位高端，Ryzen 5 系列（简称 R5）定位中端。AMD Ryzen 系列 CPU 最大的特点就是高主频、多核心、多线程，R5 和 R7 明显的差别就是核心数不同。对于用户而言，日常使用的应用程序对 8 线程以上的处理器支持度越好，就越适合选择 Ryzen 平台。比如，一些大型 3D 动画及建模软件在多线程的支持下，都可以使运行效率得到明显的提升。

　　AMD Ryzen 系列带 X 结尾的处理器是指支持 XFR 技术的处理器，XFR 是一种超频技术，是在 Boost 加速频率的基础上允许再次超频运行的一种技术，这种技术能让频率随不同散热解决方案（风冷/水冷/液氮）而升降。XFR 技术的实现是完全自动的，无须用户干预，不带 X 的处理器额外超频空间比带 X 的处理器幅度要小 50%，相当于带 X 的处理器在散热好的环境下可以进一步智能超频。通俗地说，带 X 和不带 X 的处理器都支持超频，只不过不带 X 的 Ryzen 处理器仅支持一半的 XFR 超频，而带 X 的处理器则支持完整的 XFR 超频（需要搭配高端 X370 主板），也就是超频的潜力更大。

　　表 2-2-8 列出了几款 AMD Ryzen 系列的 CPU 性能参数。

表 2-2-8　AMD Ryzen 系列 CPU 比较

CPU	Ryzen 7 1800X	Ryzen 3 1200	Ryzen 5 1400	Ryzen 5 1600X	Ryzen 3 1300X	Threadripper 1950X
核心代号	Summit Ridge	Summit Ridge	Summit Ridge	Summit Ridge	Summit Ridge	Ryzen Threadripper
核心/线程	8/16	4/4	4/8	6/12	4/4	16/32
制作工艺	14nm	14nm	14nm	14nm	14nm	14nm
CPU 频率	3.6GHz	3.1GHz	3.2GHz	3.6GHz	3.5GHz	3.4GHz
动态超频最高频率	4.0GHz	3.4GHz	3.4GHz	4.0GHz	3.7GHz	4.0GHz
L2 缓存	4MB	2MB	2MB	3MB	2MB	8MB
L3 缓存	16MB	8MB	8MB	16MB	8MB	32MB
TDP 热设计功耗	95W	65W	65W	95W	65W	180W
接口	Socket AM4	Socket AM4	Socket AM4	Socket AM4	Socket AM4	Socket TR4

3．龙芯中科 CPU

　　我国自主生产的 CPU 命名为龙芯（Loongson），是中国科学院计算技术研究所设计的通用中央处理器，采用 MIPS 精简指令集架构，第一型的速度是 266MHz，于 2002 年开始使用，与美国产品相比还有比较大的差距，但其性能提高得很快。目前，龙芯 2 号的性能与奔腾 4 相当，速度最高为 1GHz。2010 年，我国推出了龙芯 3，其中龙芯 3A 为 4 核处理器，龙芯 3B 为 8 核处理器，主频均达到 1GHz，具有很高的性能功耗比。

现在龙芯已有的多款 CPU，包括 2F、2H、3A、3B，都是基于 2006 年研发成功的 GS464 微架构及其改进版本。GS464E 的目标是在 GS464 的基础上将单核心性能提高 3～5 倍，单核心 SPEC 2006 rate 分数提升至 20 以上。作为对比，Intel 最新的 Haswell 微架构的单核心 SPEC 2006 rate 分数为 40～50 分。频率方面，GS464E 的目标主频是超过 2GHz，远远高于上一代核心的 1.2GHz 水平。龙芯项目组的物理设计能力依旧是一大短板，GS464E 发布时也不会有太高的物理设计水平，因而主频相比主流的 3～4GHz 也还是会有很大差距，这方面需要长期积累和改进。

龙芯中科是国产自主高性能通用处理器技术领先者和产品提供商，曾研制了我国首款通用 CPU，为国家安全及国防安全的战略需求提供自主、安全、可靠的处理器。

龙芯中科 2019 年产品发布暨用户大会于 12 月 24 日在国家会议中心开启，同时推出了龙芯新一代处理器架构产品。此次发布的新一代芯片是国内最强的自主 CPU 之一。

三、笔记本式计算机 CPU

笔记本式计算机专用 CPU 的英文名称为 Mobile CPU（移动 CPU），移动 CPU 是 CPU 大家族中的一员，并且所有的新技术在移动 CPU 上都有体现。从原理上说，笔记本式计算机和台式计算机所用的 CPU 没有什么不同。但移动 CPU 的设计不仅是为了让计算机的速度更快，还需要有更小的功耗和更少的发热量，所以它和台式计算机 CPU 相比，具有较大的区别。例如，移动 CPU 往往已经进行锁频封装处理，是不能对其进行超频运行的（个别顶级处理器除外），所以移动 CPU 的真实性能从其架构、主频、L2 缓存、前端总线频率等主要参数就可以看出来。总体来说，了解了笔记本式计算机所采用的处理器等信息，就可以知道该款笔记本式计算机的核心性能。

根据使用场合和定位可以将移动 CPU 分为不同的系列，其中 Intel 占有较大比重。下面以 Intel 为例，简单介绍当前主流移动 CPU 系列。

Intel 推出台式机第八代 CPU 时，针对笔记本也推出了基于 Coffee Lake 和 Kaby Lake R 两种架构的第八代 CPU 产品。基于 Coffee Lake 架构的第八代处理器有：i9 8950HK 处理器、i7 系列的 8750H 和 8559U；i5 系列的 8400H、8300H、8269U 和 8259U；i3 系列的 8109U。基于 Kaby Lake R 架构的第八代处理器有：i7 系列的 8650U、8550U 和 8850H。表 2-2-9 列出了几款笔记本第八代 CPU 的性能参数。

表 2-2-9　笔记本第八代酷睿 i 系列 CPU 比较

CPU	Core i9 8950HK	Core i7 8850H	Core i5 8259U	Core i7 8650U
微架构/核心代号	Coffee Lake H	Kaby Lake R	Coffee Lake	Kaby Lake R
核心/线程	6/12	6/12	4/8	4/8
制作工艺	14nm	14nm	14nm	14nm
CPU 频率	2.9GHz	2.6GHz	2.3GHz	1.9GHz
睿频加速频率	4.8GHz	4.3GHz	3.8GHz	4.2GH
L3 缓存	8MB	0MB	6MB	8MB

续表

TDP 热设计功耗	56.3W	45W	28W	15W
接口	FCBGA 1440	FCBGA 1440	FCBGA 1528	BGA 1356
支持内存	DDR4-2666	DDR4-2666 LPDDR3-2133	DDR4-2400/2133	DDR4-2400 LPDDR3-2133

与台式版相比，Core 处理器移动版和桌面版拥有更高的性能与更低的功耗。随着 Intel 全新 10nm 移动版 CPU 的推出，Intel Core 移动版 CPU 已成为市场的主流产品。

1．凌动处理器 Atom

Atom 是 Intel 研发史上最小的处理器。它采用了一种全新的设计，旨在发挥出色的低功率特性。目前，Atom 处理器采用 32nm 制作工艺，TDP 仅为 0.6～2.5W。凌动系列处理器应用广泛，适合嵌入式工业场合、移动互联网设备（MID），以及简便、经济的上网本。Atom 处理器如图 2-2-11 所示。

图 2-2-11　Atom 处理器

目前上网本广泛采用 Intel 推出的 N2600 和 N2800 两款第三代 Atom 处理器，它们都封装了 1MB 的二级缓存，处理器的频率下降到 1.6GHz 和 1.86GHz；内建 Intel 图形媒体加速器 3600/3650，电池续航力比前一代平台增加了 20%。内含第三代 Atom 处理器平台的上网本，拥有 10h 的电池续航力，可连续待机数星期，支持播放 1080 高分辨率影片。

2．CULV 处理器

CULV 是 Consumer Ultra Low Voltage 的简称，中文译为消费级超低电压。CULV 处理器即针对消费级笔记本市场的超低电压处理器。由于 CULV 处理器的功耗和发热量大幅下降，因此采用该处理器的笔记本散热组件可以大幅缩小，电路设计也更加简单，机身可以做得非常薄。目前，采用 Intel 低电压版（U 版）酷睿 i3/i5/i7 处理器的超轻薄笔记本 Ultrabook（超极本）已经成为卖场新宠。

3．Intel 酷睿 i 移动版处理器

酷睿 i 处理器的移动版和桌面版一样，拥有更高的性能和更低的功耗，性能参数上可参考前面介绍的酷睿 i 处理器。随着 Intel 全新 22nm 移动处理器的推出，Intel 酷睿 i 移动版处理器已成为市场的主流。

四、CPU 的性能指标

作为计算机最重要的部件，CPU 具有多个性能指标，了解这些指标，可以帮助用户掌握 CPU 的性能，并且从用途上决定购买机器的配置，从而合理地进行各部件的搭配。

1．CPU 架构（核心代码）

关于 CPU 架构，目前还没有权威和准确的定义，简单来说就是 CPU 核心的设计方案。它是 CPU 厂商在设计之初使用的一个暂时的名称，称为核心代码或研发代码。

更新 CPU 架构能有效地提高 CPU 的执行效率，但是需要投入高额的研发成本，因此，

CPU 厂商一般每 2～3 年才更新一次架构。例如，Intel 公司的 Westmere 架构、Sandy Bridge 架构、Ivy Bridge 架构；AMD 公司的 K10（Phenom 系列）、K10.5（Athlon II/Phenom II 系列），以及全新的 Bulldozer（推土机）和 Piledriver 微架构（打桩机）。有时，在同一架构下也可能因为产品系列的不同而设置不同的核心代码。

每次微架构的更新和改进既是制作工艺的提升，也是性能的升级。

2．制作工艺

CPU 制作工艺是指生产 CPU 的技术水平。改进制作工艺，就是缩短 CPU 内部电路与电路之间的距离，使同一面积的晶圆上可以实现更多的功能或具有更强的性能。制作工艺以纳米（nm）为单位，目前 CPU 主流的制作工艺是 32nm 和 22nm，对于普通用户来说，更先进的制作工艺能带来更低的功耗和更好的超频潜力。

3．64bit CPU

64bit 指的是 CPU 位宽，更大的 CPU 位宽有两个好处：一是一次能处理更大范围的数据运算，二是支持更大容量的内存。64bit CPU 需要 64bit 操作系统与软件。

目前，所有主流 CPU 均支持 X86-64 技术，但要发挥其 64bit 优势，则必须搭配 64bit 操作系统和 64bit 软件。

4．主频、倍频、外频、超频

CPU 主频就是 CPU 运算时的工作频率，在单核时代它是决定 CPU 性能的最重要指标，一般以 GHz 为单位，如酷睿 i7 3770K 的主频是 3.5GHz。由于 CPU 的发展速度远远超出内存、硬盘等配件的发展速度，因此提出了外频和倍频的概念。外频是指主板的工作频率，超频就是通过手动提高外频或倍频来提高主频。主频、外频、倍频之间的关系为主频=外频×倍频。

5．核心数、线程数

虽然提高频率能有效提高 CPU 的性能，但受限于制作工艺等物理因素，早在 2004 年，提高频率便遇到了瓶颈，于是 Intel 公司和 AMD 公司只能另辟蹊径来提升 CPU 的性能，双核心、多核心 CPU 便应运而生。目前，主流 CPU 有双核、3 核、4 核、6 核、8 核。

其实，增加核心数就是为了增加线程数，因为操作系统是通过线程来执行任务的，在一般情况下是 1∶1 的对应关系，也就是说，4 核心 CPU 一般拥有 4 个线程。但 Intel 公司引入超线程技术后，使核心数与线程数形成 1∶2 的关系，如 4 核心酷睿 i7 处理器支持 8 线程（或称为 8 个逻辑核心），大幅提升了其多任务、多线程性能。

6．缓存

缓存（Cache）也是决定 CPU 性能的重要指标之一。了解引入缓存的原因必须先了解程序的执行过程。首先从硬盘提取程序，存放到内存，然后给 CPU 进行运算与执行。由于内存和硬盘的速度比 CPU 慢很多，因此每执行一个程序，CPU 都要等待内存和硬盘，引入缓存技术就是为了解决这一矛盾，缓存与 CPU 速度一致，CPU 从缓存读取数据比从内存读取数据快得多，从而提升了系统的性能。当然，由于 CPU 芯片面积和成本等原因，缓存都很小。目前，主流 CPU 都有 L1 和 L2 缓存，高端的设有 L3 缓存。

7．TDP 热设计功耗

热设计功耗（Thermal Design Power，TDP）指的是 CPU 达到最大负荷时释放的热量，单位是瓦特（W），它是散热器厂商参考的主要标准。高性能 CPU 带来了高发热量，如 AMD FX-8350 的热设计功耗达到了 125W，而入门级的 Athlon II X2 260 的热设计功耗只有 65W，因此二者对散热器的要求显然是不同的。

8. 超线程技术

超线程（Hyper-Threading，HT）技术最早出现在 2002 年的奔腾 4 上，它利用特殊的硬件指令，把单个物理核心模拟成两个核心（逻辑核心），让每个核心都能使用线程级并行计算，进而兼容多线程操作系统和软件，减少 CPU 的闲置时间，提高 CPU 的运行效率。智能酷睿再次引入超线程技术，如 4 核心的酷睿 i7 处理器可以同时处理 8 线程的操作，而双核心的酷睿 i3 处理器也可以同时处理 4 线程的操作，大幅增强了它们多线程的性能。

超线程技术只需要消耗很小的核心面积，就可以在多任务的情况下提供显著的性能，比再添加一个物理核心要划算得多。评测结果显示，开启超线程技术后，多任务性能提升了 20%~30%。

9. 睿频加速（动态超频）技术

睿频加速（Turbo Boost）技术是一种动态加速技术。Intel 处理器最先采用睿频加速技术，处理器通过分析当前 CPU 的负载情况，智能地完全关闭一些用不上的核心，把能源留给正在使用的核心，并使其运行在更高的频率下，进一步提升性能；相反，需要多个核心时，动态开启相应的核心，智能调整频率。这样，在不影响 CPU 热设计功耗的情况下，能把各核心的频率调得更高。

举个简单的例子，如果某个游戏或软件只用到一个核心，Turbo Boost 技术就会自动关闭其他三个核心，把正在运行游戏或软件的那个核心的频率提高，从而获得最佳性能。但与超频不同，Turbo Boost 是自动完成的，也不会改变 CPU 的最大功耗。目前，Intel 的酷睿 i7/i5 支持睿频加速技术。

AMD 公司的动态超频（Turbo CORE）技术与 Intel 公司的 Turbo Boost 技术有异曲同工之处，虽然运作流程不同，但都是为了在热设计功耗允许的范围内，尽可能地提高运行中核心的频率，以达到提升 CPU 工作效率的目的。AMD 公司的 APU 系列、FX 系列处理器均支持动态超频技术。特别是 APU 系列，对动态超频技术具有良好的支持，图形处理功能更强大，动态加速得到了完美的体现。

第二节　深入认知主板与内存

主板是计算机内部最大的一个部件，计算机所有的信息都要通过主板进行处理和传送，同时主板还具有各个部件的固定、输入/输出的控制、电源的传输等功能。

内存是计算机内部进行数据存储的重要部件。

一、深入认知主板

1. 主板的结构和作用

主板又称为主机板、母板或系统板等，在一台计算机中，主板上安装了计算机的主要电路系统，不仅具有扩展槽，还插有各种插件。计算机的质量与主板的设计和工艺有极大的关系。所以，从计算机诞生开始，各厂家和用户都十分重视主板的体系结构与加工水平。了解主板的特性及使用情况，对购机、装机、用机都是极有价值的。

主板一般为矩形电路板，上面安装了组成计算机的主要电路系统。一般有 BIOS 芯片、输入/输出（I/O）控制芯片、键盘和面板控制开关接口、指示灯插接件、扩充插槽、主板及插卡的直流电源供电接插件等元件。主板的一大特点是采用了开放式结构，主板上有多个扩展插槽，供 PC 外围设备的控制卡（适配器）插接。通过更换这些插卡，可以对微机的相应子系统进行局部升级，使厂家和用户在配置机型方面有更大的灵活性。

总之，主板在整个微机系统中具有举足轻重的地位。可以说，主板的类型和档次决定了整个微机系统的类型和档次，主板的性能影响着整个微机系统的性能。

2. 主板上的插槽和接口

计算机主板上的扩展插槽主要有连接硬盘及光驱的 SATA 接口、安装 CPU 的 CPU 插槽、内存插槽、电源插槽、CPU 供电接口、CPU 风扇电源接口、显卡插槽等。不同的主板，扩展插槽的位置可能会略有不同，如图 2-2-12 所示。

图 2-2-12 主板上的插槽和接口

下面对 CPU 插槽、内存插槽、SATA 接口、扩展插槽、I/O 背板接口进行详细介绍。

1）CPU 插槽

CPU 插槽，即主板上安装 CPU 的专用插座，根据主板芯片组所支持的 CPU 类型的不同，主板提供的 CPU 插槽也不同。

（1）Intel CPU 插槽。

如表 2-2-10 所示，列出了历代的 Intel Core 系列 CPU 插槽接口、架构、CPU 型号及搭配的主板。

表 2-2-10　Intel Core CPU 插槽

插 槽 接 口	架构及工艺	CPU 型号	主 板 搭 配
LGA 1156 接口	Nehalem 架构，32nm（目前几乎不可见）	1. 赛扬：G1101 2. 奔腾：G6950、G6951、G6960	P55/H55
LGA 1155 接口	Sandy Bridge 架构，32nm（目前市面上很少）	1. 赛扬：G440、G460、G465、G470、G530、G540、G550、G555 2. 奔腾：G630、G850 3. 酷睿 i3：2100、2120、2130 4. 酷睿 i5：2300、2310、2500、2500K 5. 酷睿 i7：2600、2600K	H61/H67/P67/Z68

续表

插槽接口	架构及工艺	CPU 型号	主板搭配
LGA 1155 接口	Ivy Bridge 架构，22nm（目前还在发挥余热）	1. 赛扬：G1610、G1620、G1630 2. 奔腾：G2020、G2030、G2120 3. 酷睿 i3：3220、3225、3240 4. 酷睿 i5：3450、3550、3570、3570K 5. 酷睿 i7：3770、3770K	H61/B75/H77/Z77
LGA 1150 接口	Haswell 架构，22nm（目前市面少量在售）	1. 赛扬：G1820、G1830、G1840、G1850 2. 奔腾：G3220、G3260、G3258、G3420 3. 酷睿 i3：4130、4150、4160、4170 4. 酷睿 i5：4430、4440、4570、4590、4670、4670K 5. 酷睿 i7：4770、4770K、4790、4790K	H81/B85/H87/H97/Z87/Z97
	Haswell-E，22nm	i7 5820K	X99
LA 1151 接口	Sky Lake 架构，14nm（目前在售）	1. 赛扬：G3900、G3900T、G3900E、G3900TE、G3902E、G3920 2. 奔腾：G4400、G4400T、G4500、G4500T、G4520 3. 酷睿 i3：6100 4. 酷睿 i5：6400、6500、6600 5. 酷睿 i7：6700、6700K	H110/B150/B250/H170/Z270
LGA 1151 接口	Kaby Lake 架构，14nm（目前在售）	1. 赛扬：G3930、G3950 2. 奔腾：G4560、G4600、C4620 3. 酷睿 i3：7100、7350K 4. 酷睿 i5：7400、7500、7600K 5. 酷睿 i7：7700、7700K 6. 酷睿 i9：7900X、7960X、7920X、7820X、7800X、7940X、7980XE	H110/B150/B250/Z170/Z270
	Coffee Lake 架构 14/10nm	1. 酷睿 i3：8100、8300、8350K 2. 酷睿 i5：8400、8500、8600K 3. 酷睿 i7：8700、8700K	Z370/B360/H310

（2）AMD CPU 插槽。

AMD CPU 插槽主要有 Socket AM3、Socket AM3+、Socket FM2、Socket AM4。

Socket AM3 插槽全面支持 AMD 桌面级 45nm 处理器，它有 938 针的物理引脚，兼容旧的 Socket AM2+插槽甚至更早的 Socket AM2 插槽，如图 2-2-13 所示。

Socket AM3+又称 Socket AM3 bnm，2011 年发布，取代上一代 Socket AM3 并支持 AMD 新一代 32nm 处理器 AMD FX。Socket AM3+与 Socket AM3 可互相兼容，AM3 CPU 可在 AM3+主板上运行，AM3+ CPU 也可在 AM3 主板上运行（一般需要刷新 BIOS），但供电可能不足会导致效能受限。一些使用 AM3 的芯片组，主板厂商也可以通过改版 BIOS 来使用 AM3+插槽。为了更直观地区分 AM3+和 AM3，AMD 统一将 AM3+插槽做成黑色，区别于 AM3 常见的白色，如图 2-2-14 所示。

Socket FM2 是 AMD Trinity APU 桌面平台的 CPU 插槽，如图 2-2-15 所示。

Socket AM4 是 AMD 锐龙系列处理器的接口，该接口采用 uOPGA 样式，比 uPGA 略有改进，但仍然是引脚在处理器底部、触点在主板上的传统设计，具体引脚数量为 1331 个，比起 AM3+的 942 个、FM2+的 906 个增加了不少。AM4 处理器会继续集成大量扩展功能模块，其中内存控制器终于支持 DDR4，起步频率为 2400MHz，可以超频到最高 2933MHz，如图 2-2-16 所示。

图 2-2-13　Socket AM3　　图 2-2-14　Socket AM3+　　图 2-2-15　Socket FM2　　图 2-2-16　Socket AM4

2）内存插槽

内存插槽用于安装内存条，主板所支持的内存种类和容量都由内存插槽来决定，目前主板多以 DDR4 内存插槽为主。通常主板会提供 2～4 根内存插槽，内存插槽的数量越多，说明主板的内存扩展性越好。对于支持双通道内存架构的主板，内存插槽通常会有颜色标识，相同颜色的两条内存插槽用来组成双通道内存架构，如图 2-2-17 所示。

3）SATA 接口

SATA 接口有 7 个引脚，用于连接硬盘和光驱等设备。设备连接采用点对点方式，即一个接口只能连接一个存储装置。目前，主板提供的 SATA 接口主要有 SATA 2.0 和 SATA 3.0，为了方便区分，主板厂商常常将 SATA 2.0 做成蓝色，将 SATA 3.0 做成白色，如图 2-2-18 所示。

　　　　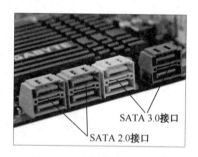

图 2-2-17　主板上的 DDR4 双通道插槽　　　　图 2-2-18　主板上的 SATA 接口

4）扩展插槽

扩展插槽用于接入显卡、声卡、网卡、视频采集卡、电视卡等板卡设备。以图 2-2-19 所示的主板为例，主板提供了两个 PCI-E ×16 插槽和两个 PCI-E ×1 插槽，还提供了两个 PCI 插槽。

蓝色 PCI-E ×16（PCI Express ×16）插槽，是 PCI-E 规格中的一种，具备单向 4Gb/s、双向 8Gb/s 的高带宽，解决了 AGP 插槽带宽不足的问题。PCI-E ×16 已是显卡的主流规格，而这块主板有两个 PCI-E ×16 插槽，支持 SLI（Scalable Link Interface）显卡串联传输接口技术，可以同时插入两个同样的显卡，让显示性能加倍提高。

PCI（Peripheral Component Interface）插槽，带宽为 133Mb/s，是近年来最为普遍的扩展插槽，可以用来接入电视卡、视频采集卡、声卡、网卡等传统 PCI 设备。

PCI-E ×1 插槽也是 PCI Express 规格中的一种，PCI Express 具有×1、×2、×4、×8、×16、×32 共 6 种带宽设计。其中 PCI Express ×1 具有单向 250Mb/s 带宽、双向 500Mb/s 带宽，比 PCI 插槽高出不少，势必会取代 PCI 插槽。

图 2-2-19　主板上的扩展插槽

5）I/O 背板接口

I/O 背板接口是计算机主机与外部设备连接的插座集合，如图 2-2-20 所示。通过这些接口，可以连接键盘、鼠标、显示器、音箱、网络、摄像头、移动硬盘和打印机等。

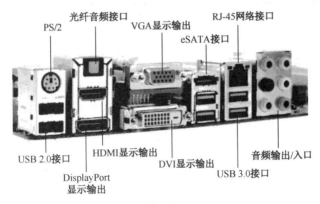

图 2-2-20　I/O 背板接口

3．主板上的芯片组

主板上的芯片组是主板的灵魂，它的性能和技术特性决定了这块主板可以与何种硬件搭配，可以达到怎样的运算性能、内存传输性能和磁盘传输性能。例如，某位用户对显卡性能要求很高，一块显卡已经不足以满足需求，那么一款可以支持多张显卡同时运行的主板就显得很重要。一款主板可以支持多少张显卡同时运行？这就受主板芯片组的规格限制。传统的芯片组是由南桥、北桥两个芯片构成的，它们的功能如下。北桥芯片主要负责 CPU与内存之间的数据交换和传输，它直接决定着主板可以支持什么样的 CPU 和内存。此外，北桥芯片还承担着 AGP 总线或 PCI-E 16X 的控制、管理和传输的功能。总之，北桥芯片主要用于承担高数据传输速率设备的连接。南桥芯片则负责与低速率传输设备之间的联系。具体来说，它负责与 USB、声卡、网络适配器、SATA 设备、PCI 总线设备、串行设备、并行设备、RAID 构架和外置无线设备的沟通、管理和传输。当然，南桥芯片不可能单独实现这么多的功能，它需要与其他功能芯片共同合作，才能让各种低速设备正常运转。目前的主板芯片组已经不完全是南北桥结构，有的芯片组已经是单芯片设计。

了解最新的芯片组型号对选购一块主板非常重要，选购时主要考虑主板对 CPU 和内存的支持性，以及是否集成显卡等。目前主流的主板及芯片组的品牌、型号如表 2-2-11 所示。

表 2-2-11 常见主板及芯片组

CPU 平台	主板品牌及型号	主芯片组	CPU 插槽及 CPU 描述	显 示 芯 片	超 频 功 能
Intel	华硕 TUF B360M-PLUS GAMING	Intel B360	LGA 1151（8 代），支持 14nm 处理器	集成显卡（需搭配内建 GPU）	支持
	技嘉 H370 HD3	Intel H370	LGA 1151，支持第 8 代 Core i7/i5/i3/Pentiun/Celeron	CPU 内置（需 CPU 支持）	支持
	微星 B360 MORTAR	Intel B360	LGA 1151（8 代），支持 Intel 14nm 处理器	集成显卡（需搭配内建 GPU）	支持
AMD	技嘉 X470 AORUS GAMING 5 WIFI	AMD X470	Socket AM4，支持 Ryzen 7 代 A 系列处理器	高端核心显卡支持多显卡互联	支持
	华硕 X370-A	AMD X370	Socket AM4，支持 Ryzen 7 系列处理器	集成 AMD Radeon R 系列芯片	支持
	微星 B350M MORTAR	AMD B350	Socket AM4，支持 Ryzen 7/5 系列处理器	APU 内置显示芯片（需 APU 支持）	支持

4．主板集成技术

早期的计算机，主板是不集成的，只提供数据交换接口，显卡、声卡、网卡都要独立安装。随着集成电路技术与 PCB 制作工艺的发展，人们为了降低成本，开始在主板上集成相应的模块，这样就在满足用户使用功能的前提下，降低了成本，提高了可靠性。

集成主板又称整合主板，主要是集成了图形处理单元、音频、网卡等功能。也就是说，显卡、声卡、网卡等扩展卡都做到主板上了。近几年，以 Intel、AMD 两家公司 CPU 的发展趋势来看，两家公司都在各自的主板芯片组中不再集成显卡了，都将重心转向集成在 CPU 里。目前，AMD 的 APU 平台已经遥遥领先于 Intel。例如，AMD 的 A10/A8/A6 系列集成的显卡性能都要强于 Intel 的 i7/i5/i3 集成的显卡。但不管怎样发展，独立显卡的地位目前还是无法被取代的，它在玩较高要求的游戏或其他应用时仍然强悍无比。

5．SLI 和交火技术

SLI（Scalable Link Interface）是由 NVIDIA 提出的开放式显卡串联规格，可使用两种同规格架构的显卡，通过显卡顶端的 SLI 接口，来达到类似 CPU 架构中双处理器的规格效果。采用 SLI 双显卡技术，最高可提供比单一显卡多 180% 的性能提升。CrossFire，中文名称为交叉火力，简称交火，是 ATI 的一款多重 GPU 技术，可让多张显卡同时在一部计算机上并排使用，增加运算效能，与 NVIDIA 的 SLI 技术相互竞争。CrossFire 技术于 2005 年 6 月 1 日正式发布，比 SLI 迟一年。混合交火技术，英文名称为 Hybrid CrossFireX，是对 Hybrid Graphics 混合图形技术的诠释，我们可以将支持 Hybrid CrossFireX 的独立显卡插在同样支持 Hybrid CrossFireX 的整合主板上，组建一个 Hybrid CrossFireX 系统。当需要进行高负荷运算时，独立显卡和集成显卡将会同时工作以达到最佳的显示性能，而当运算需求降低时则可以仅使用集成显卡，再加上 AMD 的 Cool n Quiet 技术，整个平台的功耗将降到最低点，这也就满足了人们对能源合理利用的要求。当然，如果主板支持，还可以安装三卡或四卡 SLI 和交火，但对目前的应用来说，这样的配置只是浪费，因为软件（主要是游戏软件）的要求还没有这么高。如果不是只为追求性能的极限，就没有必要这么组装机器。SLI 和交火显卡如图 2-2-21 所示。

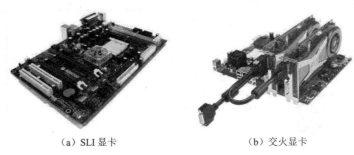

（a）SLI 显卡　　　　　　　　　（b）交火显卡

图 2-2-21　SLI 和交火显卡

二、深入认知内存

1．内存与外存

在计算机的组成结构中有一个很重要的部分，即存储器。存储器是用来存储程序和数据的部件。有了存储器，计算机才有记忆功能，才能正常工作。存储器的种类很多，按其用途可分为内存储器和外存储器，内存储器简称内存，外存储器简称外存，内存的大小直接影响计算机的性能。

外存通常是磁性介质或光盘，如硬盘、软盘、磁带、CD 等，能长期保存信息，并且不依赖电来保存信息，但是需要由机械部件带动，其速度与 CPU 相比就显得很慢。

内存就是主板上的存储部件，CPU 直接与之沟通，用其存储当前正在使用的（执行中的）数据和程序。它的物理实质就是一组或多组具备数据输入与输出和数据存储功能的集成电路。内存只用于程序和数据的暂存，一旦关闭电源或断电，其中的程序和数据就会丢失。

2．内存的外观

从外观上来看，内存就是一条长长的条状板卡，俗称内存条，板卡上面有一颗颗内存颗粒，以及一长排金色的接点（金手指），如图 2-2-22 所示。

3．DDR 内存

作为计算机不可缺少的核心部件，内存在规格、技术、总线带宽等方面经历着更新和换代。但万变不离其宗，内存的变化归根到底就是为了提高内存带宽，以满足 CPU 不断攀升的带宽要求，避免成为高速 CPU 运算的瓶颈。目前，市场上能见到的内存有 DDR、DDR2、DDR3、DDR4 这 4 类。存储速度由内存频率决定，数字越大速度越快。DDR 内存的介绍如表 2-2-12 所示。

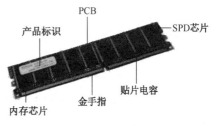

图 2-2-22　内存的外观

表 2-2-12　DDR 内存的介绍

名　称	外　观	说　明
DDR 内存		DDR 的全名是 DDR SDRAM，DDR 内存在一个频率周期的"上升波段"与"下降波段"都能传送数据
DDR2 内存		与 DDR 内存相比，DDR2 内存最主要的改进是在内存模块速度相同的情况下，可以提供相当于 DDR 内存 2 倍的带宽，这主要是通过在每个设备上高效率地使用 2 个 DRAM 核心来实现的
DDR3 内存		DDR3 内存可以看作 DDR2 内存的改进版，其特点是容量大，一般以 2GB 为起点，工作频率高，周期数据传输量增加 1 倍，内存的工作电压降到 1.5V，降低了功耗；部分厂商已经推出 1.35V 的低压版 DDR3 内存。DDR3 内存还增加了一些 DDR2 内存不具备的新功能
DDR4 内存		DDR4 内存与 DDR3 内存最大的区别如下：16bit 预取机制（DDR3 内存为 8bit），在同样的内核频率下，理论速度是 DDR3 内存的 2 倍；采用更可靠的传输规范，数据可靠性进一步提升；工作电压降为 1.2V 和更低的 1.0V，而频率提升至 2133MHz 以上

4．主要性能参数

内存的性能参数很多，这里只介绍几个常用的参数供使用时参考。

1）容量

内存的容量是内存最重要的性能指标，内存容量的大小直接影响计算机的执行速度，容量越大，存储的数据越多，CPU 读取的数据块的容量也越大，运行速度也越快。目前的 Windows 7 系统和 Linux 主流系统大都需要 1GB 以上；Windows 8 系统若要使用复杂的影片剪辑、图像处理、三维渲染、三维游戏、高清电影播放等计算机应用，则需要 4GB 的容量才可以顺畅执行。

2）内存主频

内存主频和 CPU 主频一样，习惯上被用来表示内存的速度，它代表着内存所能达到的最高工作频率。内存主频越高，在一定程度上代表着内存所能达到的速度越快。内存主频决定着该内存最高能在什么样的频率下正常工作，目前，市场上较为主流的是 2666/2400/2133MHz 的 DDR4 内存。

3）时序参数

内存的时序参数对内存的速度也有较大影响，一般不用考虑，但内存超频时可能会用到以下几个参数。

（1）CAS# Latency：行地址控制器延迟时间，简称 CL，表示到达输出缓存器的数据所需要的时钟循环数。对内存来说，这是最重要的一个参数，该值越小，系统读取内存数据的速度越快。

（2）RAS# to CAS#：列地址至行地址的延迟时间，简称 RCD，表示在已经决定的列地址和已经送出的行地址之间的时钟循环数。以时钟周期数为单位，该值越小越好，例如，2 表示延迟周期为两个时钟周期。

（3）RAS# Precharge：列地址控制器预充电时间，简称 tRP，表示对回路预充电所需要的时钟循环数，以决定列地址。同样以时钟周期数为单位，该值越小越好。

（4）TRAS#：列动态时间，又称 tRAS，表示一个内存芯片上两个不同的列逐一寻址时所造成的延迟。以时钟周期数为单位，通常是最后也是最大的一个数字。

4）模块名称

内存模块上一般均要标注内存制造商。我们在使用一些测试软件的时候很容易看到相关信息。如果未显示，说明该内存的 SPD 信息不完整或属于无名品牌。

5）内存电压

内存电压在内存超频时有时要调整一下。DDR2 的内存工作电压从 DDR 的 2.5V 降到了 1.8V，DDR3 的工作电压更低，为 1.5V 或 1.35V，而未来的 DDR4 的工作电压为 1.2V 和 1.0V。

5. 双通道和三通道内存技术

双通道可以使芯片组在两个不同的数据通道上分别寻址、读取数据。这两个相互独立工作的内存通道依附于两个独立并行工作的内存控制器。

双通道有两个 64bit 内存控制器，这两个 64bit 内存体系所提供的带宽等同于一个 128bit 内存体系所提供的带宽，但是二者所达到的效果是不同的。双通道体系包含了两个独立的、具备互补性的智能内存控制器，两个内存控制器都能够在零等待的情况下同时运行。例如，当控制器 B 准备进行下一次存取内存的时候，控制器 A 正在读/写主内存，反之亦然。两个内存控制器的这种互补性可以使有效等待时间缩减 50%。

简而言之，双通道内存技术是一种与主板芯片组有关的技术，与内存自身无关。只要主板厂商在芯片内部整合两个内存控制器，就可以构成双通道系统，而只需要厂商按照内存通道将 DIMM 分为 Channel 1 与 Channel 2，用户成对地插入内存即可。如果只插入单个内存，那么两个内存控制器中只有一个工作，也就没有双通道的效果了。

三通道内存技术，实际上可以看作双通道内存技术的后续发展。Core i7 处理器的三通道内存技术，最高可以支持 DDR3-1600 内存，可以提供高达 38.4Gb/s 的带宽，和目前主流双通道内存 20Gb/s 的带宽相比，性能提升几乎可以达到翻倍的效果。安装三通道内存，原理与双通道一样，即同时在相同颜色的内存插槽中插三条相同的内存，如图 2-2-23 所示。

6. 服务器内存和笔记本内存

在内存市场上，除了台式计算机的内存，还有其他很多种内存。

1）服务器内存

服务器内存与普通台式计算机内存在外观和结构上没有明显的区别。服务器内存引入了一些新的特有的技术，如 ECC（错误检查和纠正技术）、ChipKill、热插拔等，具有极高的稳定性和优秀的纠错性能。

2）笔记本式计算机内存

由于笔记本式计算机整合性高、设计精密，因此其对内存的要求也比较高。笔记本式计算机内存必须具有小巧的特点，需要采用优质的元件和先进的工艺，拥有体积小、容量大、速度快、耗电低和散热好等特性。与台式计算机内存相比，笔记本式计算机内存略宽、略短，价格也稍高。笔记本式计算机内存如图 2-2-24 所示。

主板与内存都是计算机部件中种类繁杂的品种，因此，不能只停留在一个或几个品牌型号上，我们可以利用各种方法获得新的更多的相关知识。在国际互联网上，计算机知识是最多的，也是最好找的，我们可以通过网络查找相关的知识，然后互相交流，共同提高。

图 2-2-23　三通道内存插槽

图 2-3-24　笔记本式计算机内存

第三节　深入认知硬盘与板卡

硬盘作为存储中心，是计算机中最重要的外部存储设备。计算机中还有多种接口板卡用于人机交互和计算机性能的提升，显卡、声卡与网卡是三种比较常见的板卡，本节只介绍显卡。

一、认知硬盘

1. 硬盘的结构

硬盘与磁盘、磁带的原理是一样的，都是利用磁粉能保留磁化状态的特性，存储相应的数据。只是硬盘的技术更加精密，存储量更大，如图 2-2-25 所示为硬盘的外观。

当前所用的硬盘大都属于"温彻斯特"技术类型的硬盘，"密封、固定并高速旋转的镀磁盘片，磁头沿盘片径向移动"是"温彻斯特"硬盘技术的精髓。硬盘主要由盘片、磁头、盘片转轴及控制电动机、磁头控制器、数据转换器、接口、缓存等几部分组成。

将一块硬盘打开后可以看到，硬盘是由一组盘片叠在一起的，每个盘面上有一个磁头，磁头可以通过传动臂的摆动到达盘片上任意的位置对盘片进行读/写，如图 2-2-26 所示。

图 2-2-25　硬盘的外观

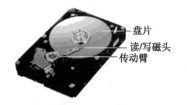

盘片
读/写磁头
传动臂

图 2-2-26　硬盘的内部结构

硬盘中所有的盘片都装在一个旋转轴上，各盘片之间是平行的。在每个盘片的存储面上有一个磁头，磁头与盘片之间的距离比头发丝的直径还小。所有的磁头连在一个磁头控制器上，由磁头控制器负责各个磁头的运动。磁头可以沿盘片的半径方向运动，加上盘片每分钟几千转的高速旋转，磁头就可以定位在盘片的指定位置进行数据的读/写操作。硬盘作为精密设备，尘埃是其大敌，因此必须完全密封。

在磁盘片的每面上，以转动轴为轴心，以一定的磁密度为间隔的若干同心圆就被划分成磁道（Track），每个磁道又被划分为若干扇区（Sector），数据就按扇区存放在硬盘上。在每一面上都有一个相应的读/写磁头（Head），所以不同磁头的所有相同位置的磁道就构成了所谓的柱面（Cylinder）。传统的硬盘的读/写是以柱面、磁头、扇区为寻址方式的（CHS寻址）。

2. 硬盘的分类

硬盘通常按照接口类型进行分类，如表 2-2-13 所示。

表 2-2-13　按接口类型分类的硬盘

名　称	图　片	说　明
SATA 硬盘	电源线接口 数据线接口	SATA 是 Serial ATA 的缩写，即串行 ATA，因采用串行方式传输数据而得名。SATA 总线使用嵌入式时钟信号，具备了更强的纠错能力，这在很大程度上提高了数据传输的可靠性。串行接口还具有结构简单、支持热插拔的优点。现在，SATA 有 SATA 1.5Gb/s、SATA 2.03Gb/s 和 SATA 3.06Gb/s 三种规格。目前市场上的主流硬盘均为 SATA 3.06Gb/s 规格的
SCSI 硬盘		SCSI 是小型计算机的接口技术，后来移植到 PC 上，SCSI 硬盘多用于服务器和专业工作站，其价格比 IDE 和 SATA 硬盘高很多。随着串行数据传输的发展，SAS 接口硬盘逐步取代了 SCSI 接口硬盘。SAS（Serial Attached SCSI，串行 SCSI）是由并行 SCSI 物理存储接口演化而来的，与并行方式相比，串行方式提供更快速的通信传输速率及更简易的配置。此外，SAS 支持与 SATA 设备兼容，接口形式与 SATA 硬盘一样，两者可以使用相类似的电缆。但是，SATA 硬盘可接在 SAS 的控制器上使用，而 SAS 硬盘并不能接在 SATA 的控制器上使用。第一代 SAS 为数组中的每个驱动器提供 3.0Gb/s 的传输速率；第二代 SAS 为数组中的每个驱动器提供 6.0Gb/s 的传输速率
SAS 硬盘		SAS 是新一代的 SCSI 技术，和 SATA 硬盘相同，采取序列式技术以获得更高的传输速率，可达到 3Gb/s。也可以通过缩小连接线改善系统的内部空间等。由于 SAS 硬盘可以与 SATA 硬盘共享同样的背板，因此在同一个 SAS 存储系统中，可以用 SATA 硬盘取代部分昂贵的 SCSI 硬盘，从而节省整体的存储成本
SSD 硬盘		固态硬盘（Solid State Disk 或 Solid State Drive，SSD）又称为固体硬盘或者固态电子盘，是由控制单元和固态存储单元（DRAM 或 Flash 芯片）组成的硬盘。固态硬盘的存储介质分为两种：一种是采用闪存（Flash 芯片）作为存储介质；另一种是采用 DRAM 作为存储介质。固态硬盘的接口规范和定义、功能及使用方法与普通机械硬盘相同。与传统硬盘相比，固态硬盘具有低功耗、无噪声、抗振动、低热量的特点。这些特点不仅使得数据能更加安全地得到保存，而且延长了靠电池供电设备的连续运转时间。固态硬盘的缺点也很明显：成本高、容量低、写入寿命有限、数据损坏时不可恢复。目前，固态硬盘不仅用来在笔记本电脑中代替传统硬盘（HDD），而且也常常在台式机中加装一块固态硬盘用来存放操作系统，与传统的机械硬盘一起配合使用。虽然当前固态硬盘还受到成本、容量等因素的制约，但是随着固态硬盘的技术不断升级及发展速度的进一步加快，固态硬盘的前景依然很值得期待。固态硬盘大部分被制作成与传统硬盘相同的外壳尺寸，例如，常见的有 1.8in、2.5in 或 3.5in 规格，并采用了相互兼容的接口（固态硬盘普遍采用 SATA 3.0 接口）

3. 硬盘的主要性能参数

1）硬盘容量

硬盘容量是重要的性能指标，指可以存储的数据容量，单位为 GB 或 TB。1GB=1000MB，

1TB=1000GB。硬盘安装后实际可以使用的容量比购买时标记的少，这是因为计算机是以1GB=1024MB 来计算的。目前，市场上硬盘的容量主要以 1TB、2TB、3TB 和 4TB 为主。在选购硬盘时还要注意硬盘的单碟容量和碟片数，在相同容量的情况下，单碟容量越大，硬盘越轻薄，数据持续传输速率也越快。

2）硬盘转速

硬盘中盘片每分钟旋转的速度称为硬盘的转速，单位为 r/min。目前，SATA 硬盘的转速为 7200r/min，SAS 硬盘的转速主要为 10000r/min 和 15000r/min。从理论上讲，转速越快，硬盘读取数据的速度也越快，但是速度的提升也会产生更大的噪声和带来更高的温度。

3）平均寻道时间

平均寻道时间（Average Seek Times）是指磁头从得到指令至寻找到数据所在磁道的时间，用于描述硬盘读取数据的能力，以毫秒（ms）为单位。作为完成一次传输的前提，磁头首先要快速找到该数据所在的扇区，这个定位时间称为平均寻道时间。平均寻道时间越短越好，一般要选择平均寻道时间在 10ms 以下的产品。

4）硬盘缓存

硬盘缓存是指硬盘内部的高速存储器，其大小对硬盘速度有较大的影响，该值越大越好，目前主流硬盘的缓存大小主要为 16MB、32MB、64MB。

二、认知显卡

1．显卡的功能

显卡又称为视频卡、视频适配器、图形卡、图形适配器或显示适配器等，用于控制计算机的图形输出，负责将 CPU 送出的影像数据处理成显示器可识别的格式，再送至显示器形成图像。它是计算机主机与显示器之间连接的"桥梁"。随着家庭娱乐需求的深入，计算机处理高清图像、高清视频、三维场景动画、计算机游戏等需要有一块强劲的显卡支持，也使得显卡的重要性越来越突出。显卡的外观如图 2-2-27 所示。

2．显卡的组成

显卡主要由显示芯片（Graphics Processing Unit，图形处理芯片）、显存、数/模转换器（RAMDAC）、VGA BIOS、接口等几部分组成。去掉散热片就可以看到显卡真正的模样，如图 2-2-28 所示。

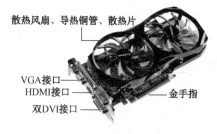
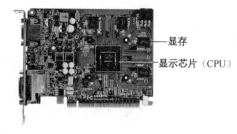

图 2-2-27　显卡的外观　　　　图 2-2-28　去掉散热片之后的显卡正面

3．显卡的分类

目前常用的显卡有 CPU 集成显卡、主板集成显卡和独立显卡。

（1）CPU 集成显卡：指集成在 CPU 内部的显卡，如酷睿 i3、酷睿 i5 及酷睿 i7 中集成的显卡。

（2）主板集成显卡：指集成在主板北桥中的显卡，如 G41 880G 主板上的集成显卡。

（3）独立显卡：指有独立的显示芯片，本身是一张独立卡的显卡。

其中，CPU 集成显卡和主板集成显卡统称为集成显卡，但 CPU 集成显卡和主板集成显卡又是不一样的。

集成显卡不需要单独购买，独立显卡需要单独购买，但独立显卡的性能比集成显卡的性能好。独立显卡适用于对显卡要求较高的用户，如玩效果游戏的用户，以及做图像和视频编辑方面工作的用户；集成显卡适用于只玩普通游戏和进行办公的用户，其整机预算可以降低。

4．显卡的主要性能参数

1）显卡芯片

显卡芯片即图形处理芯片。在整个显卡中，显卡芯片起着"大脑"的作用，负责处理计算机发出的数据，并将最终结果显示在显示器上。一块显卡采用何种显示芯片大致决定了该显卡的档次和基本性能。

市场上的显卡大多采用 NVIDIA 公司和 AMD 公司的图形处理芯片。目前，市场上主流的显卡芯片有 NVIDIA 公司的 GTX 1080Ti、GTX 1080、GTX 1070Ti、GTX 1070 等，以及 AMD 公司的 Radeon HD 7970、Radeon HD 7750、Radeon HD 6850、Radeon HD 6570 等。显卡芯片的命名代表着产品系列及市场定位。

AMD 显卡芯片的前身是 ATI 显卡芯片，后者 2006 年被 AMD 收购，Radeon HD 系列产品的新 Logo 图标如图 2-2-29 所示。AMD Radeon HD 使用什么样的数字命名与架构无关，而是代表性能等级，如图 2-2-30 所示。

图 2-2-29　Radeon HD 系列产品 Logo

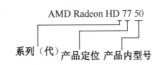

图 2-2-30　AMD 显卡芯片命名

2）显存

显存即显示缓存、显示内存。显存是专门为显卡设置的内存，作为显示数据的缓冲区，它的优劣直接影响显卡的整体性能，每颗内存颗粒的一般容量为 128～1024MB。集成在显卡板卡上的内存颗粒如图 2-2-31 所示。

图 2-2-31　内存颗粒

从理论上讲，显存容量越大，显卡性能越好，但显存容量的大小并不是显卡性能高低的决定因素，因为显存速度和显存带宽也可以影响显卡性能。

显存的速度以 ns（纳秒）为计算单位，常见显存多为 6～2ns，数字越小速度越快，单位时间内交换的数据量也越大。在同等条件下，显卡性能也将得到明显提升。

显存带宽是指一次可以读入的数据量，即显存与显卡芯片之间数据交换的速度。带宽越大，显存与显卡芯片之间的"通路"就越宽，数据"跑"得就越顺畅。

第四节　深入认知各外部设备

显示器是计算机默认的输出设备，而其他各类外部设备又为计算机提供了强大的功能。用户使用计算机的大部分时间里都是和这些外部设备打交道的，因此有必要了解这些外部设备。

一、认知显示器

1. LCD 显示器的特点

显示器发展到现在，传统的 CRT 显示器已经基本从市场上消失。一般用户选择显示器时都会选择 LCD 显示器。

LCD 显示器又称为液晶显示器。与传统的 CRT 显示器相比，LCD 显示器具有体积小、厚度薄、重量轻、耗能少、工作电压低、无辐射等特点。早期的 LCD 显示器属于"CCFL 背光液晶显示器"，目前已被"LEC 背光"技术液晶显示器所取代。LCD 显示器的正面和反面如图 2-2-32 所示。

图 2-2-32　LCD 显示器的正面和反面

液晶是一种介于液态和固态之间的物质，它具有液体的流动性，同时也能够像单晶体一样对射入的光线产生不同方向上的改变（扭曲、折射、散射）。LCD 显示器就是根据液晶分子的这个特点设计出来的。

2. LCD 显示器的技术参数

LCD 显示器的主要技术指标是显示尺寸、可视角度、亮度和对比度、响应时间和显示接口等。

1）显示尺寸

LCD 的显示尺寸与 CRT 不同，同样尺寸大小的 LCD 显示器其有效显示面积比 CRT 显示器大一个级别，LCD 尺寸指的是 LCD 液晶板对角线的长度。CRT 显示器的有效显示面积小于显像管正面的尺寸，但 LCD 液晶板的大小就是实际显示面积的大小。显示尺寸的单位为英寸，如 29 英寸、27 英寸、22 英寸、20 英寸等。

2）可视角度

因为液晶分子的特性，LCD 显示器只有在正面方向看到的图像画面是最清晰的，在侧面方向上，图像的对比度和亮度就会下降。这样能够清晰看到图像的角度范围就称为 LCD 的可视角度。所以这个数值越大越好。目前市场上的 LCD 显示器的可视角度一般都在 170°

以上。

3）亮度和对比度

LCD 显示器的亮度以 cd/m^2 为单位，亮度值越高，画面越亮丽。对比度是直接体现液晶显示器能否显示丰富色阶的参数，对比度越高，还原的画面层次感越好，即使在观看亮度很高的图像时，黑暗部位的细节也可以清晰体现。

4）响应时间

响应时间反映了 LCD 显示器各液晶分子对输入信号的反应速度，该值越小越好。如果响应时间不够理想，就会出现拖尾、重影等现象。

5）显示接口

选购显示器时还要留意它的接口是否丰富，与其他参数相同，要尽可能选择接口多的型号。这为以后连接不同的设备做好了准备。例如，现在的一些高清 MP4 都配有 HDMI 接口，直接连入大屏幕显示器就可以播放高清电影。

3. 液晶面板介绍

液晶面板可谓液晶显示设备的灵魂所在，其优劣直接决定了液晶显示设备的好坏。目前市场上主流的液晶显示器面板有 TN、VA 和 IPS 三种，而人们所讨论的宽屏和普屏之分都逃不开这三种面板，只不过是切割面板时切割面积不同而已。

下面就来学习这三种主流的液晶显示器面板。

1）TN 面板

TN 面板全称为 Twisted Nematic（扭曲向列型）面板，低廉的生产成本使 TN 面板成为应用最广泛的入门级液晶面板，在目前市面上主流的中低端液晶显示器中被广泛使用，如图 2-2-33 所示。作为 6bit 的面板，TN 面板只能显示红、绿、蓝各 64 色，最大实际色彩仅有 262144 种，通过"抖动"技术可以使其获得超过 1600 万种色彩的表现能力，只能够显示 0～252 灰阶的三原色，所以最后得到的色彩显示数信息是 16.2M 色，而不是我们通常所说的真彩色 16.7M 色；另外，TN 面板提高对比度的难度较大，直接暴露出来的问题就是色彩单薄，还原能力差，过渡不自然。

图 2-2-33　TN 液晶面板

TN 面板的优点是由于输出灰阶级数较少，液晶分子偏转速度快，所以响应时间容易提高，目前已经有 1ms 响应时间的产品出现。另外，三星公司还开发出一种 B-TN（Best-TN）面板，它其实是 TN 面板的一种改良型，主要是为了平衡 TN 面板高速响应必须牺牲画质的矛盾。同时对比度可达 700∶1，已经可以和 MVA 或者早期的 PVA 面板相媲美了。

2）VA 类面板

VA 类面板是现在高端液晶应用较多的面板类型，和 TN 面板相比，8bit 的面板可以提供 16.7M 色彩和大可视角度是该类面板定位高端的资本，但是价格也相对 TN 面板要昂贵一些。VA 类面板可分为由富士通主导的 MVA 面板和由三星开发的 PVA 面板，后者与前者的关系是继承和改良。

富士通的 MVA 技术（Multi-domain Vertical Alignment，多象限垂直配向技术）可以说是最早出现的广视角液晶面板技术。该类面板可以提供更大的可视角度，通常可达到 170°，改良后的 VA 类面板可视角度可达接近水平的 178°，并且响应时间可以缩短到 20ms 以下。

通过技术授权，我国台湾的奇美电子（奇晶光电）、友达光电等面板企业均采用了这项面板技术。由于得到广泛台系面板厂商的支持，因此市面上有不少采用 MVA 面板的平价 16.7M 色大屏幕液晶显示器。

由三星公司主导开发的 PVA 面板是富士通的 MVA 技术面板的继承者和发展者，其可以获得优于 MVA 面板的亮度输出和对比度。

3）IPS 面板

IPS（In-Plane Switching，平面转换）技术是日立于 2001 年推出的面板技术，又称为"Super TFT"。IPS 阵营以日立为首，聚拢了 LG、飞利浦、瀚宇彩晶、IDTech（奇美电子与日本 IBM 的合资公司）等一批厂商。在各方面性能上，IPS 面板响应速度快、运动画面出色、画质稳定、安全性高、可视角度大、成本较低。IPS 面板最大的特点就是它的两极在同一个平面上，而其他液晶模式的电极是在上下两面，立体排列。由于电极在同一平面上，不管在何种状态下液晶分子始终与屏幕平行，会使开口率降低，减少透光率，所以 IPS 应用在 LCD TV 上会需要更多的背光灯，在一定程度上耗电量要大些。此外，还有一种 S-IPS 面板，属于 IPS 的改良型。

与其他类型的面板相比，IPS 面板的屏幕较为"硬"，用手轻轻划一下不容易出现水纹样变形，因此，IPS 面板又有硬屏之称。仔细观看屏幕时，如果看到的是方向朝左的鱼鳞状像素，加上硬屏，那么就可以确定是 IPS 面板了。

面对这三种面板，我们应该如何选择呢？其实，对一般消费者来说，肉眼对于 TN、VA 或者 IPS 面板的色彩差别很难察觉。所以，平时的日常应用，TN 面板的性能表现已经足够，对于色彩和可视角度有更高需求的用户，则不妨选择 VA 或者 IPS 面板。

二、认知机箱

1．机箱的作用

机箱的主要作用是为计算机内部的设备提供一个安装的空间和支架，避免它们遭受一些物理损伤，但最主要的作用是屏蔽电磁辐射，不仅可以防止内部的电磁辐射影响用户的身体，还可以防止外部的电磁辐射对内部板卡和电子元器件的干扰。

2．机箱的结构

PC 有着多种不同的机箱。从外观上看，机箱可以分为立式机箱和卧式机箱；根据结构不同，机箱可以分为 AT 机箱、ATX 机箱、Micro ATX 机箱、BTX 机箱等。需要特别指出的是，机箱结构是指机箱在设计和制造时所遵循的主板结构规范标准。每种结构的机箱只能安装该规范所允许的主板类型。

目前，市场上常见的机箱结构为 ATX 式，其扩展插槽数可达到 7 个，3.5in 和 5.25in 驱动器仓位可达到 3 个或更多，现在大多数机箱都采用此结构。ATX 机箱如图 2-2-34 所示。

Micro ATX 又称为 Mini ATX，是 ATX 机箱的简化版，就是常说的"迷你"机箱。它的扩展插槽和驱动器仓位较少，扩展插槽通常为 4 个或更少，而 3.5in 和 5.25in 驱动器仓位只有 2 个或更少，多用于品牌机。BTX 则是下一代的机箱结构。

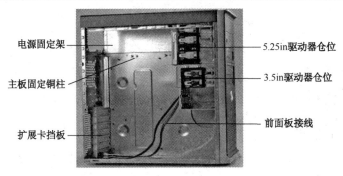

电源固定架

主板固定铜柱

扩展卡挡板

5.25in驱动器仓位

3.5in驱动器仓位

前面板接线

图 2-2-34　ATX 机箱

　　在机箱的规格中，最重要的是主板的定位孔，因为定位孔的位置和多少决定着机箱所能使用的主板类型。例如，标准规格的 ATX 机箱共有 17 个主板定位孔，而真正使用的只有 9 个，其他定位孔的主要作用是兼容其他类型的主板。

三、认知电源

1．电源的作用和分类

　　计算机中的各部件都由非常精密的集成电路组成，它们只能在稳定的直流电源下工作，电源的质量直接关系到系统的稳定性和硬件的使用寿命。电源是一定不能省钱的一部分，如果电源输出品质得不到保证，轻则计算机工作不稳定，重则损坏 CPU、主板、硬盘等配件。

　　电源与机箱一样，也遵循主板结构规范标准，主要有 AT 电源、ATX 电源、Micro ATX 电源、BTX 电源等。

　　目前，应用最为广泛的 PC 标准电源是 ATX 电源，如图 2-2-35 所示。它也经历了 ATX 1.01、ATX 2.01、ATX 2.02、ATX 2.03 及 ATX 12V 多个版本的革新。最基本的 ATX 电源具备±5V、±12V 四路输出，额外增加+3.3V 主板电源输出，以及+5V StandBy（辅助+5V）激活电源输出。此外，还有一个 PS-ON 信号给电源提供电平信号。通过辅助+5V 和 PS-ON 可实现鼠标、键盘开机等功能。

图 2-2-35　ATX 电源

2．电源主流品质认证标志

　　为了确保电源在使用过程中的可靠性和安全性，每个国家或地区都会制定不同的安全标准。电源上除了常见的产品信息，还有一个比较重要的标志，即品质认证标志。通过品质认证标志可以认为某款电源在某些方面已经得到了认可，可以放心使用。电源通过的认证越多，说明电源的质量越好、安全性越高，电源常见的品质认证如表 2-2-14 所示。

表 2-2-14　电源常见的品质认证

认　证	标　志	说　明
80 PLUS 认证	**80 PLUS BRONZE**	80 PLUS 属于新兴的认证规范，是为加速节能科技的发展而制定的标准，是电源转换效率较高的一个标志。它的认证要求是通过整合系统内部电源，使电源在 20%、50% 及 100% 等负载点下能达到 80% 以上的电源使用效率。目前，市面上大部分的电源在转换效率上都为 70%～75%，能够获得 80 PLUS 认证的电源暂时不是很多，而且这些电源全部都是高端产品。但是随着电源技术的发展，越来越多的电源可以通过 80 PLUS 认证，相信未来还有更多的产品会通过该认证
中国节能认证	中国节能认证 Energy Conservation Certification	中国节能认证是由中国节能产品认证中心颁发的，对电源产品节能性能方面有一定的反映。随着节能环保的概念越来越受到用户的关注，通过该认证的产品同样会受到用户的青睐
ROHS 认证	✓ ROHS	ROHS 是由欧盟立法制定的一项强制性标准，它的全称是《关于限制在电子电气设备中使用某些有害成分的指令》(*Restriction of Hazardous Substances*)。该标准已于 2006 年 7 月 1 日正式实施，主要用于规范电子电气产品的材料及工艺标准，使之更加有利于人体健康及环境保护。制定该标准的目的在于消除电器和电子产品中的铅、汞、镉、六价铬、多溴联苯和多溴二苯醚这 6 种物质，并且该标准重点规定了镉的含量不能超过 0.01%
3C 认证	CCC S&E	3C 认证标志是最常见的一个标志。3C 认证普遍存在于我们所购买的电子产品上。3C 认证就是中国强制性产品认证制度，英文名称为 China Compulsory Certification，英文缩写为 CCC，中文全称为中国国家强制性产品认证，它是我国政府为保护消费者人身安全和国家安全，加强产品质量管理，依照法律法规实施的一种产品合格评定制度。需要注意的是，3C 认证标志并不是质量标志，而只是一种最基础的安全认证标志

四、认知移动存储设备

移动存储设备包括移动硬盘、闪存卡、MP3、MP4，还有各类数据卡（包括手机和数码照相机的 CF 卡、SD 卡等）。与软盘相比，移动存储设备容量大、不怕潮湿；与硬盘相比，移动存储设备体积小、耗电少、不怕震动；与光盘相比，移动存储设备结构简单，可以反复读/写、擦除。另外，移动存储设备还有易携带、存储速度快、安全性高、即插即用等特点。经过几年的发展，移动存储设备不仅性能提高很快，价格也下降了很多，受到了消费者的普遍认可和欢迎。

1．移动硬盘

现在市场上流行的移动硬盘采用的都是现有固定硬盘的最新技术，它们的设计原理是将固定硬盘的磁头在增加了防尘、抗震、更加精确稳定等技术后，集成在更为轻巧、便携并且能够自由移动的驱动器中，将固定硬盘的盘芯通过精密技术加工后统一集成在盘片中。当把盘片放入驱动器时，就成为一个高可靠性的硬盘，如图 2-2-36 所示。

图 2-2-36　移动硬盘

也有一些厂商生产的移动硬盘直接采用了固定式桌面计算机硬盘或由笔记本硬盘改装而成的，就是由外壳+笔记本硬盘的方式组成，由于这种硬盘并非特别设计的产品，因此，其体积较大、抗震性差，使用也不够安全。

2．闪存卡

1）闪存卡及其种类

闪存卡（Flash Card）是一种新型的 EEPROM 内存（电可擦、可写、可编程只读内存），不仅具有可擦、可写、可编程的优点，还具有写入的数据在断电后不会丢失的优点，所以被广泛应用于数码照相机、MP3 及移动存储设备。闪存卡是利用闪存（Flash Memory）技术存储电子信息的存储器，一般在数码照相机、MP3 等小型数码产品中作为存储介质存在，其外形小巧，犹如一张卡片，所以被称为闪存卡。

闪存卡的种类很多，主要有 SD 卡、CF 卡、MMC 卡、XD 卡、SM 卡、SONY 记忆棒等，如表 2-2-15 所示。

表 2-2-15　闪存卡的种类

名　　称	图　片	说　　明
SD 卡		SD 卡是一种基于半导体快闪记忆器的新一代记忆设备。SD 卡由日本的松下公司、东芝公司及美国的 SanDisk 公司共同开发研制，并于 1999 年 8 月发布。大小犹如一张邮票的 SD 记忆卡，质量只有 2g，却拥有高记忆容量、快速数据传输率、极大的移动灵活性及很好的安全性
CF 卡		CF 卡由 SanDisk 公司在 1994 年推出。CF 卡具有 PCMCIA-ATA 功能，并与之兼容；CF 卡的质量只有 14g，与纸板火柴的大小（43mm×36mm×3.3mm）差不多，是一种固态产品
MMC 卡		MMC 卡由西门子公司和首推 CF 卡的 SanDisk 公司在 1997 年推出。1998 年 1 月，14 家公司联合成立了 MMC 协会，该协会现在已经有超过 84 个成员。MMC 卡的外形与 SD 卡差不多，只是少了几个针脚
XD 卡		XD 卡是由富士和奥林巴斯联合推出的专门为数码照相机使用的小型存储卡，采用单面 18 针接口，是目前体积最小的存储卡。XD 取自 Extreme Digital，是"极限数字"的意思。XD 卡是较为新型的闪存卡，与其他闪存卡相比，XD 卡拥有众多的优势特点：袖珍的外形尺寸（20mm×25mm×1.7mm），总体积只有 0.85cm^3，质量约为 2g，是目前世界上最轻便、体积最小的数字闪存卡
SM 卡		SM 卡是由东芝公司在 1995 年 11 月推出的闪存存储卡，三星在 1996 年购买了其生产和销售许可，这两家公司成为主要的 SM 卡生产厂商。SM 卡的尺寸为 37mm×45mm×0.76mm。由于 SM 卡本身没有控制电路，而且由塑胶制成（被分成了许多薄片），因此 SM 卡的体积较小，并且非常轻薄
SONY 记忆棒		索尼公司独来独往的特点造就了记忆棒的诞生，这种口香糖式的存储设备几乎可以在所有的索尼影音产品上通用。记忆棒的外形轻巧，并且拥有全面多元化的功能。它的极高兼容性和前所未有的"通用存储媒体"（Universal Media）概念，为未来高科技计算机、电视机、电话、数码照相机、摄像机和便携式个人视听器材提供了新一代更高速、更大容量的数字信息存储、交换媒体

2）闪存卡的技术参数

（1）传输速率：一般按倍速来算。现在市面上出现了很多 60X 以上的高速卡，倍速越高速度越快。

（2）读速度和写速度：指对闪存的读操作和写操作，这个速度会根据闪存卡的控制芯片来决定是多少速的闪存卡，读速度和写速度都会不一样。

（3）控制芯片：确保提供高速的传输速度和优良的兼容性及安全性。

（4）电压：不同类型的闪存卡具有不同的规范，其能正常工作的电压是不同的。不过不同的闪存卡接口也各不相同，不存在插错接口的可能。因此，不会出现因插错接口、工作电压不同而损坏闪存卡的情况。一般的工作电压：CF卡为 3.3/5V，SD卡为 2.7～3.6V，SM 卡为 3.3V，MMC 卡为 1.8/3.3V。

3. 读卡器

读卡器（Reader）是一种专用设备，有插槽可以插入存储卡，有端口可以连接计算机。把合适的存储卡插入插槽，端口与计算机相连并安装所需的驱动程序之后，计算机就把存储卡当作一个可移动存储器，从而可以通过读卡器读/写存储卡。按所兼容存储卡的种类可分为 CF 卡读卡器、SM 卡读卡器、PCMCIA 卡读卡器及记忆棒读卡器等，双槽读卡器可以同时使用两种或两种以上的卡。

随着数码产品的普及，每个家庭可能都有多个闪存卡。以前手机、数码照相机和数码摄像机与计算机连接读取闪存卡中的信息需要正确的连接线，安装驱动程序，再运行相应的程序才能实现，而如今可以用读卡器轻松实现。

读卡器一般分为 USB 接口型、PCMCIA 适配器型、IEEE 1394 高速接口型等，以 USB 接口型居多。除了接口不同，可以读的卡也不尽相同，有的读卡器只能读一种卡，这样的产品适合那种只有一种数码存储卡并且对产品售价相对敏感的用户，还有一些可以同时支持很多种存储卡，如多合一读卡器，其兼容性高，用途较广。多合一读卡器的外观如图 2-2-37 所示。

4. U 盘

U 盘即 USB 盘的简称，而优盘只是 U 盘的谐音称呼。U 盘是闪存的一种，因而又称为闪盘。其最大的特点就是体积小巧便于携带、存储容量大、价格便宜，是移动存储设备之一。目前，一般的 U 盘容量都在 8GB 以上。它携带方便，属于移动存储设备，我们可以把它挂在胸前、吊在钥匙串上，甚至放进钱包里，U 盘的外观如图 2-2-38 所示。

图 2-2-37　多合一读卡器的外观

图 2-2-38　U 盘的外观

项目三　组装计算机硬件

关键词

硬件组装，散热器，超频，跳线

重点难点

（1）熟悉计算机组成各部件的特征特性。
（2）掌握计算机整机组装的流程。
（3）掌握 CPU 及散热器的安装方法和步骤。
（4）掌握内存和主板的安装方法和步骤。
（5）掌握显卡、硬盘及电源的安装方法和步骤。

思维导图

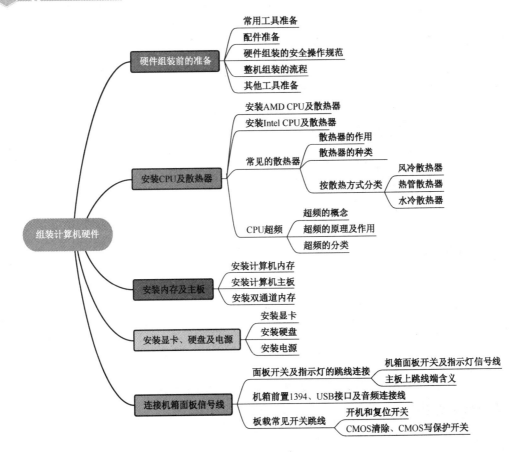

复习内容

第一节　硬件组装前的准备

一、常用工具准备

组装计算机所需的常用工具主要有带有磁性的"十"字螺丝刀、"一"字螺丝刀、尖嘴钳、镊子、空杯盖、多功能电源插座等，如表 2-3-1 所示。

表 2-3-1　组装计算机的常用工具

工具名称	图片	功能
"十"字螺丝刀		计算机内部的各种部件通常使用标准的"十"字螺钉固定，一般来说，一把"十"字螺丝刀就够用了。需要特别强调的是，螺丝刀最好有磁性，因为所使用的螺钉都比较小，安装时容易脱落。另外，机箱内的空间狭小，使用带磁性的螺丝刀，既可以防止拧螺钉时螺钉脱落，又可以帮助寻找掉落到机箱内的螺钉
"一"字螺丝刀		"一"字螺丝刀用于安装"一"字螺钉，最好选用带磁性的
尖嘴钳		尖嘴钳不仅可以用于夹取螺钉、跳线帽等小零件，还可以用于拆断机箱后面的挡板，以及处理变形的挡片和帮助坚固部件等
镊子		镊子主要用来设置主板和板卡上的各种跳线与 DIP 开关
空杯盖		空杯盖用来盛放安装和拆卸过程中随时取用的螺钉、塑料卡和跳线帽等小零件
多功能电源插座		多功能电源插座为系统的多个设备供电

二、配件准备

在准备组装计算机之前，还需要准备好所需要的配件，并从外观上检查各配件是否完好。组装计算机所用的配件主要有主板、CPU、CPU 风扇、内存条、硬盘、显卡、声卡、网卡、光驱、机箱、电源、键盘、鼠标、显示器、各种数据线和电源线等。最好将这些配件依次放置在工作台上，以方便取用，这样就不会出现因为随意放置而出现的跌落或损坏等情况。

购买的各种硬件都有自己的包装袋，包装袋中有安装该种零件所需的螺钉及数据线等，不要将每种零件都从包装袋中取出，以免造成混乱。

三、硬件组装的安全操作规范

计算机硬件本身是高科技电子装置，其部件大多数是电子产品，稍有不慎，极易损坏或烧毁。同时，大多数部件的机械强度较小，操作不当也极易损伤。因此，在安装硬件或裸机检修时，必须严格遵守一系列的操作规范。下面简单介绍硬件组装的安全操作规范。

（1）在安装前先消除身上的静电，防止人体所带静电对电子器件造成损伤。有条件的可戴防静电手套，没有防静电手套的可以用手触摸水管等金属物体。

（2）操作前应清理工作台，要求零部件放置台平整、不导电、不潮湿，且视线清楚。主机板不要裸露地置于金属平面上。

（3）放置电路板、内存条等部件时，可以先铺垫一层硬纸板（如部件包装盒）、报纸或纯棉布，千万不能用化纤布或塑料布，防止产生静电损坏部件。

（4）不能带电进行任何连接、插拔操作，不能带电进行任何跳线操作。

（5）安装、拆卸时不要用力过猛。在连接部件的线缆时，一定要注意插头、插座的方向，避免出错；插接的插头一定要完全插入插座，以保证接触可靠。不要抓住线缆拔插头，以免损伤线缆。

（6）主机板必须与机箱金属绝缘。在主机板装入机箱后，如果有部分线路或金属触点与机箱金属外壳接触，就会导致系统不能正常工作。因此，主机板上除了固定螺孔，其他部分必须与机箱金属部分绝缘。

（7）上电之前必须仔细检查各部件的连接是否正确。电源连接错误必定会造成部件损坏，而这种损坏在上电之前是不可能发生的。与电源无关的连接错误虽不至于损坏部件，但同样会引起故障。因此，上电之前应仔细检查各部件的装配情况，并且重点检查各种电源线的连接是否正确。

（8）上电后或调试过程中，一旦发现异常现象，如异常响声、异常闪烁、发出焦味等，应立即断电，以避免造成更大的损失。

四、整机组装的流程

由于计算机配件的型号和规格繁多，结构差别较大，因此，不同结构的硬件安装方法有一定的差别。但一般来讲，大多数计算机都可以按照如下流程安装硬件。

（1）做好准备工作，备妥工具及配件，消除身上的静电。

（2）在主板上安装 CPU、CPU 风扇和内存条。

（3）在主机箱中固定已装上 CPU 风扇和内存条的主板。

（4）在主机箱中装好电源。

（5）将主板和 CPU 风扇的电源线连接到电源上。

（6）安装硬盘、光盘驱动器。

（7）安装其他板卡，如显卡、声卡、网卡等。

（8）连接机箱面板上的开关、指示灯等信号线。

（9）将各部件的电源插头和数据线连接到主板上，并整理好连接线。

（10）安装键盘、鼠标等设备，并连接显示器。

（11）开机前，检查机箱内部是否有遗落的螺钉、板卡等，以及连接线的整理是否到位。

（12）连接主机电源，通电后开机检查、测试。

五、其他工具准备

组装和维修计算机有时还需要使用其他工具，如万用表、清洁剂、裁纸刀、吹气球、软毛刷和硬毛刷，如表2-3-2所示。

表2-3-2 组装和维修计算机时需要使用的其他工具

工 具 名 称	图　片	功　能
万用表		万用表用于检测计算机配件的电阻、电压和电流是否正常，有电路问题时也可以使用万用表。万用表分为数字式万用表和指针式万用表。数字式万用表使用方便，测试结果全面、直观，读取速度很快。指针式万用表测量的精度高于数字式万用表，但它使用起来不如数字式万用表方便
清洁剂		清洁剂主要用于对接触不良或灰尘过多等问题进行处理，通过清洗可以提高元件接触的灵敏性。使用清洁剂能够解决因灰尘积累过多而影响散热所产生的故障
吹气球、软毛刷和硬毛刷		吹气球、软毛刷和硬毛刷在维修计算机时用于清除机箱内的灰尘，以解决因灰尘过多影响散热所产生的故障

第二节 安装 CPU 及散热器

一、安装 AMD CPU 及散热器

AMD 的 CPU 大都采用 Socket 插槽，它是方形多针脚零插拔力插座，插座上有一根拉杆，在安装和更换 CPU 时只要将拉杆向上拉出，就可以轻易地插进或取出 CPU 芯片。安装 AMD CPU 的具体步骤如下。

（1）将主板平放在工作台上，找到一块正方形的 CPU 插槽，将 CPU 插座的拉杆拉起来（注意，需将拉杆推至 90°），如图 2-3-1 所示。

（2）仔细观看这个正方形的四个角，其中一个角会缺一针或有一个三角形的标记。取出 CPU，把英文字摆正看到正面，左下角会有一个金色三角形记号，主板上的三角形标记与这个三角形对应，如图 2-3-2 所示。

图 2-3-1 将拉杆向上拉出

图 2-3-2 对准三角形标记

（3）将 CPU 的金色三角形对准 CPU 插座的三角形标记后垂直缓慢地插入，并确认

CPU 完全插入了 CPU 插座，CPU 针脚无弯曲，如图 2-3-3 所示。

（4）待 CPU 完全插入插座后，将 CPU 插座的拉杆压下，使 CPU 和插座紧密接触，如图 2-3-4 所示。

图 2-3-3　确认安装无误　　　　　图 2-3-4　压下拉杆锁定 CPU

（5）取出散热风扇，其正面如图 2-3-5 所示；反过来，确认是否有硅胶膏，其状似一块胶质薄片，如图 2-3-6 所示。

图 2-3-5　AMD 散热风扇正面　　　　图 2-3-6　AMD 散热风扇反面

（6）将 CPU 散热风扇的扣具卡扣在 CPU 的插座上面，如图 2-3-7 所示，并观察散热片是否与 CPU 接触良好，以防止散热效果不佳。

（7）将固定扣具的拨杆拨向另一边，散热风扇就会牢牢地固定在风扇底座上，如图 2-3-8 所示。可以试着轻轻摇动风扇以确认是否牢固。

图 2-3-7　扣具卡扣在插座上　　　　图 2-3-8　固定散热风扇

二、安装 Intel CPU 及散热器

目前 Intel CPU 安装的多是 LGA 1155 架构的酷睿处理器，LGA 1155 插槽如图 2-3-9 所示。

（1）打开 LGA 1155 插槽。LGA 1155 插槽旁有一个金属固定杆，将其向下压、再往外推以松开固定卡舌，使固定杆脱开，如图 2-3-10 所示。

图 2-3-9　LGA 1155 插槽　　　　　图 2-3-10　打开 LGA 1155 插槽

（2）转动固定杆到 135°完全打开的位置，如图 2-3-11 所示。打开并转动固定框（承载板），如图 2-3-12 所示。在 LGA 1155 的安装过程中，任何时候都不要接触 Socket 插座上灵敏的触点和 LGA 处理器上灵敏的触点。

图 2-3-11　转动固定杆　　　　　图 2-3-12　打开并转动固定框

（3）取下 CPU 的保护盖（当处理器未插入插座中时，保护盖要始终盖住 CPU），用拇指和食指拿住处理器，插座有切口可容纳手指。小心地将处理器放入插座体中，注意，CPU 的防错凹槽要与主板插槽的防错凸点相对应，如图 2-3-13 所示。安放 CPU 的动作要保持完全垂直（将处理器倾斜或移动放入插座中，可能损坏插座上灵敏的触点）。

（4）确认 CPU 已经放好后，盖上承载板，一边轻压承载板，一边定位固定柄。将承载板卡入固定柄的固定卡舌之下，固定住固定柄，如图 2-3-14 所示。

图 2-3-13　安装 LGA 1155 CPU　　　　图 2-3-14　安装完好

（5）取出 Intel 原装散热风扇，其正面如图 2-3-15 所示；反过来后确认是否有硅胶膏，即中心的三条银色薄片，如图 2-3-16 所示。

图 2-3-15　Intel 原装散热风扇正面　　　图 2-3-16　Intel 原装散热风扇反面

（6）将散热风扇四个角的扣具，往箭头相反方向旋转，使扣具上方凹槽全部朝向风扇的圆心方向，如图 2-3-17 所示。拆卸时，沿箭头方向旋转扣具。

（7）将散热风扇的四个扣具对准主板 CPU 插槽四周的孔座，先对准轻放即可，如图 2-3-18 所示。

图 2-3-17　旋转扣具至正确位置

图 2-3-18　安放散热风扇

（8）用力按下风扇四个扣具，使其插入主板的孔座内，如图 2-3-19 所示，并确认四个扣具已经牢固扣上。

（9）固定好散热风扇后，还要将散热风扇接到主板的供电接口上。找到主板上安装风扇的接口（主板上的标识字符为 CPU_FAN），将风扇插头插入即可，如图 2-3-20 所示。

图 2-3-19　固定散热风扇

图 2-3-20　连接散热风扇电源

目前有四针与三针等几种不同的风扇接口，在安装时注意一下即可。由于主板的风扇电源插头都采用了防呆式的设计，反方向无法插入，因此安装起来相当方便。

三、常见的散热器

计算机部件使用了大量的集成电路。众所周知，高温是集成电路的大敌。高温不但会导致系统运行不稳定，使使用寿命缩短，甚至可能会烧毁某些部件。导致高温的热量不是来自计算机外部，而是来自计算机内部，或者说是集成电路内部。

1. 散热器的作用

散热器的作用就是吸收热量，然后发散到机箱内或机箱外，保证计算机部件的温度正常。多数散热器通过与发热部件表面接触吸收热量，再通过各种方法将热量传递到远处，如机箱内的空气中，然后机箱再将这些热空气传到机箱外，完成计算机的散热。

2. 散热器的种类

散热器的种类非常多，CPU、显卡、主板芯片组、硬盘、机箱、电源、光驱和内存都需要散热器，这些不同的散热器是不能混用的，较为常见的就是 CPU 的散热器。由于 CPU 在工作时会产生大量的热量，如果不将这些热量及时散发出去，那么轻则导致死机，重则可能将 CPU 烧毁，CPU 散热器就是用来为 CPU 散热的。散热器对 CPU 的稳定运行起着决定性的作用，组装计算机时选购一款好的散热器非常重要。

3．按散热方式分类

依据从散热器带走热量的方式，可以将散热器分为主动散热器和被动散热器。前者常见的是风冷散热器，而后者常见的就是散热片。

进一步细分散热方式，可以分为风冷、热管、水冷、半导体制冷、压缩机制冷等，本节只介绍风冷散热器、热管散热器和水冷散热器。

1）风冷散热器

风冷散热器是目前最常见的散热器类型，包括一个散热风扇和一个散热片。其原理是将 CPU 产生的热量传递到散热片上，然后通过风扇将热量带走。风冷散热器如图 2-3-21所示。

图 2-3-21　风冷散热器

图 2-3-22　热管散热器

2）热管散热器

热管散热器是一种具有极强导热性能的传热元件，它通过在全封闭真空管内的液体蒸发与凝结来传递热量。热管散热器如图 2-3-22所示。为了提高散热性能，可以充分利用热管和风冷的优点，将其集成到一个散热器上，该类散热器大多数为"热管+风冷"散热器，如图 2-3-23 所示。

3）水冷散热器

水冷散热器使液体在泵的带动下强制循环带走散热器热量，与风冷散热器相比，水冷散热器具有安静、降温稳定、对环境依赖小等优点。水冷散热器如图 2-3-24 所示。

图 2-3-23　"热管+风冷"散热器

图 2-3-24　水冷散热器

四、CPU 超频

1．超频的概念

任何提高计算机某一部件工作频率而使之工作在非标准频率下的行为及相关行动都应该称为超频，包括CPU 超频、主板超频、内存超频、显卡超频和硬盘超频。

2．超频的原理及作用

一般来说，IT 制造商都会为了保证产品质量而预留一点频率余地，如实际能达到 2GHz

的 P4 CPU 可能只标为 1.8GHz 来销售，因此，这一点频率就成为部分硬件发烧友最初的超频灵感来源，他们的目标是把这部分失去的性能找回来，这便发展出了超频。

从整体上来说，超频就是手动设置外频和倍频，以得到更高的工作频率。通过超频进一步发掘计算机的性能，这样计算机的潜力可以发挥到最大。但超频可能会引起计算机的不稳定或崩溃，甚至烧坏主板或 CPU。

3．超频的分类

CPU 超频主要分为软件超频和硬件超频两类。

软件超频很方便，只需要在计算机开机后进入主板 BIOS 设置，选择其中有关 CPU 的设置，调整关于 CPU 的外频和倍频的参数就可以对其进行超频。如果超频过高，那么 CPU 将无法工作，这时只要对主板的 CMOS 进行放电处理，就可以恢复原来的工作频率。

硬件超频是指利用主板上的跳线，强迫 CPU 在更高的频率下工作，来达到超频的目的。如果在利用硬件超频后，计算机无法开机（也许能开机，但显示器无法接收信号）或无法通过 BIOS 自检，这时若要回到原来的工作频率，则将主板上的跳线重新插到原来的位置即可。

CPU 超频意味着 CPU 功耗增加，CPU 工作温度上升，因此，选择一款合适的 CPU 散热器就显得尤为重要。

第三节　安装内存及主板

一、安装计算机内存

（1）将内存插槽两边的锁扣拉起来，轻轻将内存放于插槽中，确认内存凹槽点与主板内存插槽位置相对应，均匀用力向下压，如图 2-3-25 所示。

（2）内存的"金手指"完全插入内存插槽后，当听到"咔"的一声，这时内存插槽两边的锁扣会自动地紧扣住内存，安装完成后如图 2-3-26 所示。如要取出内存条，用两手拇指同时向外扳卡子，即可将内存条取出。

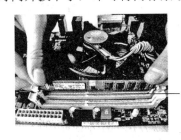

图 2-3-25　对准插槽位置

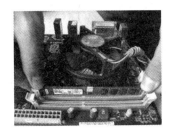

图 2-3-26　完成安装

一般来说，如果只安装一根内存条，应安放在靠近 CPU 的第一个内存条插座 DIMM1 上；如果安装多根内存条，则按 DIMM2、DIMM3 顺次安放。内存条安装到哪个内存插座上，主板说明书上大多有相应说明，如果出现认不出内存的情况，最好参照主板说明安装。

二、安装计算机主板

主板的安装过程相对简单，下面以 ATX 主板为例介绍安装的具体步骤。

（1）将机箱卧倒放置，根据主板上螺孔的位置将机箱上托板对应的金属螺钉（也可以使用塑料卡钉）安装好，如图 2-3-27 所示。

（2）将主板放置在机箱内，注意让主板的键盘口、鼠标口、串并口和 USB 接口与机箱背面挡片的孔对齐，主板要与底板平行，绝不能搭在一起，否则容易造成短路，如图 2-3-28 所示。

图 2-3-27　安装机箱托板上的金属螺钉

图 2-3-28　主板放至机箱内

（3）把所有的螺钉对准主板的固定孔，依次把每个螺钉安装好（最好加垫圈），先不要完全拧紧，待所有螺钉都安装好后再拧紧，这样做的好处在于便于调整主板输出接口的位置，而且可以防止主板在水平方向发生扭曲现象。也不要拧得太紧，因为主板在通电后会产生热胀冷缩现象，如果拧得太紧，主板就容易发生扭曲变形，时间一长，主板上的电路就会断裂，造成主板报废。紧固主板螺钉后如图 2-3-29 所示。

图 2-3-29　紧固主板螺钉

安装主板前应先检查主板与机箱之间不要有异物，如金属螺钉等，避免造成主板短路；主板各部分支撑要均匀，不要有大面积悬空现象，尤其是在安装板卡的 PCI、AGP 附近，因为这里经常进行硬件插拔，若没有着力点，就有可能造成主板弯折，甚至断裂。

三、安装双通道内存

双通道内存就是在北桥（又称 MCH）芯片组中设计两个内存控制器，这两个内存控制器可以相互独立工作，每个内存控制器控制一个内存通道。在这两个内存通道中，CPU 可以分别寻址、读取数据，从而使内存的带宽增加 1 倍，数据存取速度也相应地增加 1 倍（理论上）。因为双通道体系的两个内存控制器是独立的，是具有互补性的智能内存控制器，所以双通道能实现彼此之间的零等待时间。两个内存控制器的这种互补性可以让有效等待时间缩减 50%，从而使内存的带宽翻倍。双通道内存插槽如图 2-3-30 所示。内存必须安装在同色插槽上才能启动双通道工作模式。

现在存在支持双通道内存的主板。对于要实现双通道功能的主板而言，在安装内存时十分讲究。多数支持双通道内存的主板一般有 4 个内存插槽。为了让使用者方便辨认双通道，厂家一般会对不同的内存组用不同颜色的插槽进行区分。例如，某主板上蓝色的 DIMM1 与 DIMM2，代表的是同一个通道 A；白色的 DIMM3 与 DIMM4，则代表的是另一个通道

B。但有时也有例外，所以组成双通道安装两个内存时，一定要参照主板说明书进行。如图 2-3-31 所示，在两个相同颜色的内存插槽中插入两条规格相同的内存。

图 2-3-30　双通道内存插槽

图 2-3-31　两条规格相同的内存插入同色内存插槽

当主板安装好双通道内存，并确保在 BIOS 设置中把双通道模式（DDR Dual Channel Function）设为"Enable"时，在计算机重启后，开机自检画面会提示双通道模式已经成功打开，如出现类似"Dual Channel Mode Enabled"（激活双通道模式）的字样。

第四节　安装显卡、硬盘及电源

一、安装显卡

显卡的安装比较简单，具体的操作步骤如下。

（1）在主板中找到显卡插槽（PCI-E 16X 插槽），如图 2-3-32 所示，向外扳开显卡插槽上的固定卡扣。

（2）将显卡与插槽对准，双手大拇指置于显卡的前后两端施力，将显卡完全插入插槽中并将固定卡扣复原，以固定显卡（有些没有固定卡扣，直接插入即可），如图 2-3-33 所示。接着，在后挡装上螺钉，紧固显卡。

图 2-3-32　显卡插槽

图 2-3-33　插入显卡并紧固

二、安装硬盘

安装硬盘的操作步骤如下。

（1）在主机箱硬盘装置槽区域内，确定一个安装位置。因为硬盘产生的热量较大，所以尽可能装在有足够散热空间的位置。

（2）将硬盘放入硬盘装置槽内，注意硬盘正面朝上，含有控制电路板的一面朝下，数据、电源连接端口朝外，如图 2-3-34 所示。

（3）用螺钉固定硬盘，如图 2-3-35 所示。

图 2-3-34　放置硬盘

图 2-3-35　固定硬盘

（4）连接数据线，一端接硬盘，另一端接主板，如图 2-3-36 所示。

（5）连接电源线，如图 2-3-37 所示。

图 2-3-36　连接数据线

图 2-3-37　连接电源线

三、安装电源

安装电源的操作步骤如下。

（1）拆开电源包装，取出电源。

（2）将电源放入电源仓，主机风扇对着主机电源出风口，固定电源螺钉，如图 2-3-38 所示。

（3）连接主板电源线，如图 2-3-39 所示。

（4）连接 CPU 电源线，如图 2-3-40 所示。

图 2-3-38　放置电源

图 2-3-39　连接主板电源线

图 2-3-40　连接 CPU 电源线

第五节　连接机箱面板信号线

一、面板开关及指示灯的跳线连接

1. 机箱面板开关及指示灯信号线

由机箱引出的开关及指示灯信号线主要包括电源开关（POWER SW）、复位开关（RESET SW）、机箱扬声器（SPEAKER）、硬盘指示灯（HDD LED）、电源指示灯（POWER LED），如图 2-3-41 所示。

图 2-3-41　机箱面板的信号线

连接上述信号线时，参照主板和机箱说明书将插头插入相应主板上的针座即可，主板的针座附近也有相应的简明文字标注。连接时需要注意，连接线是彩色的为"+"极，黑色或白色的为"−"极。所以，连接线的"+"极要对应主板"+"极的针座，然后逐一连接即可，如图 2-3-42 所示。

图 2-3-42　信号线的连接

需要注意的是，机箱扬声器、硬盘指示灯、电源指示灯都有方向性。如果机箱扬声器插反了，那么扬声器不会发声；如果硬盘指示灯插反了，那么硬盘指示灯会长亮而不闪烁；如果电源指示灯插反了，那么电源指示灯会不亮。

2．主板上跳线端含义

机箱至主板的连接线通常有以下 5 组，线端的插座上一般都标有英文名称。

（1）SPEAKER（扬声器/蜂鸣器）：2 线，使用 4 线插座，有"+""−"极性。

（2）POWER ON/OFF（电源开关）：2 线，使用 2 线插座，无极性。

（3）RESET（复位）：2 线，使用 2 线插座，无极性。

（4）POWER LED（电源指示灯）：2 线，使用 3 线插座，有"+""−"极性。

（5）HDD LED（硬盘运行指示灯）：2 线，使用 2 线插座，有"+""−"极性。

某些机箱还可能有以下连接线。

（1）SMI（睡眠开关线）：2 线，使用 2 线插座，无极性。

（2）SP LED（省电指示灯）：2 线，使用 2 线插座，有"+""−"极性。

连接上述插头时，可参照主板和机箱说明书将插头插入相应针座，针座附近有简明的文字标注，如图 2-3-43 所示。

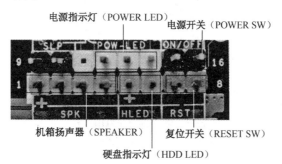

图 2-3-43　连接对应图

二、机箱前置 1394、USB 接口及音频连接线

（1）机箱前置 1394、USB 接口及音频连接线如图 2-3-44 所示。

图 2-3-44　机箱前置 1394、USB 接口及音频连接线

（2）主板 1394、USB 接口及音频连接线插槽如图 2-3-45 所示。

图 2-3-45　主板 1394、USB 接口及音频连接线插槽

（3）由于主板上的连接线插槽和数据线接头的连接设计有防错措施，因此，在确认位置后，对应连接即可。

三、板载常见开关跳线

1．开机和复位开关

当前，部分超频性能较强的中高端主板上，设计有板载开机和复位开关，如图 2-3-46 所示。这是为了方便测试技术人员及超频发烧级玩家，不用机箱进行"裸机"操作。

图 2-3-46　板载开机和复位开关

2．CMOS 清除、CMOS 写保护开关

主板常见 CMOS 清除、CMOS 写保护开关如图 2-3-47 所示。

清除 CMOS 设置的设计一般有两种形式，一是跳线，二是开关。开关操作很方便，按下即可清除，再复位正常工作。而采用跳线的设置方法为：当跳线帽插在 1、2 号跳线柱上时，CMOS 设置处于正常状态（这也是主板出厂时的默认设置）；当把跳线帽从 1 号和 2 号跳线柱上拔下来，改插在 2 号和 3 号跳线柱上时，CMOS 设置将被清除；将 CMOS 设置清除后，还必须将跳线帽还原——重新插在 1 号和 2 号跳线柱上，否则不能开机。

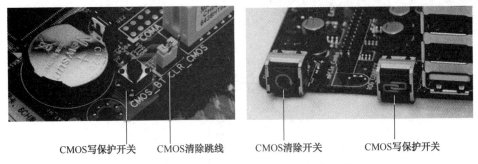

CMOS写保护开关　　CMOS清除跳线　　CMOS清除开关　　CMOS写保护开关

图 2-3-47　CMOS 清除、CMOS 写保护开关

BIOS 写保护开关的设置，最初是由于 CIH 这样的病毒能够破坏 BIOS 芯片（也就是写入一些破坏程序到 BIOS 中），所以后来的主板便针对这种情况增加了一个"BIOS 写保护跳线"。现在主板的设计一般都采取开关的形式了。具备 BIOS 写保护开关的主板，在进行 BIOS 芯片升级或刷新时，需要将 BIOS 程序中的写保护打开。

项目四　安装操作系统

BIOS，CMOS，分区，硬盘分区，FAT32，NTFS，格式化，操作系统，Windows，启动盘，驱动程序

重点难点

（1）掌握 BIOS 的定义、种类和功能。

（2）掌握进入 BIOS 的方法。

（3）掌握设置启动顺序的方法。

（4）掌握常用 BIOS 设置的方法。

（5）掌握硬盘分区和格式化的方法。

（6）掌握安装 Windows 操作系统的步骤。

（7）熟练掌握驱动程序的安装方法。

思维导图

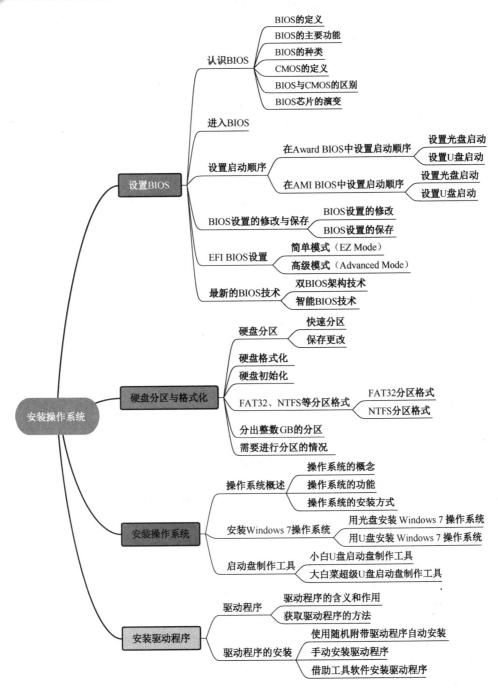

 复习内容

第一节　设置 BIOS

一、认识 BIOS

1. BIOS 的定义

BIOS 是基本输入/输出系统（Basic Input and Output System）的英文缩写，是被固化到计算机主板上的 ROM 芯片中的一组程序，是操作系统和硬件之间的连接桥梁，它保存着计算机重要的基本输入/输出信息。

2. BIOS 的主要功能

BIOS 的主要功能是为计算机提供最低层、最直接的硬件设置和控制。在完成 POST 自检后，BIOS 将按照 CMOS 设置中的启动顺序搜索硬盘驱动器、CD-ROM 和网络服务器等有效启动驱动器，读入操作系统引导记录，然后将系统控制权交给操作系统，完成系统的启动。

3. BIOS 的种类

主板 BIOS 有三大类型：Phoenix Award BIOS、AMI BIOS 和 EFI BIOS。

早期 BIOS 市场主要有三家公司：美国 Award 公司（Award BIOS）、美国凤凰公司（Phoenix BIOS）和美国 AMI 公司（AMI BIOS）。如今美国 Award 公司和美国凤凰公司合并，共同推出具备两者标识的 BIOS 产品。

EFI（Extensible Firmware Interface）为可扩展固件接口的缩写，是 Intel 推出的一种在未来的类 PC 的计算机系统中替代 BIOS 的升级方案。EFI BIOS 采用模块化，运行于 32 位或 64 位模式。目前市场上采用 Intel 芯片组的主板，多数使用 EFI 模块替代了传统的 BIOS。

4. CMOS 的定义

考虑用户在组装计算机时可能需要对部分硬件参数及运行方式进行调整，所以厂家在 BIOS 芯片中专门设置了一片 SRAM（静态存储器），并配备电池来保存这些可能经常需要更改的数据。由于 SRAM 采用传统的 CMOS 半导体技术生产，也就是说，CMOS 是指主板上一种用电池供电的可读/写 RAM 芯片。由此可见，BIOS 是固化到 CMOS ROM 芯片上的程序，两者是完全不同的。

5. BIOS 与 CMOS 的区别

BIOS 与 CMOS 的区别如下：BIOS 是一组程序，而 CMOS 是硬件。BIOS 是直接与硬件进行交互的程序，通过它可以对系统参数进行设置。CMOS 是主板上的一块存储芯片，存放系统参数的设定内容。CMOS 只具有数据保存功能，如果要修改系统参数的设定内容就必须通过特定的程序，而 BIOS 就是完成 CMOS 中参数设置的载体。因此，准确来说，人们就是通过 BIOS 程序对 CMOS 参数进行设置的。而平常所说的 CMOS 设置和 BIOS 设置是简化说法，所以在一定程度上容易将这两个概念混淆。

6. BIOS 芯片的演变

早期 BIOS 芯片采用的是 ROM（Read Only Memory，只读存储器）。其内部的程序是在 ROM 的制造工序中，在工厂里用特殊的方法烧录进去的，其中的内容只能读不能改，一旦烧录进去，用户只能验证写入的资料是否正确，不能再做任何修改。

后来 BIOS 芯片采用的是 EPROM（Erasable Programmable ROM，可擦除可编程 ROM），芯片可重复擦除和写入。

现在 BIOS 芯片采用的都是 Flash ROM（闪速存储器），在使用上类似于 EPROM，但二者还是有差别的。Flash ROM 在擦除时也要执行专用的刷新程序，但是在删除资料时，并非以 Byte 为基本单位，而是以 Sector（又称 Block）为最小单位。Flash ROM 近年来已逐渐取代了 EPROM，广泛用于主板的 BIOS ROM，如图 2-4-1 所示。

图 2-4-1　BIOS 芯片

二、进入 BIOS

开机进入 BIOS 设置的功能键，最常见的为 Delete 键。计算机在接通电源时首先由 BIOS 对硬件系统进行检测，同时在屏幕上提示进入 BIOS 设置主菜单的方法。例如，使用 Award BIOS 的计算机在启动时将在屏幕下方显示 "Press DEL to enter SETUP，ESC to Skip100 Memory test"（按下 Delete 键进行 CMOS 设置，按 Esc 键则跳过内存检测），而使用 AMI BIOS 的计算机则在屏幕上方提示 "Hit <DEL> if you want to run setup"。这样，我们可以在启动过程中出现上述提示时立即按一下 Delete 键进入 BIOS 设置主功能菜单。目前主流的品牌计算机或笔记本电脑设定进入 BIOS 的功能键大多数为 F12，有的计算机设定为按下 Esc 键和另一个键的组合进入 BIOS。所以具体进入 BIOS 的方法可以参考开机后，屏幕下方显示的英文提示 "Press ××× to enter SETUP"。进入 BIOS 设置后，Award BIOS 显示的主界面如图 2-4-2 所示，AMI BIOS 显示的主界面如图 2-4-3 所示。

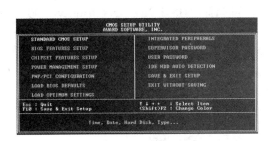

图 2-4-2　Award BIOS 主界面

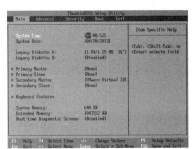

图 2-4-3　AMI BIOS 主界面

三、设置启动顺序

在计算机启动时，需要设置从哪个设备开始启动，特别是刚刚组装完的计算机，需要安装操作系统，这时就要指定将光盘或 U 盘作为首启动项。操作系统安装完毕后再将硬盘设置为首启动项。

…

1．在 Award BIOS 中设置启动顺序

1）设置光盘启动

进入 Award BIOS 设置主菜单，用上、下、左、右键移动光标到"Advanced BIOS Features"项，显示红色选中，如图 2-4-4 所示。按 Enter 键，进入高级 BIOS 特性设置界面。

图 2-4-4　"Advanced BIOS Features"项

若设置光驱内光盘安装操作系统，则将光标移至"First Boot Device"（首选启动设备）项，然后按 Enter 键，如图 2-4-5 所示。再利用上、下箭头键，选择"CDROM"并按 Enter 键完成设置。

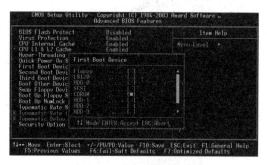

图 2-4-5　设置光驱启动

2）设置 U 盘启动

若使用 U 盘启动，则需在开机前先将 U 盘插入计算机 USB 接口，然后进入 BIOS 设置界面，选择"Advanced BIOS Features"项，再选择"Hard Disk Boot Priority"（硬盘优先启动选择）项，如图 2-4-6 所示，这类 Award BIOS 设置是将 U 盘归为硬盘。按 Enter 键，就进入了 U 盘启动的设置界面，再用上、下键，将显示的 U 盘设备移至首选，并回车即可。

图 2-4-6　"Hard Disk Boot Priority"项

不过，还有一些不同版本的 Award BIOS，可以直接在"First Boot Device"项选择"USB-HDD"设备，即可完成 U 盘启动设置，如图 2-4-7 所示。

图 2-4-7　设置 U 盘为第一启动项

2．在 AMI BIOS 中设置启动顺序

1）设置光盘启动

进入 AMI BIOS 设置主菜单，通过左、右键移动光标至"Boot"项，如图 2-4-8 所示。

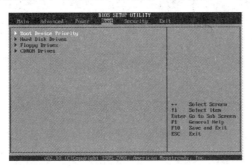

图 2-4-8　启动项设置菜单

通过上、下键选择"Boot Device Priority"（优先启动设备）项，并回车，如图 2-4-9 所示，选择"1st Boot Device"项，并用"+"或者"－"键设定为"CDROM"，完成设置。

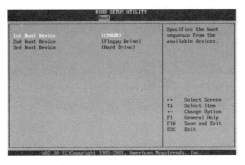

图 2-4-9　设置光驱启动

2）设置 U 盘启动

AMI BIOS 设置 U 盘启动也分两种，方法与 Award BIOS 设置相似。若使用 U 盘启动系统，则需在开机前先将 U 盘插入计算机 USB 接口，然后进入 AMI BIOS 设置界面，选择"Boot"或者"Startup"项，如图 2-4-10 所示，并用"+"或者"－"键将"USB 设备"移至首位。

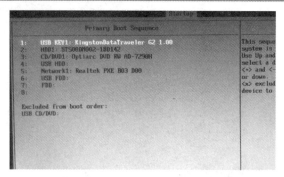

图 2-4-10　AMI BIOS 设置 U 盘启动

AMI BIOS 另一种设置 U 盘启动的方法是，进入 AMI BIOS 设置界面，选择"Boot"或者"Startup"项，用上、下键选择"Hard Disk Drives"，并回车，如图 2-4-11 所示，再用"+"或者"－"键将 USB 设备移至首选项即可。

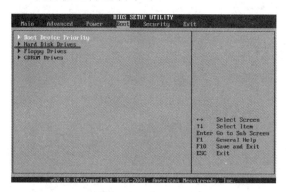

图 2-4-11　另一种设置 U 盘启动的方法

四、BIOS 设置的修改与保存

1．BIOS 设置的修改

进入 BIOS 设置菜单后，无论哪种 BIOS 都会在菜单的特定位置显示选择项目和更改参数的操作方法，可以用方向键移动光标选择 CMOS 设置界面上的选项，然后按 Enter 键进入下一级菜单，按 Esc 键返回上一级菜单，用 Page Up 和 Page Down 键或"+"和"－"键来更改选项参数。这一点在前面修改设置启动项时已经介绍过。

另外，在 Award BIOS 和 AMI BIOS 设置的一些主项目中，用户可以分别使用 F6 和 F7 键调出厂家预设的参数，也可以在使用厂家预设参数后再通过 F5 键恢复更改的 BIOS 设置。因此，用户在进行设置时，可以在进入具体设置菜单后使用 F6 或 F7 键调出厂家预设参数，然后根据自己的需要和对各种设置项的了解来进行具体设置，对于自己不熟悉的项目可暂时保留厂家预设值，这样比较稳妥，如图 2-4-12 所示。

2．BIOS 设置的保存

当 BIOS 设置好后，对于 Award BIOS 可按 Esc 键依次返回上一级界面，直至 BIOS 主界面，如图 2-4-13 左图所示。选中"Save & Exit Setup"项，回车，出现红色提示"SAVE to CMOS and EXIT（Y/N）？"输入字母"Y"，回车，即完成设置并退出 BIOS，如图 2-4-13 右图所示。

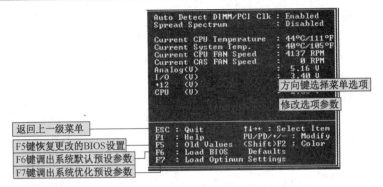

图 2-4-12　CMOS 选项参数的修改

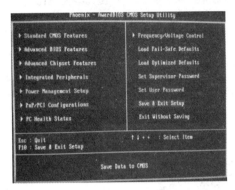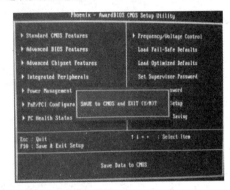

图 2-4-13　Award BIOS 设置的保存

AMI BIOS 设置完毕后，选择菜单"Exit"，通过上、下键选择"Exit Saving Changes"项，回车，出现提示"Save configuration changes and exit now?"，选择"Yes"，回车，完成设置并退出 BIOS，如图 2-4-14 所示。

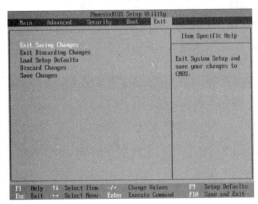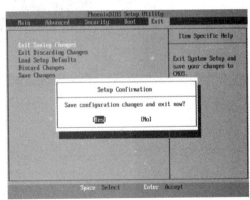

图 2-4-14　AMI BIOS 设置的保存

注意：BIOS 设置保存的快捷键是 F10，可以在 BIOS 设置的任何位置按 F10 键，即可出现保存提示对话框，选择"Y"或"Yes"即可。

五、EFI BIOS 设置

EFI 是英文 Extensible Firmware Interface 的缩写。EFI 是由 Intel 提出的，目的在于为下

一代的 BIOS 开发树立全新的框架，从而替代传统 BIOS。正如它的名字一样，EFI 不是一个具体的软件，而是在操作系统与平台固件（Platform Firmware）之间的一套完整的接口规范。EFI 定义了许多重要的数据结构及系统服务，如果完全实现了这些数据结构与系统服务，也就相当于实现了一个真正的 BIOS 核心。

通俗地讲，EFI 提供一个图形化 BIOS 的概念，在调整 BIOS 参数时，可以 100%使用鼠标操作，大大提高了改变设置时的操作效率，简单方便；并且，EFI 可以实现过去无法在 BIOS 中做到的许多事情。目前，EFI 技术在 Intel 6 系列、Intel 7 系列芯片组主板中已经得到普及，各大主板厂商都在推出各具特色的 EFI BIOS 界面。

进入 EFI BIOS 设置与进入普通 BIOS 设置方法相同。EFI BIOS 一共提供了两个界面，一个是 EZ Mode，可以理解成简单模式（Easy Mode），另一个是 Advanced Mode，也就是高级模式。下面以华硕主板为例，介绍 EFI BIOS 的设置。

1. 简单模式（EZ Mode）

华硕新一代主板的 EFI 简单模式界面如图 2-4-15 所示。上半部分，用户可以直观地以柱状图的方式监控到当前系统主要部件的温度、电压和风扇转速等；中间是三种可供调节的挡位，通过选择相应的状态，可以方便地获得不同的性能表现，用户可以直接在性能、静音和节能之间选择；下方则为启动顺序的选择，直接用鼠标单击对应的图标就可以选择系统启动的顺序。

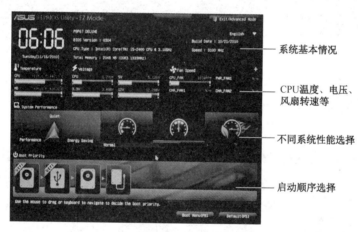

图 2-4-15　EFI BIOS 设置简单模式界面

2. 高级模式（Advanced Mode）

对于有经验的玩家来说，更愿意使用 Advanced Mode，在该模式下，可调节的选项更多，也更详细。高级模式分为 6 个板块，分别对应"主要信息""超频""功能设置""监控""启动选项"和"工具" 6 类信息，分类比较明确、直观。

EFI BIOS 提供了多种语言界面，包括简体中文，对于英语水平一般的用户，可以选择用中文来浏览，如图 2-4-16 所示。

在超频界面中，元件的频率、电压等均可以通过"+"" – "键来进行增减，也可以直接输入数值，调节后的最终频率可直接出现在界面上方，便于观看。

调节电压时，当所设数值过高时，字体颜色就会改变，白色为安全范围，黄色表示略加警示，紫色为提出警告，红色就比较危险了，如图 2-4-17 所示。

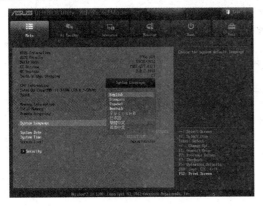

图 2-4-16　语言界面选择

图 2-4-17　超频界面

六、最新的 BIOS 技术

为了方便 BIOS 升级、应对病毒侵害、对计算机进行维护与维修，计算机公司开发了一些最新的 BIOS 技术。例如，为了方便升级，BIOS 采用 Flash ROM；为了防止 CIH 等病毒的侵害，BIOS 增加了防写入开关等新技术。还有一些更新的技术不断出现，如双 BIOS 架构（Dual BIOS）技术和智能 BIOS 技术。

1. 双 BIOS 架构技术

在主板上安装两块 BIOS 芯片，如图 2-4-18 所示。一块作为主 BIOS（Master），另一块作为从 BIOS（Slave），充当主 BIOS 的备份，两个 BIOS 芯片的内容完全一样。每次系统启动时，备份 BIOS 都会自动侦测主 BIOS 的参数，当发现主 BIOS 启用失败时，屏幕显示 "Primary BIOS is not ready"，系统自动启用备份 BIOS，同时屏幕上显示 "'F1' to go to recovery"，用户可选择按 F1 键，利用 BIOS 自带的工具软件人工修复主 BIOS 芯片，用备份 BIOS 重写主 BIOS 以正常工作，也可以直接利用备份 BIOS 来继续完成启动。当万一无法修复主 BIOS 时就直接用备份 BIOS 启动系统。

图 2-4-18　双 BIOS

2. 智能 BIOS 技术

智能 BIOS 技术就像是给 BIOS 芯片和硬盘穿上了一件防护衣，从根本上解决了病毒和硬盘恢复困难的问题，为用户及维护人员解除了后顾之忧。智能 BIOS 技术提供的"一键恢复"功能可以使硬盘被彻底格式化或重新分区后恢复到原来的状态，防止 CIH 等病毒对计算机造成伤害。此项功能在系统安全防护及操作简易性方面表现优异，它适合在单机及网络等各种环境中应用。无论是一般用户、计算机玩家还是系统维护人员，均可以通过"一键恢复"功能解决病毒入侵、数据丢失、系统瘫痪等问题。

第二节　硬盘分区与格式化

计算机在使用过程中总会遭受由病毒侵袭、系统崩溃等带来的破坏，这时就需要对硬盘进行重新分区、格式化和重装操作系统等操作。能进行这些操作的工具有很多，本节主要介绍如何使用 DiskGenius 工具对硬盘进行分区和格式化，该工具具有分区、备份和恢复硬盘分区表、重写主引导记录、格式化硬盘、修复损坏的分区表等功能，而分区是其最主要的功能。

一、硬盘分区

硬盘分区有两种方法，第一种是用系统安装时自带的分区工具分区，这种分区方法用起来很方便；第二种是利用计算机磁盘管理工具，如 DM、Norton PartitionMagic、DiskGenius 等分区，这些磁盘工具各有千秋。DiskGenius 作为其中的一员，早已为大家所熟悉，它具有分区、备份恢复硬盘分区表、重写主引导记录、格式化硬盘、修复损坏的分区表等很多功能，而分区是其最主要的功能。第一种分区方法将在后续安装操作系统时讲解，这里主要介绍 DiskGenius 分区软件。启动 DiskGenius 软件，进入操作主页面，如图 2-4-19 所示。

图 2-4-19　DiskGenius 软件操作主页面

1. 快速分区

在操作主页面中的快捷菜单，如图 2-4-20 所示。

图 2-4-20　快捷菜单

选择"快速分区"选项，弹出如图 2-4-21 所示对话框。

在"快速分区"对话框左侧栏目内，在"分区数目"设置区可以选择预设的分区数目，也可以自定义分区数目；确定分区数目后，在右侧"高级设置"栏目内，可以设置各个分区的格式、容量等，分区格式有 FAT32 和 NTFS 两种可选。

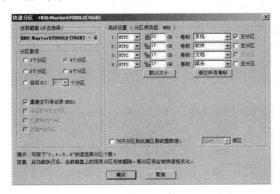

图 2-4-21 "快速分区"对话框

磁盘默认的容量大小均可以更改，如安装 Windows 7 或 Windows 8 系统，主分区建议设置 30GB 左右，其他分区可根据硬盘大小及功能科学设置。完成上述操作后，单击"确定"按钮，原有的分区被删除，建立新分区，并且新分区会被快速格式化。

2．保存更改

选择快捷菜单中的"保存更改"选项，如图 2-4-22 所示。

图 2-4-22 选择"保存更改"选项

也可以选择菜单栏中的"硬盘"，弹出下拉菜单，如图 2-4-23 所示，选择"保存分区表"，对分区的结果进行保存，也就是写入分区表，根据提示确认之后，就可以退出程序了。上述操作只有在存盘后才会真正生效，即对分区表进行操作，如果不存盘则对分区进行的任何修改都不会对硬盘有影响。

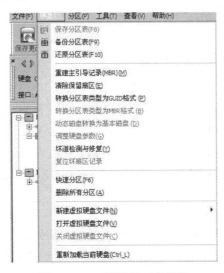

图 2-4-23 "硬盘"下拉菜单

二、硬盘格式化

为简化操作，我们学习了"快速分区"。正常的分区过程应该按照建立主分区、扩展分区、逻辑分区的顺序进行。分区完毕后，选择某一分区，然后选择"分区"→"格式化当前分区"选项，或者选择某个需要格式化的分区后，直接单击快捷菜单中的"格式化"命令，如图 2-4-24 所示。

图 2-4-24　单击"格式化"命令

单击"格式化"命令后，弹出"格式化分区"对话框，如图 2-4-25 所示，根据提示进行操作。之后，按同样的方法依次格式化其他分区。

图 2-4-25　"格式化分区"对话框

三、硬盘初始化

工厂生产的硬盘必须经过低级格式化、分区和高级格式化（通常简称为格式化）三个处理步骤后，计算机才能利用它们存储数据。其中，磁盘的低级格式化通常由生产厂家完成，目的是划定磁盘可供使用的扇区和磁道并标记有问题的扇区，而用户则需要使用操作系统所提供的磁盘工具或其他分区工具（如 DiskGenius、PQ 等）进行硬盘的"分区"和"格式化"，之后才能使用硬盘。

四、FAT32、NTFS 等分区格式

1. FAT32 分区格式

FAT32 是目前使用最为广泛的硬盘分区格式。顾名思义，这种硬盘分区格式采用 32 位的文件分配表，这样就使得磁盘的空间管理能力大大增强，突破了 FAT16 硬盘分区格式的 2GB 分区容量限制。微软设计在一个不超过 8GB 的分区中，FAT32 分区格式的每个簇容量都固定为 4KB，与 FAT16 分区格式相比，大大减少了磁盘空间的浪费，提高了磁盘利用率。

2. NTFS 分区格式

NTFS 分区格式是 Windows NT 网络操作系统的硬盘分区格式，使用 Windows NT 的用户必须同这种分区格式打交道。其显著的优点是安全性和稳定性极其出色，在使用中不易产生文件碎片，对提高硬盘的空间利用率及软件的运行速度都非常有利。它能对用户的操作进行记录，通过对用户权限进行非常严格的限制，使每个用户只能按照系统赋予的权限

进行操作，充分保护了网络系统与数据的安全。

基于以上的考虑，如果计算机作为单机使用，不需要考虑安全性方面的问题，更多地是注重与 Windows 9X 的兼容性，那么 FAT32 是最好的选择；如果计算机作为网络工作站，或更多地追求系统的安全性，则建议所有的分区都采用 NTFS 格式。

五、分出整数 GB 的分区

人们在分区时都习惯输入整数，如想得到一个 2GB 的分区也许会输入 2000MB 或 2048MB，但输入这些数字所分出来的区在 Windows 操作系统中都不是 2GB。想得到 Windows 操作系统中的整数 GB 分区，必须知道一个公式，通过这个公式计算出的值就是被 Windows 操作系统认可的整数 GB 分区的值。

整数 GB 分区的计算公式如下：

$$(X-1)\times4+1024\times X=Y$$

式中，X 就是想要得到的整数分区的数值，单位是 GB，Y 是分区时应该输入的数字，单位是 MB。例如，想得到 Windows 下 3GB 的整数分区，那么分区时就应该输入 $(3-1)\times4+1024\times3=3080$，应该在分区时输入 3080 作为分区的大小；同理，欲分出 10GB 的空间，应该是 $(10-1)\times4+1024\times10=10276$，输入 10276 将会得到 10GB 的整数空间。其他大小依此公式换算即可。

六、需要进行分区的情况

（1）新买的硬盘必须先分区再进行高级格式化。

（2）更换操作系统时或在硬盘中增加新的操作系统时需要分区。

（3）改变现行的分区方式，根据自己的需要改变分区的数量或每个分区的容量。

（4）因为病毒或误操作使硬盘分区信息被破坏时需要重新分区。

（5）硬盘容量较大，为了方便文件的存储与管理，要将一个大容量的硬盘分成几个逻辑硬盘时，需要对硬盘进行分区。

第三节　安装操作系统

一、操作系统概述

1．操作系统的概念

操作系统（Operating System，OS）是管理和控制计算机硬件与软件资源的计算机程序，是直接运行在裸机上的最基本的系统软件，任何计算机软件都必须在操作系统的支持下才能运行。

2．操作系统的功能

操作系统是管理计算机硬件资源、控制其他程序运行，并为用户提供交互操作界面的系统软件的集合。操作系统是计算机系统的关键组成部分，负责管理与配置内存、决定系统资源供需的优先次序、控制输入与输出设备、操作网络与管理文件系统等。

计算机桌面操作系统中，应用最为广泛的是 Microsoft 公司的 Windows 操作系统。Windows 操作系统是 Microsoft 公司最著名的产品，其产品系列有 Windows XP、Windows 7、Windows 8、Windows 10、Windows 11 等。

3．操作系统的安装方式

Windows 操作系统一般有升级安装和全新安装两种安装方式。升级安装是从原来已有的低版本操作系统升级安装至高版本操作系统，如 Windows 7 操作系统在系统补丁更新到最新后，可升级安装至 Windows 8 或 Windows 10 操作系统；全新安装是指执行安装程序，安装一个新的 Windows 操作系统。

二、安装 Windows 7 操作系统

就安装操作系统来讲，一般有两种方法。一种是用微软的系统安装盘，按照提示一步一步安装，这种方法比较慢，但安装的系统全面而纯净，没有安装各种驱动程序和工具软件；另一种是采用安装系统镜像的方式，将系统镜像文件释放到主分区，这种方法效率很高，大致需要十分钟就可以安装好操作系统，并且自动安装了各种驱动程序和常用的工具软件。

下面以用光盘安装 Windows 7 系统为例，来说明第一种操作系统安装方法；然后以用 U 盘安装 Windows 7 系统为例，来说明第二种操作系统安装方法。

1．用光盘安装 Windows 7 操作系统

首先介绍用光盘全新地安装 Windows 7 操作系统的方法。

如果执行新安装，"安装程序"将在新文件夹中安装 Windows 7，而不保留任何现有的系统设置。Windows 7 将成为默认操作系统并使用标准系统设置。

利用 Windows 7 安装光盘安装 Windows 7 的具体操作步骤如下。

（1）修改 CMOS，把光驱设置为优先启动。

（2）将 Windows 7 安装光盘放入计算机的光盘驱动器中。

（3）当安装程序初始化后，将安装文件加载到硬盘上的临时文件夹中，如图 2-4-26 所示。

（4）选择要安装的语言、时间和货币格式、键盘和输入方法，选择默认选项，单击"下一步"按钮，如图 2-4-27 所示。

图 2-4-26　加载安装文件　　　　　　　图 2-4-27　选择要安装的语言等

（5）选择要安装的操作系统，单击"下一步"按钮，如图 2-4-28 所示。

（6）选择"我接受许可条款"复选框，单击"下一步"按钮，如图 2-4-29 所示。

图 2-4-28　选择要安装的操作系统　　　　　图 2-4-29　接受许可条款

（7）选择系统安装在哪个磁盘分区，也就是定义 Windows 7 的安装位置，如图 2-4-30 所示。

如果需要对系统盘进行重新分区及格式化，则先单击磁盘，然后选择"驱动选项（高级）"选项，这时分区操作命令会显示出来，如图 2-4-31 所示。

图 2-4-30　选择 Windows 7 的安装位置

图 2-4-31　磁盘操作高级选项

此时，可以对磁盘进行"新建""删除""格式化"分区等操作。如果之前已经使用类似 DiskGenius 的分区软件，做好了分区及格式化，就单击"下一步"按钮。

（8）开始安装操作系统，如图 2-4-32 所示。期间大约需要十分钟，并可能有多次重启。

（9）输入用户名和计算机名，如图 2-4-33 所示。

图 2-4-32　开始安装操作系统

图 2-4-33　输入用户名和计算机名

（10）为用户设置密码，如图 2-4-34 所示。

（11）输入产品密钥，如图 2-4-35 所示，也可以后面再激活。

图 2-4-34　为用户设置密码

图 2-4-35　输入产品密钥

（12）Windows 7 的更新配置有三个选项："使用推荐配置""仅安装重要的更新""以后询问我"，如图 2-4-36 所示。

（13）查看时间和日期设置，也可以修改时间和日期，如图 2-4-37 所示。

图 2-4-36　Windows 7 的更新配置

图 2-4-37　查看时间和日期设置

（14）完成设置，如图 2-4-38 所示。

（15）安装完毕，进入 Windows 7 的界面，如图 2-4-39 所示。至此 Windows 7 安装完成。

图 2-4-38　完成设置

图 2-4-39　初次进入 Windows 7 的界面

2. 用 U 盘安装 Windows 7 操作系统

早期安装系统的方法是用光盘作为启动盘来安装，所以在配置计算机时要考虑光驱。随着网络的发展、科技的进步，用 U 盘安装系统逐步取代了用光盘安装。工欲善其事，必先利其器，用 U 盘进行系统镜像安装也需要准备相应的工具：U 盘启动盘和操作系统镜像文件。如果没有启动盘，要先用工具软件将普通 U 盘制作成启动盘，然后再将操作系统的镜像文件复制到该启动盘中，这样方便进行系统安装。用 U 盘安装系统的操作步骤如下。

1）制作 U 盘启动盘

U 盘启动盘制作工具，是指用 U 盘启动维护系统的软件，其制作的系统是一个能在内存中运行的 PE 系统。现在大部分计算机都支持 U 盘启动，在系统崩溃和快速安装系统时能起到很大的作用。U 盘启动盘的制作工具非常多，常用的有：老毛桃 U 盘启动盘制作工具、小白 U 盘启动盘制作工具（电脑城装机神器）、大白菜超级 U 盘启动盘制作工具、电脑店 U 盘启动盘制作工具、U 大师 U 盘启动盘制作工具、通用 U 盘启动盘制作工具、U 启动 U 盘启动盘制作工具、装机吧 U 盘启动盘制作工具、一键 U 盘启动盘制作工具、U 大侠 U 盘启动盘制作工具等。这些都是制作 U 盘启动盘的工具，都可以通过网络免费下载，而且都不大。

下面以×××U 盘启动盘制作工具为例，来学习如何制作启动盘。

首先，将×××U 盘启动盘制作工具 Win8 PE 安装到一台计算机上，安装完成后，将普通 U 盘插入该计算机的 USB 接口，双击打开×××U 盘启动盘制作工具 Win8 PE，如图 2-4-40 所示，在"请选择"选项中选择要制作的 U 盘。整个制作过程中不需要任何技术基础，一键制作，自动完成。

图 2-4-40 ×××U 盘启动盘制作工具

用×××Win8 PE 制作完成的启动盘平时可当 U 盘使用，需要的时候就是修复盘，使用这个 U 盘启动盘可以自由替换系统，无论是原装系统还是 Ghost 文件都能进行安装，还可以在忘记系统密码时修改密码，完全不需要光驱和光盘，且携带方便。

×××Win8 PE 制作的 U 盘启动盘采用写入保护技术，能够防止病毒侵袭，彻底切断病毒传播途径，U 盘可达 5 万次读/写次数，且读/写速度快，安全稳固。

×××启动盘制作工具有多种版本，并且在不断地更新，新版本随着硬件的升级也增加了一些功能。比如，修正添加系统引导的部分代码，修复某些系统安装完成后无法正常启动引导的问题；为默认模式和本地模式增加 UEFI 启动支持；增强兼容性，支持最新型主板与笔记本，提供多个 PE 版本供选择，基本杜绝蓝屏现象，等等。

2）复制系统镜像文件

将操作系统镜像文件复制到启动盘 U 盘中。

3）设置计算机从 U 盘启动

设置计算机从 U 盘启动有两种方法，一种是将制作完成的启动盘插入要安装系统的计算机的 USB 接口，启动计算机进入 BIOS，通过修改 BIOS 设置 U 盘为优先启动；另一种是通过启动按键调出启动快捷菜单，在快捷菜单中选择从 U 盘启动。

不同主板品牌的计算机其启动按键是不同的，如表 2-4-1 所示。

表 2-4-1 主板品牌与启动按键

组装台式机		品牌笔记本		品牌台式机	
主板品牌	启动按键	笔记本品牌	启动按键	台式机品牌	启动按键
华硕	F8	联想	F12	联想	F12
技嘉	F12	宏基	F12	惠普	F12
微星	F11	华硕	Esc	宏基	F12
映泰	F9	惠普	F9	戴尔	Esc
梅捷	Esc 或 F12	联想 ThinkPad	F12	神舟	F12
七彩虹	Esc 或 F11	戴尔	F12	华硕	F8
华擎	F11	神舟	F12	方正	F12
斯巴达克	Esc	东芝	F12	清华同方	F12
昂达	F11	三星	F12	海尔	F12
双敏	Esc	IBM	F12	明基	F8

选择从 U 盘启动后，屏幕上出现×××主菜单页面，将光标移至"【02】×××Win8 PE 标准版（新机器）"，按回车键确认，如图 2-4-41 所示。

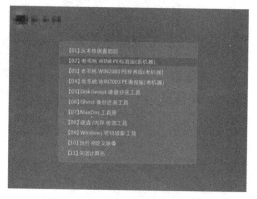

图 2-4-41 ×××主菜单页面

进入 PE 系统后，先用分区工具对硬盘进行分区和格式化。完成后，双击桌面上的××× PE 装机工具，打开工具主窗口，单击映像文件路径后面的"浏览"按钮，如图 2-4-42 所示。

找到并选中 U 盘启动盘中的 Windows 7 系统 ISO 镜像文件，单击"打开"按钮，如图 2-4-43 所示。

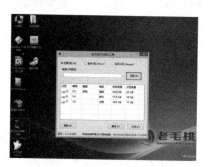

图 2-4-42 ×××PE 装机工具

图 2-4-43 打开系统 ISO 镜像文件

映像文件添加成功后，只需在分区列表中选择 C 盘作为系统盘，然后单击"确定"按钮即可，如图 2-4-44 所示。

随后会弹出一个询问框，提示用户即将开始安装系统。确认还原分区和映像文件无误后，单击"确定"按钮，如图 2-4-45 所示。

图 2-4-44 选择系统盘

图 2-4-45 确认还原分区和映像文件

完成上述操作后，程序开始释放系统镜像文件，安装 Ghost Windows 7 系统。我们需耐心等待操作完成并自动重启计算机，如图 2-4-46 所示。

重启计算机后，即可进入 Ghost Windows 7 系统桌面了，如图 2-4-47 所示。至此，用 U 盘安装 Ghost Windows 7 的操作就完成了。

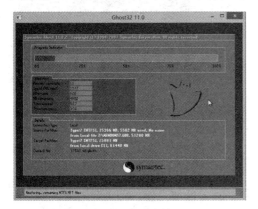

图 2-4-46　安装系统过程

图 2-4-47　Ghost Windows 7 系统桌面

三、启动盘制作工具

1. 小白 U 盘启动盘制作工具

小白是一款专门为大众网民设计的 U 盘启动盘制作工具，也是当下非常流行、方便快捷的 U 盘装机系统和维护计算机的专用工具，无论是计算机菜鸟级别还是专家级别，或忙碌在计算机卖场装机第一线的装机师，都能轻松上手，是新手的装机神器，如图 2-4-48 所示。

小白 U 盘启动盘制作工具的特点：制作过程简单快捷，一键点击制作，是计算机新手的最好选择；启动盘采用写入保护技术，彻底断绝病毒通过 U 盘传播，拒绝病毒的入侵，防范于未然；支持所有 U 盘制作，拥有最高达 8 万次的读/写次数，5 分钟就能搞定；启动盘平时当 U 盘使用，需要的时候就是修复盘，完全不需要光驱，携带方便；小白一键 U 盘装机系统安装操作系统时，用户可以自由替换和兼容各种操作系统，支持 Ghost 与原版系统安装，方便快捷，自动安装；拒绝蓝屏、黑屏及软件崩溃问题，稳定高效，是各大计算机卖场和计算机联盟里装机人员的必备；工具新增热键查询，用户可及时查询品牌、组装主板的 BIOS 设置、一键启动快捷键等。

2. 大白菜超级 U 盘启动盘制作工具

大白菜超级 U 盘启动盘制作工具，也是只需要一键即可实现 U 盘启动盘的制作，制作的启动盘在真正意义上实现了一盘两用的功能，既可当作 U 盘使用，也可用于启动计算机，制作好的启动盘可用于启动目前市面上所有的计算机。

大白菜 U 盘启动盘制作工具是绿色免费中文版的，制作界面如图 2-4-49 所示。

大白菜 U 盘装机系统的启动文件，是大白菜小组精心优化的系统。启动 PE 系统，是经过反复研究最终形成的真正万能 U 盘安装系统。实际上，U 盘启动很大程度上取决于 PE 或者 DOS 系统能否识别出硬盘或 U 盘。大白菜 U 盘装机系统整合了最全面的硬盘驱动，是真正的硬盘识别全能王，试验过上百种 U 盘装机系统，目前没有遇到一例失败的，成功率几乎达到 100%。

图 2-4-48　小白一键 U 盘装机系统界面　　图 2-4-49　大白菜 U 盘启动盘制作工具界面

第四节　安装驱动程序

当安装好了 Windows 操作系统之后，系统并不能很好地工作，还需要为硬件安装驱动程序。安装驱动程序是为了能更好地使用计算机，例如，安装显卡驱动后，图像显示的质量将提高，安装声卡驱动后，声卡才能发声。

一、驱动程序

1．驱动程序的含义和作用

驱动程序（Device Driver）全称为"设备驱动程序"，是一种可以使计算机和设备通信的特殊程序，可以说相当于硬件的接口，操作系统只能通过这个接口，才能控制硬件设备的工作，假设某设备的驱动程序未能正确安装，便不能正常工作。通俗地说，驱动程序是让各计算机硬件正常工作的程序。

驱动程序在系统中所占的地位十分重要，一般当操作系统安装完毕后，首要的便是安装硬件设备的驱动程序。不过，大多数情况下，并不需要安装所有硬件设备的驱动程序，如硬盘、显示器、光驱、键盘、鼠标等就不需要安装驱动程序，而显卡、声卡、扫描仪、摄像头、Modem 等就需要安装驱动程序。另外，不同版本的操作系统对硬件设备的支持也是不同的，一般情况下版本越高所支持的硬件设备也越多，例如，Windows 10 操作系统，装好系统后大部分驱动程序都不用再安装。

设备驱动程序用来将硬件本身的功能告诉操作系统，完成硬件设备电子信号与操作系统及软件的高级编程语言之间的互相翻译。当操作系统需要使用某个硬件时，例如，让声卡播放音乐，它会先发送相应指令到声卡驱动程序，声卡驱动程序接收到后，马上将其翻译成声卡才能听懂的电子信号命令，从而让声卡播放音乐。

2．获取驱动程序的方法

获取驱动程序主要有三种方法：一是随机附赠获得，购买计算机及硬件设备时，大多会附赠驱动程序光盘；二是通过驱动精灵等工具软件，下载或备份驱动程序；三是通过互联网下载。

许多产品厂商的官方网站均提供驱动程序下载服务，我们只需输入产品的型号就可以下载到正确的驱动程序。特别是计算机升级操作系统时，如果购买了新机，厂商提供的是 Windows 7 操作系统的驱动程序，后面升级安装了 Windows 10 驱动程序，有些硬件的驱动程序不支持了，此时去厂商官方网站下载就是最正确的选择了。

关于各硬件的驱动程序下载，除了官方网站外，还有一些知名的驱动程序下载网站，例如：

① 驱动之家；

② 硬件驱动；

③ 驱动世界；

④ 中国下载。

二、驱动程序的安装

常见驱动程序的安装主要采用三种方法：一是利用随机附赠的光盘，该光盘中有可自动运行的驱动程序安装文件；二是采用手动的方法升级驱动程序；三是借助工具软件安装驱动程序，如驱动精灵。

1．使用随机附带驱动程序自动安装

下面以华硕 P8H61-M 主板为例，介绍使用随机附送光盘安装驱动程序的方法。该主板采用 Intel H61 芯片组，购机时附送光盘，光盘中含有芯片组、声卡、网卡等设备的驱动程序。由于光盘中的程序能自动运行，因此该方法是最简便、最通用的驱动程序安装方法。

（1）将随主板附送的驱动程序光盘放入光驱，系统自动运行，便会出现安装界面，如图 2-4-50 所示，每个选项的含义如图 2-4-51 所示。

图 2-4-50　华硕 P8H61-M 主板驱动程序的安装界面

Google Chrome Browser：著名的 Google 浏览器（选装）

Intel 芯片组驱动程序：主板 Intel H61 芯片组驱动程序

Realtek 音效驱动程序：声卡驱动程序

Realtek 网络接口驱动程序：网卡驱动程序

ME 管理界面：硬件管理界面（选装）

诺顿网络安全特警 2011：网络防火墙软件（选装）

图 2-4-51　选项的含义

（2）选择需要安装的驱动程序，系统将自动安装，用户只需要等待安装完成。

（3）退出安装界面，重新启动计算机，完成驱动程序的安装。

其他板卡驱动程序的安装方法与此类似，如显卡，其同样有随机附送的驱动程序，放

入光驱自动安装即可。

2．手动安装驱动程序

手动安装驱动程序是升级或更新驱动程序的人工过程。

在主板驱动程序安装完成后，应该安装板卡驱动程序。板卡驱动程序包括显卡、声卡、网卡、内置 Modem 等设备的驱动程序。

下面以安装声卡驱动程序为例，介绍具体的操作步骤。

（1）右击"计算机"图标，在弹出的快捷菜单中选择"属性"命令，打开"系统"对话框，单击左侧的"设备管理器"图标，打开"设备管理器"对话框，如图 2-4-52 所示。

（2）展开"声音、视频和游戏控制器"选项，选定声卡，单击鼠标右键，在弹出菜单中选择"属性"命令，打开如图 2-4-53 所示的"High Definition Audio 设备 属性"对话框。

图 2-4-52 "设备管理器"对话框

图 2-4-53 "High Definition Audio 设备 属性"对话框

（3）单击"更新驱动程序"按钮，弹出"更新驱动程序软件"对话框，如图 2-4-54 所示，选择"自动搜索更新的驱动程序软件"选项，开始搜索设备的驱动程序。

（4）当搜索、安装完成后，弹出如图 2-4-55 所示的对话框。

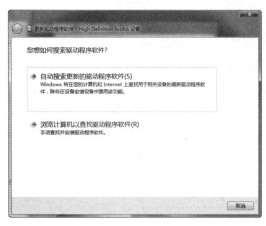

图 2-4-54 "更新驱动程序软件"对话框

图 2-4-55 安装完成

（5）单击"关闭"按钮，结束安装。

安装显卡、网卡等设备的驱动程序和安装声卡驱动程序的步骤类似，此处不再赘述。

3. 借助工具软件安装驱动程序

驱动精灵是一款集驱动管理和硬件检测于一体的、专业级的驱动管理与维护工具。驱动精灵为用户提供了驱动备份、恢复、安装、删除、在线更新等服务。驱动精灵有套装版、标准版、扩展版等多个版本，若还未安装网卡驱动程序，不能上网，则建议下载扩展版，该版本集成了万能网卡驱动程序。

（1）安装好驱动精灵后，运行该软件，进入如图 2-4-56 所示的操作界面。

（2）单击"立即检测"按钮，若检测出存在驱动故障的设备，则建议修复安装驱动程序；若检测出需要进行驱动程序升级的设备，则建议备份设备驱动程序，如图 2-4-57 所示。

图 2-4-56　驱动精灵的操作界面　　　　图 2-4-57　检测需要安装的驱动程序

（3）单击"立即解决"按钮，下载驱动程序并安装，或者单击"驱动程序"图标，如图 2-4-58 所示。

图 2-4-58　"驱动程序"图标

（4）进入"驱动程序"界面，如图 2-4-59 所示。

（5）选择需要安装和升级驱动程序的设备，单击对应的"下载"按钮，下载驱动程序。下载完成后，"下载"按钮会变成"安装"按钮，如图 2-4-60 所示。

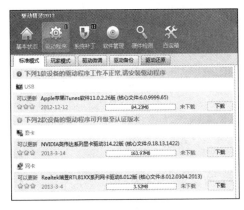

图 2-4-59　"驱动程序"界面　　　　图 2-4-60　驱动程序下载完成

215

（6）单击"安装"按钮，系统自动安装所下载的驱动程序，如图 2-4-61 所示，按照提示完成驱动程序的安装。

图 2-4-61　安装驱动程序

Windows 操作系统一般可识别目前绝大多数的硬件并自动为其安装好相应的驱动程序，所以在 Windows 操作系统下一般不用特意去为某个硬件安装驱动程序，除非该硬件不能正确被 Windows 操作系统识别。

项目五　安装常用软件

关键词

防火墙，计算机病毒，系统补丁

重点难点

（1）了解常用杀毒软件、网络防火墙软件。
（2）了解操作系统补丁安装的方法。
（3）掌握常用工具软件安装的方法。

思维导图

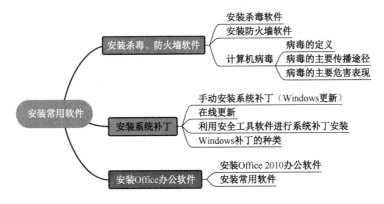

复习内容

操作系统安装完成后，计算机要实现某个特定功能，如看电影、听音乐、玩游戏、编辑文字等，还需要安装应用软件。另外，为了确保计算机的功能健全，运行流畅，避免遭受病毒破坏或网络攻击，还需要安装杀毒软件和防火墙软件，以清除计算机病毒和防范网络病毒，应对黑客对计算机的攻击。

第一节　安装杀毒、防火墙软件

一、安装杀毒软件

计算机技术迅速发展的同时，计算机病毒随之诞生，它借助网络、U 盘或其他传播途径入侵计算机，给计算机的安全带来了隐患。为避免病毒的攻击，推荐安装杀毒软件，杀毒软件是用于清除计算机病毒、木马和恶意软件的一种软件，通常它都集成了监控识别、病毒扫描和清除及自动升级等功能。

目前国内常见的杀毒软件有奇虎360、瑞星、金山、卡巴斯基等，其公司产品 Logo 如图 2-5-1 所示。

360 杀毒 Logo　　　　瑞星杀毒 Logo　　　　金山毒霸 Logo　　　　卡巴斯基 Logo

图 2-5-1　常见杀毒软件 Logo

在杀毒软件公司的官网上下载杀毒软件后，即可安装使用。下面以瑞星杀毒软件的安装为例，介绍杀毒软件的安装和设置。

（1）登录瑞星官方网站，下载杀毒软件后，双击安装文件，进入安装界面。如图 2-5-2 所示，选择安装路径，单击"开始安装"按钮。

（2）开始安装杀毒软件，如图 2-5-3 所示。

图 2-5-2　选择安装路径　　　　　　　图 2-5-3　开始安装

（3）安装完成，如图 2-5-4 所示。选择"启动瑞星杀毒软件"复选框，单击"完成"按钮，进入瑞星杀毒软件管理界面，如图 2-5-5 所示。

图 2-5-4　完成安装　　　　　　　图 2-5-5　瑞星杀毒软件管理界面

（4）启动瑞星杀毒软件，开始设置瑞星杀毒软件的相关参数。

（5）单击"立即更新"按钮，连接瑞星病毒升级服务器，完成病毒库更新及产品升级，如图 2-5-6 所示。

（6）开启计算机病毒防护，如图 2-5-7 所示。

图 2-5-6　产品升级

图 2-5-7　开启计算机病毒防护

二、安装防火墙软件

仍以瑞星防火墙软件的安装为例，介绍防火墙软件的安装和设置。

（1）从瑞星官网下载瑞星个人防火墙 V16，下载完成后，双击安装文件，进入安装界面。如图 2-5-8 所示，选择安装路径，单击"开始安装"按钮。

（2）如图 2-5-9 所示，弹出安装提示：执行安装操作可能会暂时中断网络，局域网环境下网络将瞬时断开并恢复；宽带拨号上网的用户，需要断开当前的网络连接，软件安装完毕后，再拨号上网。

图 2-5-8　选择安装路径

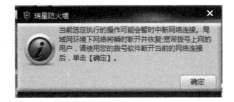

图 2-5-9　安装提示

（3）单击"确定"按钮，防火墙软件开始安装，如图 2-5-10 所示。

（4）安装完成，如图 2-5-11 所示。

图 2-5-10　开始安装

图 2-5-11　完成安装

（5）单击"完成"按钮，进入瑞星防火墙软件管理界面，如图 2-5-12 所示。

（6）新安装的未升级防火墙软件会显示"高危"提示，需要立即修复，如图 2-5-13 所示，单击"立即修复"按钮，开始修复升级。

图 2-5-12　瑞星防火墙软件管理界面　　　　　　　　　图 2-5-13　修复升级界面

（7）完成修复升级，所有防御均开启，系统处于安全环境下，如图 2-5-14 所示。

图 2-5-14　系统处于安全环境下

一般来说，杀毒软件和防火墙软件配合使用效果更好，为了更好地兼容，建议选择同一厂商的产品。例如，360 杀毒与 360 卫士配合使用，瑞星杀毒、瑞星防火墙、瑞星安全助手配合使用。

三、计算机病毒

1．病毒的定义

计算机病毒（Computer Virus）是指能够通过自身复制传染或运行起破坏作用的计算机程序。它是在人为或非人为的情况下产生的，在用户不知情或未批准下入侵并隐藏在可执行程序或数据文件中，在特定的条件下开始运行并对计算机系统进行破坏。

2．病毒的主要传播途径

病毒主要通过网络浏览及下载、电子邮件、可移动磁盘等途径迅速传播。

1）网络浏览

网络的普及为计算机病毒的传播提供了便捷的途径，计算机病毒依附着网页、网络中的正常文件，通过网络进入一个又一个系统，已经成为病毒传播的第一途径。

2）网络下载

目前，网络下载是一种很普遍的网络行为。然而网络上鱼目混珠的情况不少，很多下载的资源都会带有蠕虫、木马、后门等病毒，从而危害网民。

3）移动磁盘

移动磁盘属于可读/写模式，因此，很容易写入 Autorun.inf 文件及许多恶意程序。受到病毒感染的移动磁盘插入计算机后，病毒会躲藏在操作系统的进程中，侦测计算机上的一举一动。当用户将其他干净的 U 盘插入受感染的计算机时，病毒会复制到干净的 U 盘里，然后一传十、十传百。使用公用计算机也容易导致病毒快速散播。

3．病毒的主要危害表现

1）破坏文件数据

病毒会攻击硬盘分区、文件分配表；删除、修改、替换文件内容；导致文件数据损坏，不易修复。

2）攻击内存

病毒发作时会大量占用和消耗内存，导致正常程序运行受阻，计算机运行速度明显下降。

3）干扰系统运行

病毒会干扰系统命令的运行，导致打不开文件、堆栈溢出、重启和死机等。

4）破坏网络

病毒会持续向网络用户发送大量垃圾邮件或信息，造成网络堵塞；更改网关 IP 地址，导致网络出错。

第二节　安装系统补丁

一、手动安装系统补丁（Windows 更新）

我们每天使用的 Windows 操作系统是一个非常复杂的软件系统，因此，它难免会存在许多的程序漏洞，这些漏洞会被病毒、恶意脚本、黑客利用，从而严重影响计算机的使用和网络的安全与畅通。微软公司会不断发布升级程序供用户安装修复漏洞，确保计算机安全运行，这些升级程序就是"系统补丁"。

微软 Windows 服务支持页面如图 2-5-15 所示，它提供了大量技术文档、安全公告、补丁下载服务，经常访问该网站可及时获得相关信息。另外，各类安全网站、杀毒软件厂商网站经常会有安全警告，并提供相关的解决方案，当然也包含各类补丁的下载链接。通过链接下载补丁程序后，只需运行安装并按提示操作即可。

图 2-5-15　微软 Windows 服务支持页面

二、在线更新

手动安装补丁是比较麻烦的，而且不知道系统到底需要哪些补丁，因此，对于一般用户推荐采用在线自动更新的方式。

（1）以 Windows 7 为例，单击"开始"→"所有程序"→"Windows Update"，如图 2-5-16 所示。

图 2-5-16　打开 Windows Update

也可以通过单击"开始"→"控制面板"→"Windows Update"，打开"Windows Update"对话框，如图 2-5-17 所示。

图 2-5-17　"Windows Update"对话框

（2）单击"检查更新"按钮，对当前系统进行更新检查，如图 2-5-18 所示。

图 2-5-18　检查更新

（3）通过检查更新，系统显示需要安装的更新，如图 2-5-19 所示，图中有两个重要更新需要安装。

（4）单击"安装更新"按钮，系统将逐个显示每一个更新，选中"我接受许可条款"单选按钮，如图 2-5-20 所示。

图 2-5-19　需要安装的更新

（5）单击"下一步"按钮，开始安装更新，如图 2-5-21 所示。

图 2-5-20　更新程序的许可条款

图 2-5-21　开始安装更新

（6）完成更新安装，如图 2-5-22 所示。

图 2-5-22　更新安装成功

三、利用安全工具软件进行系统补丁安装

安装系统补丁更新，也可以通过 360 安全卫士、瑞星安全助手等安全工具软件，进行漏洞扫描，安装更新。

下面以 360 安全卫士为例进行讲解。360 安全卫士（以下简称 360）也为其自身装备了修复系统漏洞的功能，利用此功能可以进行系统补丁的安装。

操作步骤如下。

（1）启动程序，进入 360 主界面。

（2）单击"修复"→"漏洞修复"，如图 2-5-23 所示，启动漏洞检测程序。在弹出的界面中列出了当前系统存在的所有系统漏洞，并提供了系统漏洞的详细信息，其中包括安全等级、公告号、微软名称、漏洞名称及发布时间。

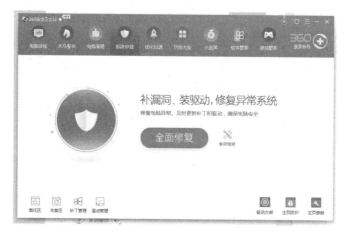

图 2-5-23　360 安全卫士漏洞修复

（3）可以选定一个或多个系统漏洞，然后单击"立即修复"按钮，360 将自动下载所有的漏洞补丁程序，并自动为用户安装漏洞补丁，而无须用户进行任何操作。

四、Windows 补丁的种类

微软发布的系统补丁有两种类型：Hotfix 和 Service Pack。Hotfix 是微软针对某一个具体的系统漏洞或安全问题而发布的专门解决程序，Hotfix 的程序文件名有严格的规定，一般格式为产品名-KB×××××-处理器平台-语言版本.exe。

Hotfix 是针对某一个具体问题而发布的解决程序，因而它会经常发布，数量非常大。用户想要知道目前已经发布了哪些 Hotfix 程序是一件非常麻烦的事，更别提自己是否已经安装了。因此，微软将这些 Hotfix 补丁全部打包成一个程序提供给用户安装，这就是 Service Pack，简称 SP。Service Pack 包含了发布日期以前所有的 Hotfix 程序，所以，只要安装了它，就可以保证自己不会漏掉任何一个 Hotfix 程序。而且发布时间晚的 Service Pack 程序会包含以前的 Service Pack，如 SP 3 会包含 SP 1、SP 2 的所有补丁。

第三节　安装 Office 办公软件

一、安装 Office 2010 办公软件

（1）打开 Office 2010 办公软件安装目录，双击安装程序 setup.exe，进入安装界面，如图 2-5-24 所示。

（2）阅读 Office 2010 软件许可证条款，选择"我接受此协议的条款"复选框，单击"继续"按钮，如图 2-5-25 所示。

（3）打开"选择所需的安装"对话框，如图 2-5-26 所示。用户可以选择"立即安装"，按照程序的默认选项进行安装；也可以选择"自定义"安装方式。

（4）这里单击"自定义"按钮，选择自定义安装，打开安装选项对话框，选择所需安装的组件，如图 2-5-27 所示。

图 2-5-24　开始安装 Office 2010

图 2-5-25　软件许可证条款窗口

图 2-5-26　选择安装类型

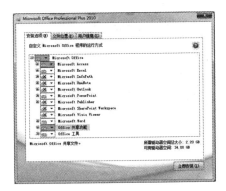

图 2-5-27　选择安装组件

（5）单击"文件位置"选项卡，确定文件的安装位置，可以通过单击"浏览"按钮选择在其他位置安装软件。这里选择默认设置，如图 2-5-28 所示。

（6）单击"立即安装"按钮，弹出"安装进度"对话框，如图 2-5-29 所示。

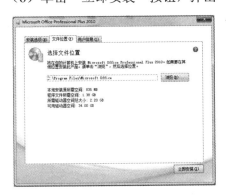

图 2-5-28　选择安装位置

图 2-5-29　"安装进度"对话框

（7）整个过程需要 3～5 分钟，可通过进度条观察安装的进度，安装完成后单击"关闭"按钮，如图 2-5-30 所示。

（8）打开一个新文档，在"帮助"菜单中可以看到所安装的 Office 2010 尚未被激活，如图 2-5-31 所示。

（9）按软件提示购买激活软件，激活后就可以正常使用了。

图 2-5-30　完成安装

图 2-5-31　需要激活提示

二、安装常用软件

　　常用软件在安装过程中的具体情况根据软件的不同而有所差异，但安装的方法是类似的，读者可以试着举一反三，学会其他应用软件的安装。一些常用软件也可以通过 360 软件管家进行安装。

项目六 接入互联网

 关键词

宽带，ADSL，光纤，同轴电缆，以太网，上网卡，光猫，互联网，网线

重点难点

（1）掌握选择网络运营商的方法。
（2）掌握将计算机接入互联网的方法。
（3）掌握设置家用无线网络的方法。

思维导图

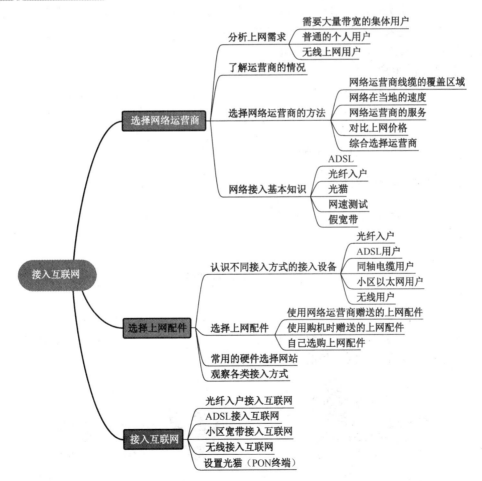

复习内容

第一节　选择网络运营商

在信息化时代，计算机的很多工作都是在网上进行的，目前，网络接入的方式有很多，有光纤、宽带、ADSL、无线等，如何选择适合自己的网络运营商是上网的第一步。

一、分析上网需求

每个家庭或单位的上网需求都不一样，所以需要根据实际需求，结合运营商的情况进行选择。上网需求大致可以分为以下几类。

1. 需要大量带宽的集体用户

此类用户一般是公司、网吧或饭店等，其内部使用网络的人员多，对网络的带宽需求大，对网络速度的要求也比较高。此类用户既可以选择通过 LAN 接入，也可以选择专用的光纤接入。

2. 普通的个人用户

目前，国家住房和城乡建设部要求在建商品房光纤入户，加上互联网带宽的发展，用户对上网的需求越来越大。这类用户接入互联网，一般都是光纤到楼道，再通过 ADSL、同轴电缆或双绞线入户，或者光纤直接入户。

3. 无线上网用户

此类用户处于移动状态，如需要出差、外出施工，或者处于上学、短期培训期间，由于在一个地方停留的时间不长，他们没有必要接入固定的网络，因此大多采用移动网络方式上网。

本节不讨论使用手机上网的情况。

二、了解运营商的情况

目前，国内几大网络运营商同时经营固定上网与移动上网业务，但在不同的地区，业务也有所差别。

1. 中国联通

中国联通经营光纤接入、ADSL 接入、4G/5G 业务、小区宽带等多种业务。中国联通的 Logo 如图 2-6-1 所示。

2. 中国电信

中国电信也是国内较大的网络运营商，主要经营光纤接入、ADSL 接入、4G/5G 业务、小区宽带等多种业务。中国电信的 Logo 如图 2-6-2 所示。

图 2-6-1　中国联通的 Logo

图 2-6-2　中国电信的 Logo

3．中国移动

中国移动原来的业务是以移动手机为主的,并购中国铁通集团后进入了固定业务市场,目前主要经营光纤接入、ADSL 接入、4G/5G 业务等多种业务。中国移动的 Logo 如图 2-6-3 所示。

4．长城宽带

长城宽带是国内专业的网络接入运营商,主要经营小区网络接入、光纤接入等业务。长城宽带的 Logo 如图 2-6-4 所示。

图 2-6-3　中国移动的 Logo　　　　　　图 2-6-4　长城宽带的 Logo

5．广电宽带

广电宽带是使用家庭有线电视剩余频带开展上网业务的一种方式,有别于 ADSL,其使用的是电视的同轴电缆,在同轴电缆的末端连接 Modem,再连接计算机上网。

全国各地的广电宽带没有统一 Logo,本节不再一一列举。

三、选择网络运营商的方法

由于各地的情况不一样,因此在选择网络运营商时需要从多个方面来考虑,主要包括以下几点。

1．网络运营商线缆的覆盖区域

网络运营商线缆的覆盖区域非常重要,由于具体情况千差万别,因此一定要考察安装区域有哪几个网络运营商的产品覆盖。例如,要在一个小区安装网络,但与网络运营商联系后才发现,由于旁边道路正在施工,该网络运营商在这个小区的网络主线路被道路阻挡,不能连接。面对这样的情况,也只能更换另外一家网络运营商。

2．网络在当地的速度

当网络运营商在某个区域内接入的用户太多时,就容易造成网络速度急剧下降。

为了避免这种情况的发生,应该选择速度比较快的网络运营商,但由于还未接入网络,因此没有办法进行测试,这时只能先询问周围已经使用的用户。因为每个用户对网络的感受是不一样的,所以应该问一些比较"数字化"的问题,如使用电脑管家、360 安全卫士等软件进行网络测速时的数值是多少,或者观看某视频网站的视频时是否流畅等,这些问题比较有可比性,我们可以据此选择速度比较快的网络运营商。

3．网络运营商的服务

用户上网是接受网络运营商的服务,当网络正常时,大家感觉不到服务的重要性,一旦网络出现问题需要进行维修时,服务的问题就会特别突出。为了避免出现问题的时候遇到麻烦,在选择网络运营商时应该先考虑服务质量的问题。要了解服务质量,可以咨询附近的老用户,也可以直接咨询网络运营商,询问一些比较敏感的问题,如网络速度偏低的时候如何处理、网络故障报修在多长时间之内可以解决等。

4．对比上网价格

无论如何，价格的对比是必不可少的。在对网络运营商有了基本了解后，最重要的还是询问上网价格。目前国内的网络运营商竞争激烈，几大网络运营商都推出了不同的优惠活动，如赠送话费、赠送上网时间、提高带宽等。

5．综合选择运营商

经过上面几个方面的对比，就可以综合各个方面的性能指标选择运营商了。在实际经验中，综合考虑的顺序应该是速度、服务、价格。由于各地情况不同，我们也要结合当地的情况，具体问题具体处理。

四、网络接入基本知识

1．ADSL

ADSL（Asymmetric Digital Subscriber Line，非对称数字用户线路）是一种数据传输方式。因为其上行带宽和下行带宽不对称，所以称为非对称数字用户线路。ADSL 采用频分复用技术把普通的电话线分成电话、上行和下行三个相对独立的信道，从而避免了相互之间的干扰。即使一边打电话一边上网，也不会出现上网速度和通话质量下降的情况。通常，ADSL 在不影响正常电话通信的情况下可以提供最高 3.5Mb/s 上行速率和最高 24Mb/s 下行速率的上网服务。但这是最高理论值，实际值以 ITU-T G.992.1 标准为例，ADSL 在一对铜线上支持的上行速率为 512kb/s～1Mb/s，下行速率为 1～8Mb/s，有效传输距离为 3～5km。

2．光纤入户

光纤入户是指一根光纤直接到家庭，在端局和住户之间没有铜线，简称 FTTH。目前，光纤入户是主流的接入互联网的方式。

1）光纤入户的优点

（1）可以实现千兆级到用户、百兆级到桌面的上网服务，上网带宽独享 100MB/1000MB。

（2）可以满足宽带、语音、高清电视、视频、大数据流等业务需求。

2）光纤入户的室内布线建议

（1）在信息箱内安置 ONU 光猫设备，含 220V 电源。

（2）在信息箱或房间内安置无线路由器，含 220V 电源。

（3）从信息箱到上网房间布放 5 类网线或用 Wi-Fi 连接，用于宽带上网。

（4）从信息箱到电话机房间布放双绞线电缆，用于语音通话。

3．光猫

光猫泛指将光以太网信号转换成其他协议信号的收发设备，其外观如图 2-6-5 所示。光猫是光 Modem 的俗称，具有调制解调的作用。光猫又称为单端口光端机，是针对特殊用户环境而设计的产品，它是利用一对光纤进行点到点式的光传输的终端设备。该设备作为本地网络的中继传输设备，适用于基站光纤终端传输设备及租用线路设备。多口的光端机一般直接被称作光端机，单端口光端机一般适用于用户端，其作用类似于常用的广域网专线联网用的基带 Modem，有人经常误将光纤收发器或光电转换器当作光猫，其实这是错误的。

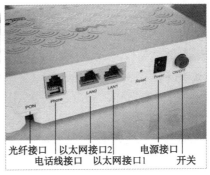

光纤接口　以太网接口2　　　电源接口
电话线接口　以太网接口1　　开关

图 2-6-5　光猫

4．网速测试

网速一般是指上网时上传和下载的速率。测试网速的方法有很多种，可以使用命令（如Ping），也可以打开某些特定的网页，还可以使用在线测试法。最方便的是在线测试法，很多网站都提供在线测试网速的服务，如百度、网速123等。

在进行网速测试时，建议多次测试后取平均值，也可以分时段进行测试，如每日早晚进行测试取平均值。网速测试会受到硬件和带宽的影响，要想提高网速，需要增加带宽，提高拨号速度。

5．假宽带

假宽带是指用户上传/下载的平均速率达不到宽带接入服务商所提供的标称速率。

DCCI的调查数据显示，目前我国使用4Mb/s宽带的用户中，平均速率在500KB/s以下的占91.2%；使用2Mb/s宽带的用户中，平均速率在250KB/s以下的占83.5%；使用1Mb/s宽带的用户中，平均速率在125KB/s以下的占67.6%。

DCCI的调查数据显示，绝大部分用户都未能享受"满速"宽带，这是否就意味着宽带运营商在网速方面"造假"呢？

对此，工业和信息化部在发布的《固定宽带接入速率测试方法》中指出，固定宽带接入速率是指从宽带接入服务提供商的宽带业务接入点BRAS到用户终端这一段链路上的信息传送速率。《固定宽带接入速率测试方法》进一步强调，由于接入网只是网络中的一个组成部分，因此宽带接入速率并不等同于用户使用网络业务（如观看视频、下载文件等）时体验到的实际速率，即用户终端到业务服务器之间的速率。

造成假宽带的原因主要包括以下几点。

（1）最后一千米。用户入户的线路老化，依靠多年的电话线、有线电视线，做不到光纤入户，网速也就不能满足要求。

（2）不同网络运营商的互联互通。不同网络运营商之间的网络接口差别很小，访问不同服务器的速率差别很大。

（3）应用服务。服务器的问题（如春运购票等）也是造成网速慢的一个原因。

第二节　选择上网配件

一、认识不同接入方式的接入设备

不同的上网方式需要使用不同的接入设备，即不同的上网配件。

1．光纤入户

光纤入户的用户要用到光猫。光猫就是光调制解调器，因为调制解调器的英文名称是Modem，汉语昵称"猫"，所以简称光猫。

2．ADSL用户

ADSL用户也需要光猫，只是这里是ADSL专用的调制解调设备。

3．同轴电缆用户

同轴电缆用户使用的接入转换设备称为机顶盒，也就是接在入户有线电视与计算机之间的设备。

4．小区以太网用户

小区以太网用户不使用专门的调制解调设备，只要有网卡，通过双绞线连接，然后进行设置就可以上网。

5．无线用户

无线用户需要购买无线上网卡，如配合4G/5G业务开展的移动上网卡，可以通过各种网络运营商接入。

本节不讨论手机用户上网。

二、选择上网配件

选择上网配件的方式有以下三种。

1．使用网络运营商赠送的上网配件

在这种情况下，客户没有选择，只要安装并设置网络运营商赠送的配件就可以上网，如果配件出现故障，网络运营商也会进行维修或指定维修地点。

2．使用购机时赠送的上网配件

这种情况多见于使用小区宽带时，只要机器上带有网卡，接入网线就可以直接设置上网，而现在的计算机主板上已经配置了集成网卡。

3．自己选购上网配件

这种情况比较复杂，但也是选择余地最大的一种。在这种情况下，可以根据网络接入方式选择光猫、ADSL Modem、无线网卡中的一种。

三、常用的硬件选择网站

我们经常要上网查找需要购买或者用于对比的硬件设备，那么哪些网站是硬件设备的权威网站呢？

1．中关村在线

中关村在线依托中国最大的IT基地中关村，其信息无论在速度、可信度还是信息量等方面都很领先。

2．天极网

天极网以"引领数字消费"为理念，面向广大的IT消费者和爱好者，是提供IT产品的行情报价、导购、应用、评测、软件下载、群乐社区等内容的互动平台。

3．小熊在线

小熊在线创建较早，经过多年的打造，其用户及浏览量都相当可观。目前，小熊在线

拥有 17 家分站和比价网、小熊商城等很多子网站。

4．太平洋电脑网

太平洋电脑网包含今日报价、DIY 硬件、数字家庭、产业资讯、企业频道、摄影部落、DV 频道、随身听、数码相机、手机、软件频道、下载中心、GPS 栏目、笔记本电脑、通信频道、产品库等多种频道。

四、观察各类接入方式

各种接入方式都有各自的接入设备，请同学们分组进行设备的观察。

如果条件允许，可以观察家庭或者机房的设备，也可以到市场上观察。

最后，通过计算机上网，针对不同的上网方式，选择不同的上网配件，进行外形的观察、价格的对比。

第三节　接入互联网

一、光纤入户接入互联网

目前，小型公司和家庭多采用光纤入户接入互联网，国内各大网络运行商均提供该服务。下面以华为光猫（PON 终端）+无线路由器为例，介绍光纤入户的网络设备安装与调试过程。

1．线路连接

安装网络设备前要先确定是否开通网络服务、已购买光猫和无线路由器等设备，并准备网线 2～3 根。光纤入户线路连接如图 2-6-6 所示。

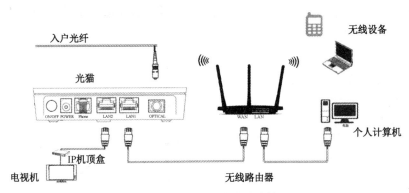

图 2-6-6　光纤入户线路连接

首先，将光猫和无线路由器均接好电源。

然后，将入户光纤接在光猫的光纤接口上（OPTICAL）。光纤端接一般是由运营商的工作人员上门制作的。

接下来，将一根双绞线网线的一端接在光猫的 LAN1 口上，另一端接在无线路由器的 WAN 口上，实现光猫与无线路由器的连接。

对于家庭用户，光猫的 LAN2 口可以连接 IPTV 机顶盒设备，机顶盒设备与电视机通过高清视频线连接，用户可以通过电视机收看网络电视节目。

无线路由器的 LAN 口可以通过双绞线连接多台计算机，笔记本电脑、平板、手机通过连接无线路由器发出的 Wi-Fi 信号上网。

2．配置光猫（PON 终端）

光猫（PON 终端）一般是由网络运营商进行设置的。

3．配置无线路由器

（1）更改个人计算机网络适配器设置。在确保如图 2-6-6 所示将个人计算机与无线路由器正确连接的前提下，用鼠标右键单击桌面上的"网络"图标，在弹出的快捷菜单中选择"属性"选项，如图 2-6-7 所示。打开"网络和共享中心"对话框，选择左侧的"更改适配器设置"选项，出现"网络连接"界面，如图 2-6-8 所示。

图 2-6-7　打开网络属性

图 2-6-8　"网络连接"界面

（2）设置个人计算机 IP 地址。右键单击"本地连接"图标，在弹出的快捷菜单中选择"属性"选项，如图 2-6-9 所示。打开"本地连接 属性"对话框，选择"Internet 协议版本 4（TCP/IPv4）"选项，如图 2-6-10 所示，并单击"属性"按钮，弹出"Internet 协议版本 4（TCP/IPv4）属性"对话框，如图 2-6-11 所示。查看是否选中"自动获得 IP 地址"和"自动获得 DNS 服务器地址"两项，如果不是，则选择这两个选项。

图 2-6-9　打开本地连接属性

图 2-6-10　"本地连接 属性"对话框

（3）登录管理界面。打开个人计算机的浏览器，清空地址栏，输入"192.168.1.1"，如图 2-6-12 所示（注意：不是所有品牌的路由器都使用"192.168.1.1"登录，路由器的具体管理地址建议在设备背面的铭牌上查看）。

图 2-6-11 "Internet 协议版本 4 （TCP/IPv4）属性"对话框

图 2-6-12 输入无线路由器管理地址

初次进入路由器管理界面，为了保障设备安全，需要设置管理路由器的密码，请根据界面提示进行设置，如图 2-6-13 所示（注意：部分路由器需要输入管理用户名和密码，请查看路由器背面的铭牌）。

（4）按照设置向导的提示设置路由器。进入路由器管理界面后，单击"设置向导"对话框中的"下一步"按钮，如图 2-6-14 所示。之后，弹出"设置向导-上网方式"对话框，如图 2-6-15 所示。

图 2-6-13 设置路由器管理密码

图 2-6-14 "设置向导"对话框

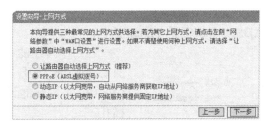

图 2-6-15 "设置向导-上网方式"对话框

（5）光纤入户上网方式一般选择"PPPoE（ADSL 虚拟拨号）"选项，如果不清楚上网方式，可选择"让路由器自动选择上网方式（推荐）"选项，单击"下一步"按钮，如图 2-6-15 所示。路由器会检测网络环境，并弹出"设置向导-PPPoE"对话框，如图 2-6-16 所示。在对应的文本框中输入运营商提供的宽带账号和密码，要确保该账号、密码输入正确，单击"下一步"按钮，进入"设置向导-无线设置"对话框，如图 2-6-17 所示。

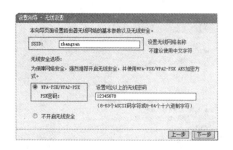

图 2-6-16 "设置向导-PPPoE"对话框   图 2-6-17 "设置向导-无线设置"对话框

（6）"SSID"即无线网络名称（可根据实际需求设置），"WPA-PSK/WPA2-PSK PSK 密码"是无线上网时的密码，密码是 8 位以上的，最好设置为字母加数字的形式。设置好后单击"下一步"按钮，完成路由器设置，如图 2-6-18 所示。

（7）确认设置成功。设置完成后，进入路由器管理界面，单击"运行状态"，打开"WAN口状态"对话框，如图 2-6-19 所示，IP 地址不为 0.0.0.0，则表示设置成功。

至此，网络连接成功，路由器已经设置完成。计算机连接路由器后无须进行宽带连接拨号，可以直接打开网页上网。如果还有其他计算机需要上网，用网线将计算机连接在 1、2、3、4 接口即可尝试上网，不需要再配置路由器。如果是笔记本电脑、手机等无线终端，则通过 Wi-Fi 无线连接到路由器上网即可。

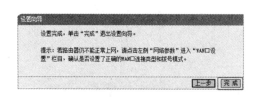

图 2-6-18 完成设置   图 2-6-19 "WAN 口状态"对话框

二、ADSL 接入互联网

使用 ADSL 接入互联网的用户很多，ADSL 接入互联网的方法如下。

1. 线路连接

（1）将电话线插入 ADSL Modem 的 Phone 插孔。

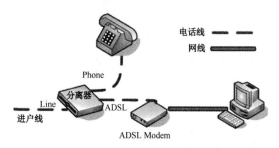

图 2-6-20 ADSL 接入

（2）将网线的一端插入 ADSL Modem 的 Computer 插孔。

（3）将网线的另一端插入计算机的网卡插孔。

（4）将 ADSL Modem 的电源线连接好，打开电源，连接完成，如图 2-6-20 所示。

2. ADSL 设置

下面以 Windows 10 操作系统为例，介绍 ADSL 的装置。

（1）单击"开始"按钮，再单击"设置"

按钮 ⚙ ，进入"Windows 设置"界面，选择"网络和 Internet"选项。在"设置"界面中单击"网络和共享中心"选项，打开如图 2-6-21 所示的"网络和共享中心"窗口。

（2）选择"更改网络设置"栏中的"设置新的连接或网络"选项，打开如图 2-6-22 所示的"设置连接或网络"窗口。

图 2-6-21　"网络和共享中心"窗口

图 2-6-22　"设置连接或网络"窗口

（3）选择"连接到 Internet"选项，然后单击"下一步"按钮，在新界面中选择"设置新连接"选项，在打开的窗口中选择"宽带连接"选项，单击"下一步"按钮，在新打开的窗口中选择"宽带 PPPoE"选项，打开如图 2-6-23 所示的"连接到 Internet"窗口。

（4）输入办理宽带时网络运营商提供的用户名和密码，单击"连接"按钮，如果信号正常，且用户名和密码输入正确，就可以连接到 Internet 了。

右击桌面上的"Internet Explorer"图标，在弹出的快捷菜单中选择"属性"选项，打开"Internet Explorer 属性"对话框，切换至"连接"选项卡，然后单击"添加"按钮。

图 2-6-23　"连接到 Internet"窗口

执行"开始"→"Windows 系统"→"控制面板"命令，打开"控制面板"窗口，双击"网络和共享中心"图标，打开"网络和共享中心"窗口，直接选择窗口中的默认选项即可。

三、小区宽带接入互联网

小区宽带接入互联网是各种接入方式中设置最简单的一种，主要包括以下两个环节。

1．制作网线

制作网线的方法很简单，两端线序一样即可，可以使用 568B 的线序。首先测量所需网线的长度，多预留一点以备将来进行维修时截短，然后进行剥线和压制。

2．设置计算机

（1）在 Windows 10 操作系统中，右击任务栏右侧的网络图标 ，弹出如图 2-6-24 所示的快捷菜单。

图 2-6-24　快捷菜单

（2）选择"打开'网络和 Internet'设置"命令，打开如图 2-6-25 所示的"设置"窗口。

（3）单击窗口右侧的"更改适配器选项"图标，打开如图 2-6-26 所示的"网络连接"窗口。

图 2-6-25 "设置"窗口

图 2-6-26 "网络连接"窗口

（4）双击"以太网"图标，在弹出的"以太网"对话框中单击"属性"按钮，打开如图 2-6-27 所示的"以太网 属性"对话框。

（5）双击"Internet 协议版本 4（TCP/IPv4）"选项，打开如图 2-6-28 所示的"Internet 协议版本 4（TCP/IPv4）属性"对话框。

图 2-6-27 "以太网 属性"对话框

图 2-6-28 "Internet 协议版本 4（TCP/IPv4）属性"对话框

（6）按照网络运营商提供的数据进行填写。填写时需要注意，如果网络运营商指定自动获得 IP 地址和自动获得 DNS 服务器地址，则选中相关选项即可；如果网络运营商给定 IP 地址、子网掩码、默认网关、DNS 服务器地址，则在"使用下面的 IP 地址"选项组和"使用下面的 DNS 服务器地址"选项组中按照运营商提供的内容进行填写。

（7）填写完成后单击"确定"按钮即可。

四、无线接入互联网

无线接入互联网的用户可以使用 4G 上网，下面以天翼 4G 无线上网卡（见图 2-6-29）的安装为例展开介绍。

（1）将上网卡插入计算机的 USB 接口。

（2）双击"计算机"图标，在打开的窗口中可以发现天翼图标，双击该图标，安装驱动程序。

（3）在安装过程中，若系统提示"无法验证驱动程序软件的发布者"，则选择"始终安装此驱动程序软件"选项。

（4）安装完毕后按提示重启计算机。

（5）把 4G 无线上网卡连接到计算机。

（6）双击桌面上的"天翼宽带"图标，弹出连接窗口。

（7）若"4G 连接"标志的信号格有信号，则表示可以使用 4G 信号上网，单击"4G 连接"图标即可上网。

图 2-6-29　天翼 4G 无线上网卡

五、设置光猫（PON 终端）

光猫（PON 终端）一般是由网络运营商进行设置的。下面以华为 HG8321R 为例介绍光猫的配置。

（1）通过网线将个人计算机与光猫（PON 终端）的 LAN1 口连接。

（2）查看光猫（PON 终端）的铭牌，如图 2-6-30 所示。设置个人计算机的 IP 地址与光猫（PON 终端）的管理 IP 地址在同一网段（也可以设置为自动获取方式），如图 2-6-31 所示，例如：

IP 地址：192.168.1.2

子网掩码：255.255.255.0

图 2-6-30　光猫的铭牌

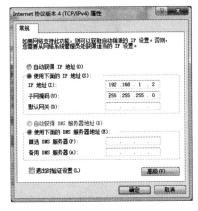

图 2-6-31　计算机 IP 设置

（3）在浏览器地址栏输入"http://192.168.1.1"，然后按回车键，弹出登录窗口。

（4）在登录窗口中输入用户名和密码（出厂默认的用户名和密码见设备底部铭牌），然后单击"登录"按钮，如图 2-6-32 所示。密码验证通过后，即可访问 Web 界面。

（5）上网方式设置。在"网络"菜单下，选择"宽带配置"→"上网账号设置"命令，在信息栏页面中选择"2_INTERNET_R_VID_3961"，封装类型为"PPPoE"，如图 2-6-33 所示。

（6）在弹出窗口中，拨号方式选择"自动"（自动拨号上网方式是指在设备开机后即自动进入 PPPoE 上网拨号，拨号成功后个人计算机等终端连接到设备即可上网，无须个人计算机等终端设备再进行上网拨号），输入用户名、密码，单击"应用"按钮，设置成功，如图 2-6-34 所示。

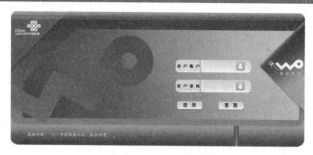

图 2-6-32　登录界面

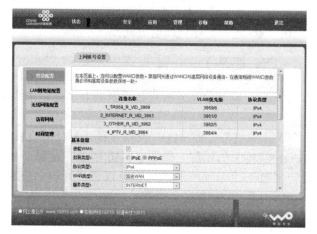

图 2-6-33　上网方式设置

图 2-6-34　选择拨号方式并输入账号

项目七　分析客户需求

关键词

市场营销，礼仪，买点，卖点，消费者

重点难点

（1）掌握与客户谈话的技巧。
（2）掌握向客户推荐产品的方法。

思维导图

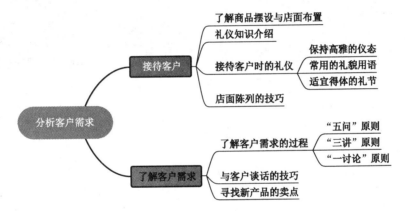

复习内容

　　了解客户需求、准确向客户推荐产品，是进行计算机产品营销的第一步。在与客户接触的过程中，运用得体的肢体语言和恰当的口头语言给客户一个美好的购买和试用体验，是进行产品营销的关键。

　　由于计算机产品种类多、变化快、升级频繁，因此营销人员应该提高职业素养，掌握常用的营销礼仪和语言，与客户进行良好的沟通，在工作中努力做到如鱼得水、游刃有余。

第一节　接待客户

一、了解商品摆设与店面布置

　　我们都去过各种各样的商场与卖场，对于各种商品的布置也见过许多。但具体到计算机产品，在商品摆设与店面布置上应该如何进行呢？

下面针对硬件 DIY 产品市场进行一下总结与分析。

作为专业的硬件 DIY 销售厂商，在店面中首先要突出的就是硬件 DIY 的概念，其次是尽快满足客户的需求，再次是让客户行动方便、对比方便。所以在店面中应该首先分析一下整体的布局，把重点商品摆放在突出的位置。这些位置主要有：陈列柜中 1.2～1.5m 高度的位置；进门后一眼能看到的位置；店面正中的精品展示柜。

在进行计算机硬件摆设时还有几个问题要特别注意。

计算机的设备体积比较小，在陈列的时候可以带上包装，如 CPU、内存条、硬盘、显卡、加密狗、无线网卡、鼠标、内存卡等，都可以将实物从包装中取出，将实物放在包装盒上，再摆放到陈列柜中，并将同一类产品放在一排，便于客户对比。这样，可以使产品看起来比较醒目，既能显示公司的实力，避免包装的丢失，又相应减少了样品的数量，节约了成本。如图 2-7-1 所示是华为产品的展示柜。

图 2-7-1　华为产品的展示柜

计算机外设的体积比较大，应该放在相对位置较低、容易全面俯视，并且能稳定支撑的位置。很多公司直接将打印机等外设的样品摆放在高度一米左右的展台上，让顾客可以很轻松地看到。

在进行店面布置的时候，还应该注意突出品牌。每个公司所经营的产品都有自己主打的品牌，而品牌不是靠口头给客户灌输的，它需要在顾客最不注意的时候通过各种潜移默化的影响让客户自己感受，主动接受。所以在进行店面布置的时候，可以将展示品牌的易拉宝广告、品牌牌匾、主打广告语等布置在店面中显眼的位置，这样可以让顾客一进门就感觉到强烈的品牌冲击力。如图 2-7-2 所示是微星品牌的展示，在这个展示中，微星科技的信息位于整个场面的正中，给客户强烈的视觉冲击。

图 2-7-2　品牌突出的展示柜

另外，由于计算机产品的性能参数很多，各个产品的差别也比较大，因此可以在进行商品摆放的时候，同时制作一些标签，把产品的优势参数写在标签上，摆放在产品前面，这样不仅可以清晰地展示产品的优势，还可以达到吸引客户的效果。

二、礼仪知识介绍

礼仪的内容非常多，按照不同的场合、不同的人员，有不同的要求。

下面就个人礼仪进行一些说明。

仪容即人的容貌，重点要做好面部修饰、发部修饰和肢体修饰。仪容的修饰主要包括以下几个方面。

（1）头发：干净、整洁、无头屑、长短适中、发型得体。男士发型要求前不遮眉，侧不盖耳；女士发型要求时尚得体，美观大方、符合身份。

（2）勤洗手，保持清洁。不留长指甲，不涂彩色指甲油。

（3）仪表：是指一个人的外表，仪表虽然无声，却在人际交往中发挥着重要的作用。工作场合着装庄重，应穿工作服或正装；全身上下衣着的色彩应该保持在三种之内。

（4）仪态：主要有站姿、坐姿、行姿和面部表情几个方面。站姿的基本要求是一要平，二要直，三要高，即眼光平，身体直，重心高；坐姿的基本要求是端庄、文雅、得体、大方；行姿讲究头正、肩平、身直、步位直、步速平稳；微笑是自信的象征，是礼貌的表示。

（5）名片礼仪：发放名片时，双手拿着自己的名片，将名片的方向调整到最适合对方观看的位置，不必提职务、头衔，只要把名字重复一下即可，发放顺序要先发职务高的后发职务低的，由近及远，圆桌上按顺时针方向开始，递交时还可以使用敬语"认识您真高兴"或"请多指教"等。

（6）交谈礼仪：交谈中要以客户为中心，掌握说与听的分寸，少说多听、不打断、不质疑，特别是抬杠容易伤感情。在自己说话的时候，要神态自若、声调要低、语速要慢，要让对方听懂，不用专业术语，不用方言，要讲普通话。

三、接待客户时的礼仪

店面中接待客户的礼仪内容主要有以下几个方面。

1．保持高雅的仪态

（1）服装：必须按照规定穿着制服，且随时保持清洁、整齐。

（2）头发：保持清洁，勤于梳洗，要求大方得体的发型，避免奇异的发型。

（3）化妆：以清洁自然为原则，切忌浓妆艳抹，指甲勤修剪，保持清洁。

（4）表情：保持温柔甜美的笑容，表情端庄，且随时保持愉快的心情，不可有冷若冰霜的态度。

（5）姿势：腰挺直、有精神，稳重自然，不可弯腰驼背、左右倾斜和东靠西倚。

（6）鞋袜：鞋要以大方得体，配合服装为原则，不可穿着奇形怪状或没有带子的拖鞋，丝袜以接近肤色为宜。

2．常用的礼貌用语

当向光临的顾客推介商品的时候，或者欢送顾客的时候，可以随时随地运用下列 8 大用语。

（1）"您好，欢迎光临"——当顾客接近店柜时，面带微笑说出"您好，欢迎光临"，对顾客的光临惠顾应怀着感激的心情打招呼。

（2）"谢谢"——当顾客决定选购时、接到款项时、找还零钱时、交接商品时，以及送客时等，可多次使用。

（3）"请稍候"——当要暂时离开顾客或不得已要让顾客等一会儿时，使用"请稍候"或"请稍等一下"，并可附加稍候之理由及需要的时间。

（4）"让您久等了"——只要是让顾客等候，即使只是一会儿，也要说这句话来缓和顾客的心情，带给顾客安心和满足感。

（5）"知道了"或者"好的"——当了解顾客的吩咐和期望时，清晰明快的回答可以给顾客留下深刻的印象。但是注意一定要在清楚地明白顾客所吩咐的内容之后回答。

（6）"不好意思"或者"抱歉"——发现顾客的愿望无法实现时所使用的话语，它隐含尊敬的意思，对顾客谦虚的表达，可提高服务的亲切感。

（7）"对不起"——与顾客接触的过程中，发现顾客感到任何不快时所使用的话。

（8）"请再度光临"——待客结束时使用，不能认为顾客不买就不用说，也不能认为购买完了就结束了，应希望顾客能够继续关照以后的生意。

3．适宜得体的礼节

（1）决不能双手抱臂放在胸前，这给人一种拒人千里之外的感觉。

（2）坐姿：坐下后，应尽量坐端正，把双腿平行放好，与顾客谈话要平视对方，不得傲慢地把腿向前伸。

（3）因为IT类企业多有数名营销人员同时工作，在公司内与同事相遇，或者与其他同事接待的顾客处于较近距离时，应点头行礼，表示致意。

（4）与顾客握手时用普通站姿，并目视对方眼睛。握手时脊背要挺直，不弯腰低头，要大方热情，不卑不亢。

（5）递交物品时，如递说明书等，要把正面文字朝向对方递上去，若是钢笔，要将笔尖朝向自己，使对方容易接住；至于小刀或剪刀等利器，应将刀尖向着自己。

如图2-7-3所示是握手的礼仪与等待客户的场景。

图2-7-3　店面接待礼仪

四、店面陈列的技巧

IT店面的陈列和店面服务一直是一个老生常谈的问题，如何才能掌握这一领域的技巧、方法并能有所创新呢？

有专业的调研公司进行过统计，如果能够正确地运营店面产品的陈列和展示技术，销售额会提高10%。那么店面的商品到底要怎样陈列呢？

（1）突出主题，选择"主打"。

（2）把最热销的产品放在店面的右端。

（3）巧用颜色，创造焦点。

（4）计算机屏幕背景也是宣传点。

第二节　了解客户需求

一、了解客户需求的过程

顾客购买商品就是为了使用，所以客户的需求是整个营销过程的核心环节。如果不知道客户的需求，就贸然向客户推荐商品，不仅会让客户反感，还浪费了自己的时间；相反，如果十分了解客户的需求，则在满足客户需求的同时，还可以推荐自己公司的优势产品，达到双赢的效果。

了解客户需求的过程可以归纳为"五问""三讲""一讨论"，这也是了解客户需求时应遵循的原则。

1．"五问"原则

（1）了解客户的级别。

（2）了解客户的使用能力。

（3）了解客户的购买用途。

（4）了解客户的心理价位。

（5）与客户进行总结确认。

2．"三讲"原则

（1）讲产品卖点。

（2）讲客户利益。

（3）讲公司优势。

3．"一讨论"原则

当客户等待计算机到位或迟迟不能决定购买的时候，营销人员可以与客户讨论相关的IT 知识、产品特性、发展趋势等，在这些讨论中，客户会显露出他们的兴趣方向、购买意向，以及以后的购买准备，营销人员可以从中得到很多信息。

二、与客户谈话的技巧

销售人员在与客户谈话的过程中，需要注意的谈话技巧包括以下几点。

（1）不要与客户针对某个问题争辩。

（2）不要质疑客户。

（3）不要向客户炫耀。

（4）说话不能过于直白。

（5）介绍产品等信息时尽量避免使用专业术语。

（6）鼓励客户多说话。

三、寻找新产品的卖点

新产品上市能否寻找到恰当的卖点，是产品能否畅销、建立品牌的关键。

1．卖点的含义

"卖"是营销、推销、促销等销售行为的总称；"点"指平常所说的"点子"，也就是"创意"。因此，卖点的含义就是产品在营销、推销、促销时使用的"创意"。

2．寻找卖点的方法

（1）确定产品的目标市场定位。

（2）寻找消费者购买本产品的理由。

（3）引用权威材料。

（4）最新技术的推广。

项目八　选购计算机

关键词

品牌机，兼容机，配置单，测试，客户档案

重点难点

（1）了解配置单的格式。
（2）掌握根据应用配置计算机的方法。
（3）掌握计算机硬件的测试方法。
（4）掌握向客户交付计算机的注意事项。

思维导图

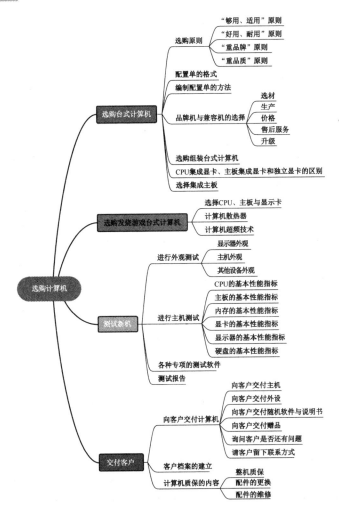

复习内容

第一节　选购台式计算机

一、选购原则

消费者在购买计算机时会很迷茫，不知如何下手，比如选品牌的还是组装的、昂贵的还是便宜的、性能高的还是一般的等。如何破解这些问题？总结一下，首先要了解购买计算机的几条原则。

1.“够用、适用”原则

计算机产品更新换代速度极快，若片面追求高档配置的计算机却用不到它的全部功能，就是一种资源和资金的浪费；而过分追求低价，往往会陷入过低配置或者劣质计算机的陷阱。价格只是选购计算机时的参考因素之一，不能作为选购的唯一因素。因此，消费者选购计算机时的指导原则应当是——够用、适用。

2.“好用、耐用”原则

在精打细算的同时，必要的花费不能省，在做购机需求分析的时候要具有一定的前瞻性。

3.“重品牌”原则

选择知名品牌的产品，尽管价格上贵一些，但是无论是产品的技术、品质性能还是售后服务都是有保证的，一分钱一分货。

4.“重品质”原则

多数用户只关心诸如 CPU 的档次、内存的多少、硬盘的大小等硬件指标，对于一台计算机的性能却少有关注。一台性能卓越的计算机是各种优质配件的整合（当然还有兼容性问题）产品，所以在关心配置的前提下，也要注重配件的品质及兼容性。

二、配置单的格式

当为客户配置计算机时，客户通常会提供配置单，配置单是为客户提供机器的基本凭据。配置单的内容主要包括主板、CPU、内存等全部主机配件，此外，还留有一些空格，以记录客户的特别需求。

表 2-8-1 所示为河南省太平洋电脑有限公司配置单。

表 2-8-1　河南省太平洋电脑有限公司配置单　　　　年　月　日

配　　件	品 牌 型 号	价　　格	备　　注
主板			
CPU			
内存			
硬盘			
显卡			
网卡			
声卡			
机箱			

配　件	品　牌　型　号	价　格	备　注
电源			
显示器			
键盘			
鼠标			
音箱			
合计			

客户名称：_____　联系电话：_____

销售：_____　库管：_____　装机：_____

配置单是公司进行保修的重要凭证，请客户认真保管，在维修时备查。

河南省太平洋电脑有限公司

　　配置单的内容包括计算机各个配件的型号、价格等，以及客户的信息、公司相关环节负责人的信息，还可以将公司的信息印在配置单上，这样就有了广告的效果。

三、编制配置单的方法

　　为客户编制配置单时，应遵循如下步骤。

　　（1）从客户的角度出发，考虑本公司代理的产品有哪些可以满足客户的需求，把这些产品推荐给客户。

　　（2）从确定后的产品出发，编制其他相关配件信息。

　　（3）给客户配置单的时候，应该把客户选择的设备写清楚，同时在备注中写明一些需要向客户强调的信息，以避免后续可能会出现的麻烦。

四、品牌机与兼容机的选择

　　品牌机与兼容机是人们在选购计算机时难以抉择的问题，两者之间到底有哪些区别？下面就说说它们各自的特点。

　　1. 选材

　　品牌机生产商为了取得良好的社会信誉，一般在生产计算机时对于各个部件的质量要求非常严格，他们都有固定的合作伙伴，配件的来源也比较固定，这样就避免了各种假货、次品的出现。

　　2. 生产

　　品牌机在生产过程中，经过专家的严格测试、调试及长时间的烤机，可以避免机器兼容性的问题，在用户以后的使用过程中因兼容性而出现的问题会少很多。

　　兼容机是按照用户的意愿临时组装的，虽然有时也会进行一定的测试，但毕竟没有专业的技术和检测工具，而且烤机的时间有限，以后出现问题的概率比品牌机要大得多。

　　3. 价格

　　价格是购买计算机时考虑的重要问题，由于品牌机在生产、销售、广告方面花费了很多的资金，因此它的价格相对要比兼容机高。

　　兼容机由于少了上面的种种开支，因此价格相对便宜一些。

4．售后服务

品牌机为了提高销售和知名度，都有自己良好的销售渠道和售后服务渠道。

兼容机购货渠道不固定，无法保障售后服务。

5．升级

品牌机考虑稳定性，一般它的配置比较固定，有的甚至不允许用户随意改动，这对于用户的后续升级不利。

兼容机的配置比较灵活，可以按用户的想法组合，后续升级会方便一些。

综上所述，对于那些硬件知识不够全面、机器出现问题不会解决的用户，可以考虑购买品牌机；而对于硬件知识丰富、有选购经验且会处理软硬件问题的用户，可以考虑购买兼容机。

五、选购组装台式计算机

现在，主板的集成度都比较高，集成了声卡、网卡，有的将显卡也集成在主板上，可以有效地节约成本和提高板卡之间的兼容性能。

对于主板的选择，可以选择已经面世一段时间的配件，这样价格稳定，比较有竞争力。考虑到与 CPU 的搭配，主板应该选择主流的 CPU 插槽，否则可能会提高成本。

表 2-8-2 中所示的三种主板，是从"中关村在线"网站中，按"热门"查询，列出的排名在前 15 位且价格相同的三个主板的主要参数。

表 2-8-2　主板的品牌、型号

主板品牌	型　号	芯片组	CPU 类型	显示芯片	内存类型	主板板型	价格（元）
七彩虹	战斧 C.B360M-PLUS V20	Intel B360	第八代 Core i7/i5/i3/Pentium/Celeron	CPU 内置显示芯片（需要 CPU 支持）	4×DDR4 DIMM	Micro ATX	599
铭瑄	MS-挑战者 B360M	Intel B360	第八代 Core i7/i5/i3/Pentium/Celeron	CPU 内置显示芯片（需要 CPU 支持）	2×DDR4 DIMM	Micro ATX	599
技嘉	B450M DS3H	AMD B450	第二代/第一代 AMD Ryzen/Ryzen with Radeon Vega Graphics	CPU 内置显示芯片（需要 CPU 支持）	4×DDR4 DIMM	Micro ATX	599

注：数据仅作为案例讲解，不供参考。

通过参数对比可以选择自己喜好的主板，如果喜欢 Intel 系列的，可以选择前两个主板；如果喜欢 AMD 系列的，可以选择第三个主板。从内存类型上来说，铭瑄 MS-挑战者 B360M 主板只有两个内存插槽，最大可安装的内存容量为 32MB，如果不能满足需求就要选择另外两种。

总体来说，三个主板性能相近，这也与价位相关，如果对参数没有特殊要求，要做一个选择，可以查询它们的"销量"排名，因为市场是检验产品的最主要标准。在表 2-8-2 所列的三个主板中，排名靠前的要数铭瑄 MS-挑战者 B360M 了，所以，如果没有特殊的要求和衡量的关键因素，在相同的价格情况下可以选择它，图 2-8-1 所示即为铭瑄 MS-挑战者 B360M 主板。

在确定了主板以后，就可以根据主板的情况确定其他的配件了。因为主板上已经集成了声卡、网卡，现只需选择 CPU、内存、显卡、硬盘、机箱、键盘和鼠标等配件。

图 2-8-1　铭瑄 MS-挑战者 B360M 主板

　　根据使用场合，CPU 可选择第八代 Core i7/i5/i3 或 Pentium、Celeron，对于普通用户来说，可选择市场上主流的 i5；内存选择 4GB 或 8GB，比较适合当前一般的应用需求，这里可以选择稍高点的 8GB 配置；显示卡根据不同用户需求选择差异性较大，一般用户选择市场主流产品即可；对计算机启动速度无苛刻要求的，硬盘选用市场主流 500GB 或 1TB 的即可；显示器可选用 19 英寸的，若选用尺寸太大，人眼距屏幕太近会感觉不舒服；机箱电源选用比较常见的类型即可，机壳硬度要高，不要选用劣质产品，否则不利于保护主机配件。

　　表 2-8-3 是一份计算机配置单，是根据主流品牌配件选择的型号及报价。在实际工作中，由于各个公司的主打产品不一样，我们在给用户编制配置单的时候，首先要从用户的角度出发，考虑本公司代理的产品有哪些最符合用户的需求，要先把这些产品推荐给用户，然后从确定后的产品出发，编制其他的相关配件。

　　还有一点要注意，我们在给用户编制配置单时，应该把给用户的配件写清楚，同时在备注中写明一些需要向用户强调的内容，以避免日后产生麻烦。例如，在表 2-8-3 所示的配置单中，应该把主板集成了网卡、声卡写上，而在其他项目中划去。

表 2-8-3　计算机配置单

年　月　日

配　件	品 牌 型 号	价　格	备　注
主板	铭瑄 MS-挑战者 B360M	599	
CPU	Intel 酷睿 i5 8400	1399	
内存	金士顿 HyperX Savage 8GB DDR4 3000	499	
硬盘	希捷 Barracuda 1TB 7200 转 64MB 单碟	299	
显卡	七彩虹 GT720 黄金版-1GD3	239	
网卡	集成		
声卡	集成		
机箱	普易达 108	116	
电源	普易达 ATX-350W 静音版	99	
显示器	AOC E2070SWN	490	
键盘	新贵 KM-201 键鼠套装	40	
鼠标	同上		
音箱	金河田 M2200	56	
合计		3836	

客户名称：_____　联系电话：_____

库管：_____　装机：_____　销售：_____

配置单是公司进行保修的重要凭证，请客户认真保管，在维修时备查。

六、CPU 集成显卡、主板集成显卡和独立显卡的区别

CPU 集成显卡是指集成在 CPU 内部的显卡，如 i3、i5、i7 中集成的显卡。

主板集成显卡是指集成在主板北桥中的显卡，如 G41 880G 主板上面的集成显卡。

独立显卡就是有独立的显示芯片，自己本身是独立的。

其中，CPU 集成显卡和主板集成显卡统称集成显卡。

总的来说，集成显卡的性能是比不上独立显卡的，独立显卡要单独花钱购买，性能也比集成显卡要好很多。

独立显卡适用于对显卡要求较高的用户，集成显卡适用于只玩普通游戏和办公的用户，整机预算较低。

七、选择集成主板

集成主板，顾名思义就是集成了各种配件的主板，若主板上集成了显卡、网卡、声卡和 CPU，则算是集成度最高的主板了。

高集成度的主板一旦出了问题，就可能给整个计算机带来灾难性的后果，会出现机器不稳定、经常死机、显示不正常等现象。这些现象不容易排除，最好的解决方法就是更换配件，但由于它们全都是集成在主板上的，所以只能换一块主板，这样就会给用户带来比较大的损失。

从保护用户投资的角度出发，也是从减少售后服务的角度考虑，通常不建议在使用高集成度主板的时候一再压低价格，因为这样可能会使主板的质量缩水，导致出现上面所提到的状况。

因此，在选择高集成度主板的时候，首先要选择大品牌的，这样才能保证品质稳定、售后有保障，同时由于大品牌出货量比较大，研究的人也比较多，一旦出现了不易处理的情况，寻找相关的解决方案也比较容易。

第二节　选购发烧游戏台式计算机

游戏发烧机型的配置原则一般以性能为主要考虑内容，并兼顾领先性，很多此类用户都会要求自己的机器两年之内不落伍，这就要求他们的机器配置相当高才行。

所以，在配置发烧游戏机型的时候，重点考虑的是性能与领先性，其次才是价格。

一、选择 CPU、主板与显示卡

因为重点要考虑性能，所以先从主要的三大件入手。

Intel 酷睿 i9 7980XE 至尊版是当前参数最高的 CPU 之一，14nm 工艺，CPU 主频 2.6GHz，动态加速频率 4.2GHz，18MB 二级缓存，24.75MB 三级缓存，十八核心，三十六线程的超级运算能力让它成为当前的计算王，如图 2-8-2 和图 2-8-3 所示。

作为一贯的大品牌，华硕主板的高端型号绝对是优先考虑的对象。例如，华硕 ROG Rampage VI Extreme 主板，如图 2-8-4 所示，虽然也如其他主板一样集成了声卡和网卡，但它集成的是 1000MB 的网卡，8 声道的声卡；8 个内存插槽可以支持最大 128GB 的内存；提供了多得让人用不完的各类接口；直接有无线连接，802.11 a/b/g/n/ac+WiGig

802.11adWi-Fi 标准，可支持最高 867Mb/s 的传输速率，支持 2.4/5GHz 无线双频，支持蓝牙 4.1；再加上绚丽七彩的色调，1 年包换良品，3 年保修的质保，让人对这块主板爱不释手。

图 2-8-2　Intel 酷睿 i9 7980XE 正面

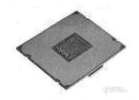

图 2-8-3　Intel 酷睿 i9 7980XE 反面

显卡也是一个发烧重点，NVIDIA GeForce RTX 2080Ti Founders Edition 显卡具有 9999 元的价格，1350/1635MHz 的核心频率，1.4GHz 的显示频率，11GB 的显存容量，可以提供 7680×4320 的高速高分辨率显示输出，如图 2-8-5 所示。

图 2-8-4　华硕 ROG Rampage VI Extreme 主板

图 2-8-5　NVIDIA GeForce RTX 2080Ti
Founders Edition 显卡

显示器采用广视角、曲面 27 英寸 AOC AG272QCX 显示器，0.2331mm 点距，动态对比度可达 80000000：1，响应时间 4ms。

表 2-8-4 是计算机整体配置单。

表 2-8-4　计算机整体配置单

年　月　日

配　件	品　牌　型　号	价　格	备　注
主板	华硕　ROG Rampage VI Extreme	9999	
CPU	Intel 酷睿 i9 7980XE（盒）	15800	
内存	海盗船复仇者 LPX 32GB DDR4 3200	1999	
硬盘	希捷 Desktop HHD 6TB 7200 转 128MB	1599	
显卡	NVIDIA GeForce RTX 2080Ti Founders Edition	6999	
机箱	Tt Level 10 GT（VN10001W2N））	1880	
电源	海盗船 AX1200i	2699	
显示器	戴尔 U2312HM	2899	
音箱	漫步者 R1000TC（北美版）	229	
键盘	Razer 地狱狂蛇游戏标配键鼠套装	245	
鼠标	同上		

续表

配　件	品　牌　型　号	价　格	备　注
散热器	安耐美 ETD-T60-TB	390	
合计		65952	

客户名称：_____　　联系电话：_____

销售：_____　　库管：_____　　装机：_____

配置单是公司进行保修的重要凭证，请客户认真保管，在维修时备查。

　　需要提醒的是，虽然游戏发烧机型不太在乎价格，但也要在性价比方面有所考虑，不能一味追求高配置。IT产品更新换代速度很快，越是高端产品这一点越明显。如果选择不好，可能用户买回去的机器在一个月内就会降价三分之一，这对于用户而言损失很大。

二、计算机散热器

　　计算机部件中大量使用集成电路，众所周知，高温是集成电路的大敌。高温不但会导致系统运行不稳，使用寿命缩短，甚至有可能使某些部件烧毁。导致高温的热量不是来自计算机外部，而是来自计算机内部，或者说是集成电路内部。散热器的作用就是将这些热量吸收，然后发散到机箱内或者机箱外，保证计算机部件的温度正常。多数散热器通过和发热部件表面接触，吸收热量，再通过各种方法将热量传递到远处，如机箱内的空气中，然后机箱再将这些热空气传到机箱外，完成计算机的散热。散热器的种类非常多，CPU、显卡、主板芯片组、硬盘、机箱、电源甚至光驱和内存都会需要散热器，这些不同的散热器是不能混用的，而其中最常接触的就是CPU的散热器。依照从散热器带走热量的方式，可以将散热器分为主动散热和被动散热。前者常见的是风冷散热器，后者常见的就是散热片了。进一步细分散热方式，还可以分为风冷、热管、液冷、半导体制冷、压缩机制冷等。

三、计算机超频技术

　　大家可以去查询一下华硕主板的测评报告，其中有大量的超频介绍。

　　任何一个对计算机硬件感兴趣的发烧友对超频都一定不会陌生，严格意义上的超频是一个广义的概念，任何提高计算机某一部件工作频率而使之工作在非标准频率下的行为及相关行动都应该称为超频，其中包括CPU超频、主板超频、内存超频、显卡超频和硬盘超频等多种。

　　一般来说，IT制造商都会为了保证产品质量而为频率预留一点余地，例如，实际能达到2GHz的P4 CPU可能只标称1.8GHz。于是，这一点保留空间便成了部分硬件发烧友们最初的超频灵感来源，他们追求的是把这一点失去的性能找回来，这样就发展出了超频技术。

　　CPU的工作时钟频率（主频）是由外频与倍频来决定的，两者的乘积就是主频。外部频率指的是整体的系统总线频率，它并不等同于经常听到的前端总线（Front Side Bus）的频率，而是由外频唯一决定了前端总线的频率——前端总线是连接CPU和北桥芯片的总线。倍频的全称是倍频系数，CPU的时钟频率与外频之间存在着一个比值关系，这个比值就是倍频系数。

　　超频从整体上来说，就是手动设置外频和倍频，以得到更高的工作频率。超频的方法从以前的硬超频变成了现在更方便、更简单的软超频。

硬超频是指通过主板上面的跳线或者 DIP 开关手动设置外频和 CPU、内存等工作电压参数，以实现超频；软超频指的是在系统的 BIOS 里设置外频、倍频和各部分电压等参数进行超频的操作。

作为技术人员，可以进行超频的练习与游戏，但不建议对用户的机器进行超频，因为这样很有可能引起机器的不稳定，导致死机，甚至烧坏主板或 CPU。

不过有些玩家在购买了高端机器后，通过超频进一步发掘机器的性能，让机器的潜力发挥到最大，已经成为现在组装计算机的用户们的一种常见做法。

第三节 测 试 新 机

通过测试，可以让客户看到配件的型号与配置单是否相符，可以验证配件的真实性，可以向客户介绍整机性能，最主要的还是让客户对硬件进行验收。

一、进行外观测试

1．显示器外观

显示器是全新的，边框、背面、底座等部分无污染。

显示器的屏幕是全新的，无手印，无污染。

将屏幕显示的内容调为静止图案，显示器屏幕显示颜色鲜艳，无死点。

有的 LCD 显示器在屏幕表面贴了一层塑料薄膜保护屏幕，此时可以征求客户的意见，决定是否撕去。

2．主机外观

主机是全新的，表面无污染。

主机面板上的控制键或接口，如开机键、复位键、USB 接口、光驱按键等是全新的，无印痕。

观察主机背面，向客户说明各类接口的连接使用，主要是电源线、显示器信号线、网线、USB 接口、PS2 接口、音频插孔，并向客户说明各类接口的防接反应用。

3．其他设备外观

其他设备包括键盘、鼠标、摄像头、麦克风等，请客户观察，各种设备都是全新的，没有污染，同时向客户说明如何连接、如何摆放。

通过这个阶段的测试，客户对自己的机器有了初步了解。

同时，通过这个阶段的测试，销售人员也可以了解客户的计算机应用水平。如果一个客户对这些接口一概不了解，在后面的测试中就不要给客户讲太多的专业知识了，只要让客户知道交付的机器与配置单相符即可。如果客户对接口之类的内容十分了解，在后面的阶段就可以以客户为主进行测试，这样销售人员不仅省心，还可以轻松地获得客户的信任与好感。

二、进行主机测试

进行主机测试，主要是对配置单中的硬件进行测试。计算机硬件测试一般包括两个方面：一是硬件的基本性能指标，二是硬件的测试性能指标。前者在硬件出厂时已经确定，主要包括产品的型号和一些基本功能；后者是通过测试软件结合具体的计算机平台得出的综合信息，反映了硬件在该环境下表现出来的实际能力。

在进行主机测试时，主要测试 CPU、主板、内存、显卡、显示器、硬盘等配件的性能。

1．CPU 的基本性能指标

（1）CPU 的类型：通过 CPU 的生产厂商和型号划分，主要反映 CPU 的核心与制作工艺。

（2）CPU 的频率：一般决定了 CPU 的运算和处理能力，主要指明的是 CPU 的工作频率，由主频、外频、倍频三个方面的信息构成，一般表示为主频=外频×倍频。

（3）CPU 的高速缓存：CPU 高速缓存的相关信息，主要由 L1 缓存和 L2 缓存组成。

（4）工作电压：CPU 正常工作时所需的电压。

2．主板的基本性能指标

（1）类型：主要是主板的生产厂商和型号说明。

（2）芯片组：主要是主板采用的芯片组类型，一般包括南桥芯片组和北桥芯片组，这是反映主板性能的主要指标。

（3）总线速度：主要说明主板能够支持的外频。

3．内存的基本性能指标

（1）内存容量：主要说明内存的大小。

（2）数据带宽：一次通过内存输入/输出的数据量，主要有 32bit、64bit 等。

（3）存取时间：从 CPU 读取到内存送出的时间，时间越短，存取越快。

（4）工作频率：反映内存的传输速率，对于同类型的内存来说，工作频率越高，数据传输越快。

4．显卡的基本性能指标

（1）显示芯片：这是显卡的核心部件，反映了一块显卡的性能和处理能力。

（2）接口类型：不同接口类型的数据传输能力不同。

（3）显存：存储处理图像的区域，一般来说越大越好。

5．显示器的基本性能指标

（1）显像尺寸：衡量显示区域大小的重要指标，一般指的是对角线的尺寸。

（2）点距：屏幕上相邻的两个相同颜色的点之间的对角线距离。

（3）分辨率：显示器的画面精密度。

（4）带宽：代表的是显示器的综合指标，指每秒扫描图像的个数。

6．硬盘的基本性能指标

（1）硬盘容量：硬盘的总容量，反映了硬盘存储数据的能力。

（2）单碟容量：硬盘有单碟与多碟之分，这里指的是构成硬盘的单个碟片的容量。

（3）硬盘转速：硬盘内主轴电动机的转速，转速越快技术含量越高，传输速率也越高。

（4）平均寻道时间：硬盘在盘面上移动读/写头到指定磁道寻找相应目标数据所用的时间，这个时间越短，说明硬盘速度越快。

当前市场上用于进行计算机测试的软件很多，下面以鲁大师为例说明测试软件的应用。

鲁大师能轻松辨别计算机硬件的真伪，保护计算机稳定运行，优化清理系统，提升计算机的运行速度。

鲁大师拥有专业而易用的硬件检测功能，而且提供厂商信息，让计算机的配置一目了然。

安装鲁大师的过程很简单，只要运行文件，就可以自动进行安装，安装完成后可以随时运行。用鲁大师进行计算机检测，测试结果如图 2-8-6 所示。

图 2-8-6　鲁大师的测试结果

从鲁大师的测试结果可以看到，这台机器的主要配置如下：

电脑型号　　　　　联想启天 M4300 台式电脑
操作系统　　　　　Windows 7 专业版 32 位 SP1（DirectX 11）
处理器　　　　　　英特尔 第二代酷睿 i3-2120 @ 3.3GHz 双核
主板　　　　　　　联想 To be filled by O.E.M.（英特尔 H61 芯片组）
内存　　　　　　　4GB（记忆科技 DDR3 1333MHz）
主硬盘　　　　　　希捷 ST500DM002-1BD142（500GB / 7200 转/分）
显卡　　　　　　　Nvidia GeForce 405（512MB / 微星）
显示器　　　　　　联想 LEN1152 L197 Wide（19.1 英寸）
光驱　　　　　　　索尼-NEC Optiarc DVD RW AD-7290H DVD 刻录机
声卡　　　　　　　瑞昱 ALC662 @ 英特尔 6 Series Chipset 高保真音频
网卡　　　　　　　瑞昱 RTL8168/8111/8112 Gigabit Ethernet Controller / 联想

　　从这里只是得到了初步的数据，如果客户不是很了解计算机，只想知道组件与配置单是否相符，则可以让用户一项一项与配置单进行对照。

　　如果客户具备一定的计算机知识，希望了解更多的硬件信息，那么鲁大师还提供了各个部件的单独测试，可以为客户提供更加详细的信息。

　　首先，可以为客户提供此机器硬件健康的初步信息，如内存的生产日期、硬盘的使用次数等，如图 2-8-7 所示。

图 2-8-7　机器硬件健康的初步信息

其次，鲁大师还可以提供处理器、主板、内存、显卡等部分的测试，只要一项一项地单击软件按钮，就可以轻松得到测试结果。

三、各种专项的测试软件

鲁大师测试软件是一个综合的测试软件，在实际应用中，还可以使用一些单项硬件的测试软件，对某一个单项硬件产品进行测试。

（1）测试 CPU 的软件：CPU-Z。

（2）内存测试软件：HWiNFO32。

（3）显卡测试软件：3DMark。

（4）硬盘测试软件：HD Tach。

（5）主板测试软件：HWiNFO32。

（6）光驱测试软件：Nero。

四、测试报告

很多测试软件都可以提供测试报告，下面节选了鲁大师测试报告的前半部分，仅供参考。

如果用户需要，还可以使用鲁大师给用户生成一份全面、翔实的测试报告。下面是测试报告的一部分。

```
--------[ 鲁大师 ]-------------------------------------------------------------------------------
软件：鲁大师 5.15.18.1090
时间：2018-09-24 11:14:52
网站：http://www.ludashi.com
--------[ 概览 ]------------------------------------------------------------------------------------
电脑型号 联想 启天 M4300 台式电脑
操作系统 Windows 7 专业版 32 位 SP1（DirectX 11）
处理器 英特尔 第二代酷睿 i3-2120 @ 3.30GHz 双核
主板 联想 To be filled by O.E.M.（英特尔 H61 芯片组）
显卡 Nvidia GeForce 405（512MB / 微星）
内存 4 GB（记忆科技 DDR3 1333MHz）
主硬盘 希捷 ST500DM002-1BD142（500 GB / 7200 转/分）
显示器 联想 LEN1152 L197 Wide（19.1 英寸）
光驱 索尼-NEC Optiarc DVD RW AD-7290H DVD 刻录机
声卡 瑞昱 ALC662 @ 英特尔 6 Series Chipset 高保真音频
网卡 瑞昱 RTL8168/8111/8112 Gigabit Ethernet Controller / 联想
--------[ 主板 ]------------------------------------------------------------------------------------
主板型号 联想 To be filled by O.E.M.
芯片组 英特尔 H61 芯片组
序列号 INVALID
主板版本 To be filled by O.E.M.
BIOS 版本 联想 9QKT37AUS / BIOS 程序发布日期：02/14/2012
```

BIOS 的大小 2560 KB

板载设备 Onboard Video / 视频设备（启用）

板载设备 Onboard Lan / 网卡（启用）

板载设备 Onboard Audio / 音频设备（启用）

板载设备 Onboard SATA / SATA 控制器（启用）

--------[处理器]---

处理器 英特尔 第二代酷睿 i3-2120 @ 3.30GHz 双核

步进 D2

速度 3.30 GHz（100MHz×33.0）

处理器数量 核心数：2 / 线程数：4

核心代号 Sandy Bridge DT

生产工艺 32 纳米

插槽/插座 Socket H2（LGA 1155）

一级数据缓存 2×32KB, 8-Way, 64 Byte lines

一级代码缓存 2×32KB, 8-Way, 64 Byte lines

二级缓存 2×256KB, 8-Way, 64 Byte lines

三级缓存 3MB, 12-Way, 64 Byte lines

特征 MMX, SSE, SSE2, SSE3, SSSE3, SSE4.1, SSE4.2, HTT, EM64T, EIST

--------[硬盘]---

产品 希捷 ST500DM002-1BD142

大小 500 GB

转速 7200 转/分

缓存 16 MB

硬盘已使用 共 1641 次，累计 21252 小时

固件 KC65

接口 SATA II

数据传输率 600.00MB/s

特征 S.M.A.R.T, 48-bit LBA, NCQ

--------[内存]---

A1_DIMM0 记忆科技 DDR3 1333MHz 2GB

制造日期 2012 年 04 月

型号 7F7F7F7F43 RMR1810MM58E8F1333

序列号 15EE7414

厂商 Ramaxel

模块位宽：64bit

模块电压：SSTL 1.5V

A1_DIMM1 记忆科技 DDR3 1333MHz 2GB

制造日期 2012 年 04 月

型号 7F7F7F7F43 RMR1810MM58E8F1333

序列号 41F5EA5E

厂商 Ramaxel

模块位宽：64bit

模块电压：SSTL 1.5V

--------[显卡]--

主显卡 Nvidia GeForce 405

显存 512 MB

制造商 微星

制造商 Nvidia

BIOS 版本 Version 70.18.2b.0.1a

BIOS 日期 11/04/10（非显卡制造日期）

驱动版本 9.18.13.1090

驱动日期 12-29-2012

--------[显示器]--

产品 联想 LEN1152 L197 Wide

厂商 联想

固件程序日期 2012 年 04 月（非显示器制造日期）

屏幕尺寸 19.1 英寸（41 厘米×26 厘米）

显示比例 宽屏 16：10

分辨率 1440×900 32 位真彩色

Gamma 2.20

电源管理 Active-Off

--------[其他设备]--

产品 索尼-NEC Optiarc DVD RW AD-7290H DVD 刻录机

缓存/固件：1024 KB /10D1

网卡 瑞昱 RTL8168/8111/8112 Gigabit Ethernet Controller

制造商 联想

声卡 瑞昱 ALC662 @ 英特尔 6 Series Chipset HD Audio Controller

声卡 Nvidia GT218 HD Audio Controller

键盘 PS/2 标准键盘

鼠标 HID-compliant 鼠标

--------[传感器]--

名称 NUVOTON NCT6776

CPU 温度 48℃

CPU 核心 51℃

CPU 封装 51℃

主板 28℃

显卡 46℃

硬盘温度 36℃

风扇 1462 转

报告中还有其他很多扩展部件的内容，这里只摘录了主要部件部分，其他的部分可以在自己学习的时候注意了解。

第四节　交　付　客　户

一、向客户交付计算机

1．向客户交付主机

在计算机交付时，最主要的内容就是交付主机，在交付的时候需要注意以下几点。

（1）主机已经关机。

（2）USB 接口应该无连接。

（3）主机上的各个附件应该齐全。

（4）主机应该完整地装进外包装箱。

（5）在装机器的时候将电源线、信号线一并装入包装箱。

2．向客户交付外设

计算机的外设是向客户交付的硬件部分，这部分设备可能比较多，所以在交付的时候一定要逐项交接清楚。

（1）向客户交付键盘、鼠标。

（2）向客户交付显示器。

（3）向客户交付摄像头、音箱、麦克风、耳机等。

（4）向客户交付打印机等外设。

3．向客户交付随机软件与说明书

随机软件与说明书是客户产品的重要组成部分，但有的客户对此没有认识，所以在交付的时候需要特别注意。交付的内容主要有以下几项。

（1）向客户交付驱动程序。

（2）向客户交付随机附带的软件光盘。

（3）向客户交付各类说明书，特别是主板的说明书，说明书在以后的设置中会很有用，要向客户特别说明。

（4）向客户交付各种附件，如支架、剩余的螺钉等。

（5）向客户交付配置单，配置单是将来进行保修时的重要资料，要求客户妥善保管。

在交付以上几项内容时，要一一向客户说明，重点说明用途。

同时，在交付各类配件的时候，要向客户说明其保修政策，如键盘和鼠标保修 3 个月，硬盘、主板保修 1 年等。

4．向客户交付赠品

在销售过程中经常会向客户赠送各类物品，如 U 盘、配电盘、鼠标垫等，在交付产品的时候，应该将这些赠品一并交付，并在交付时向客户说明其使用方法和保修政策。

5．询问客户是否还有问题

千万不要把交付过程当作销售的结束，而应该把它当作下一次销售的开始。有了这样的心态，就能把握住在工作中需要注意的问题。

在交付即将完成的时候，一定要向客户询问还有什么问题，这时可以使用一些谈话技巧，将问题问得婉转一些，如"您看还有什么可以为您做的"或"您对我们还有什么要求"等。

6. 请客户留下联系方式

在客户给出明确的信号，确认交付完成的时候，可以通过意见卡、留言本或档案本等形式，请客户留下联系方式，以便于后续的服务。

二、客户档案的建立

客户档案是一个公司的宝贵资料，是在逐年的工作中积累下来的。

前面提到，在交付时请客户留下联系方式，这就是积累客户资源的一种重要方法。在客户留下联系方式的同时，也就留下了姓名、性别、年龄等信息，再把机器配置单等自己掌握的信息进行补充，就得到了一份完整的客户档案。

在以后为客户提供服务的时候，客户档案是一份重要的资料，可以快速提供机器信息、客户信息，让服务人员有所准备，做到快速服务、满意服务。

在有了新的产品，或者客户机器快要换代的时候，也可以主动与客户联系，向他们推送这些信息，让客户进行选择，提高公司的业务量。

三、计算机质保的内容

按照国家的行业规定，各计算机公司都有自己的质保服务政策，政策中也有不同的规定，在业界达成共识的质保内容有如下几项。

1. 整机质保

计算机的整机质保时间一般为 1 年，即 1 年内为客户提供免费的维修服务，但要求客户送修，如果是上门服务，则要收取上门费。

2. 配件的更换

计算机配件的更换政策有国家规定、厂家规定、商家规定，还有客户与集成商的合同约定，大概可以总结为以下几条。

（1）配件 3 天（有的商家可以达到 7 天）内无条件免费更换。

（2）修不好的配件免费更换。

（3）当配件无货时，可以加钱更换高端配件。

（4）按照厂家规定，主板、硬盘等通用件可以达到 1 年包换。

（5）耗材不换。

（6）耗件（如鼠标）不换。

3. 配件的维修

计算机配件的维修难度比较大，一般的商家并不具备直接对配件进行维修的能力，所以它们是根据厂家的政策提供服务的。

（1）主要配件（如主板等）可以保修 3 年。

（2）电源、显示器等大多为保修 1 年。

（3）鼠标、键盘为保修 3 个月。

（4）耗材不保修。

当然，在国家政策的范围内，不同厂商、不同品牌、不同产品的质保政策也可能会有很大的差别，所以要在第一时间了解公司的售后服务政策，学习相关质保条款，做到心中有数，这样才能在与客户交往中处于主动地位。

项目九　计算机日常维护

关键词

系统恢复，系统还原，Ghost，计算机清理，镜像文件，系统优化，木马病毒，插件，流氓软件

重点难点

（1）掌握计算机维护的常用方法。
（2）掌握 Ghost 软件的使用。
（3）掌握 360 安全卫士软件的使用。
（4）使用 Ghost 软件进行系统备份和恢复。

思维导图

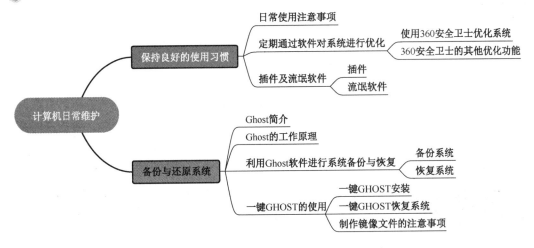

复习内容

计算机虽然安装了杀毒软件及防火墙软件，也升级更新了系统漏洞补丁，但计算机在使用一段时间后，随着安装程序的逐渐增多，开机启动项、恶意插件、流氓软件等也逐渐增多。由于疏于日常维护，久而久之，计算机运行速度就会变慢，甚至系统频繁崩溃和需要重启。因此，科学正确地做好日常维护，既有利于计算机的健康，也可以降低计算机出现故障的概率。

第一节　保持良好的使用习惯

一、日常使用注意事项

（1）杀毒软件、防火墙软件等病毒防护和网络防护软件，应设置为开机自启动模式。如图 2-9-1 所示，该计算机的 360 杀毒和 360 安全卫士全部开启保护功能。类似的杀毒软件还有金山毒霸、瑞星等。此外，还要及时对病毒库进行升级更新，如果杀毒软件不能及时更新，就达不到好的防毒效果。

图 2-9-1　开启杀毒和网络防护软件

（2）尽量避免安装一些无用的软件或插件。如图 2-9-2 所示，在安装搜狗拼音输入法时，出现附加软件的安装选项，这种情况一般都是默认安装，建议取消勾选。

（3）选择正确的卸载程序的方式，不要直接删除文件夹。如图 2-9-3 所示，通过软件自带的卸载程序进行卸载，也可以通过控制面板中的"卸载/更改"程序功能实现，如图 2-9-4 所示。

图 2-9-2　合理安装软件

图 2-9-3　软件自带的卸载程序

（4）防范 U 盘传播计算机病毒。对外来 U 盘，要先进行病毒查杀，切勿直接双击打开，确认无病毒后再打开。一般杀毒软件或安全软件都有 U 盘防毒功能，应确认开启此项功能，如图 2-9-5 所示。

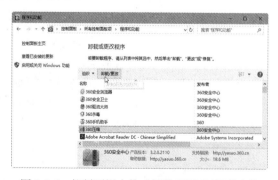

图 2-9-4　控制面板中的"卸载/更改"程序功能

图 2-9-5　360 U 盘小助手

（5）上网浏览网页时，要避免浏览不良网站，避免浏览有大量弹出式网页广告的网站，避免打开这些网站的广告；网络中不确定的文件尽量不要下载或打开，避免文件内带有计算机病毒；正在浏览的网页突然弹出对话框提出修改某些设置时，在不能确定安全的情况下，一律不理睬并拒绝修改设置，如图 2-9-6 所示。

图 2-9-6　被阻止的存在恶意软件的网站

二、定期通过软件对系统进行优化

随着各类应用软件的安装、删除、卸载，硬盘中的垃圾文件会日益增多，并占用了大量空间，降低了系统运转的速度，导致系统的整体性能下降。因此，需要使用 360 安全卫士、瑞星安全助手、腾讯电脑管家、Windows 优化大师等软件进行系统优化。下面以 360 安全卫士为例介绍系统优化的方法。

1. 使用 360 安全卫士优化系统

（1）双击桌面上的"360 安全卫士"图标 ，运行 360 安全卫士，进入如图 2-9-7 所示的界面，建议对计算机进行体检。

（2）单击"立即体检"按钮，软件会自动为计算机进行体检，如图 2-9-8 所示。

图 2-9-7　运行 360 安全卫士

图 2-9-8　对计算机进行体检

（3）360 安全卫士会对计算机的系统故障、垃圾文件、运行速度、漏洞、木马、系统强化等方面依次进行全面的体检，并最终打分，如图 2-9-9 所示。

（4）在计算机体检完毕后，软件会给出详细的报告和修复建议，如图 2-9-10 所示。

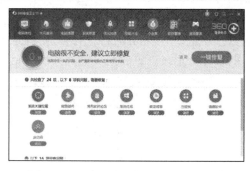

图 2-9-9　对计算机进行全面的体检并打分　　　　图 2-9-10　给出详细的报告和修复建议

（5）单击"一键修复"按钮，软件将依次对上述建议修复项进行修复，存在安全问题的计算机在修复完成后通常需要重新启动，如图 2-9-11 所示。

图 2-9-11　修复完成后的情况

2．360 安全卫士的其他优化功能

360 安全卫士还提供了更强大的功能模块，如木马查杀、计算机（电脑）清理、系统修复、优化加速、人工服务、宽带测速器等，如图 2-9-12 所示。用户可以通过每个功能模块对计算机进行更全面、深入的防护和优化。

图 2-9-12　"360 安全卫士"对话框

1）木马查杀

木马（Trojan）这个名字来源于古希腊传说（"特洛伊木马计"故事）。木马与计算机网络中常常用到的远程控制软件有些相似，但由于远程控制软件是"善意"的，通常不具有隐蔽性；木马则完全相反，它通过伪装吸引用户下载执行，向木马施种者提供打开被种者计算机门户的权限，使施种者可以任意毁坏、窃取被种者的文件，甚至远程操控被种者的计算机。可以选择"快速查杀""全盘扫描""按位置查杀"这三种功能进行木马查杀，

进行木马查杀和扫描的界面如图 2-9-13 所示。

扫描完成后，弹出如图 2-9-14 所示的界面。

图 2-9-13　进行木马查杀和扫描　　　　　图 2-9-14　扫描完成

2）计算机清理

在长时间使用计算机时，系统会产生大量的垃圾文件，经常清理可以提升计算机的运行速度和浏览网页的速度。360 安全卫士可以对计算机中的垃圾文件、不必要的插件、使用计算机和上网时产生的痕迹、注册表中多余的项目等内容进行一键清理，即全面清理，当然，也可以逐一清理。单击"电脑清理"按钮，弹出如图 2-9-15 所示的界面。

3）系统修复

系统修复模块用于修复计算机异常、及时更新补丁和驱动程序，确保计算机安全。单击"系统修复"按钮，弹出如图 2-9-16 所示的界面，有常规修复、漏洞修复、软件修复、驱动修复等功能。

图 2-9-15　计算机清理界面　　　　　　　图 2-9-16　系统修复界面

4）优化加速

优化加速模块用于优化软件自启动状态、系统和内存配置、网络配置和性能、硬盘传输效应，从而全面提升计算机的开机速度、系统速度、上网速度和硬盘速度，让计算机的运行畅通无阻。启动项可以把系统启动时自动启动的软件关闭，以加快系统的开机速度。优化加速的关键是开机"启动项"的设置，只需要保留杀毒、防火墙等系统启动项，关闭所有建议"可以禁止启动的项目"，就会大大提高系统的启动速度。

单击"优化加速"按钮，弹出如图 2-9-17 所示的界面，单击"全面加速"按钮即可对计算机进行优化，提升计算机速度。

5）人工服务

单击"人工服务"按钮，可以针对"上网异常""软件问题""游戏环境""电脑卡慢""电脑故障"等问题进行简单的维护与维修。也可以提交问题，快速查找解决方案，如图 2-9-18 所示。

图 2-9-17　优化加速界面　　　　　　　　　图 2-9-18　人工服务

6）宽带测速器

如果想知道所使用网络的速度、上传/下载速度，可以单击"宽带测速器"按钮测试网速，如图 2-9-19 所示。

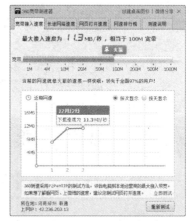

图 2-9-19　宽带测速

7）更多功能

单击"更多"按钮，打开如图 2-9-20 所示的界面，除了上述功能模块，360 安全卫士还有主页防护、免费 Wi-Fi、流量防火墙、系统急救箱及升级助手等功能。

图 2-9-20　"我的工具"列表

三、插件及流氓软件

1. 插件

插件是指会随着浏览器的启动自动执行的程序，根据插件在浏览器中的加载位置，可以将插件分为工具条、浏览器辅助、搜索挂接、下载 ActiveX。

有些插件程序能够帮助用户更方便地浏览互联网或调用上网辅助功能，也有一部分插件程序被称为广告软件或间谍软件。此类恶意插件程序会监视用户的上网行为，并把所记录的数据报告给插件程序的创建者，以达到投放广告、盗取游戏或银行账号和密码等的非法目的。

因为插件程序由不同的发行商发行，发行商的技术水平良莠不齐，插件程序很可能与其他运行中的程序发生冲突，由此可能会出现各种页面错误、运行时间错误等现象，影响正常浏览。

2. 流氓软件

流氓软件是介于计算机病毒和正规软件之间的软件，例如，在使用计算机上网时，不断跳出窗口让自己的鼠标无所适从；计算机浏览器被莫名修改，增加了许多工作条；当用户打开网页时，会出现不相干的奇怪画面，甚至出现黄色广告。有些流氓软件只是为了达到某种目的，如广告宣传，这些流氓软件不会影响计算机的正常使用，但在启动浏览器时会多弹出一个网页，进行广告宣传。

第二节　备份与还原系统

一、Ghost 简介

Ghost 是赛门铁克公司开发的一个用于系统、数据备份与恢复的工具，其具有数据定时备份、自动恢复，以及系统备份、恢复的功能，俗称克隆软件。

Ghost 采用图形用户界面使软件的应用简单明了。该工具对计算机的硬件要求不高，支持 FAT32、FAT64、NTFS、HPFS、UNIX、Novell 等多种文件系统。Ghost 有两种文件备份方式，分别为不压缩方式和压缩方式。

二、Ghost 的工作原理

Ghost 的基本工作原理是将硬盘的一个分区或整个硬盘作为一个对象来操作，完整地复制硬盘分区信息、操作系统的引导区信息等，压缩成一个映像文件，在恢复的时候，把保存的映像文件恢复到对应的分区或对应的硬盘中。它的功能包括两个硬盘之间的对拷、两个硬盘的分区对拷、两台计算机之间的硬盘对拷、制作并保存硬盘信息的映像文件等。分区备份功能最常使用，也就是将硬盘的一个分区压缩备份成映像文件，然后存储在另一个分区或其他备份的硬盘中，当现有的系统发生问题时，可以将所备份的映像文件复制回来，让系统恢复正常。

三、利用 Ghost 软件进行系统备份与恢复

Ghost 备份硬盘可以分为整块硬盘（Disk）备份和分区硬盘（Partition）备份。整块硬盘备份是指将整块硬盘的内容复制到另一块硬盘上；分区硬盘备份是指将硬盘的一个分区

的内容复制到其他分区或另一块硬盘上。

运行 Ghost，弹出 Ghost 信息窗口，如图 2-9-21 所示，单击"OK"按钮，进入 Ghost 主菜单。

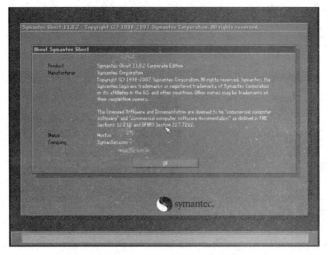

图 2-9-21　Ghost 信息窗口

在 Ghost 中，Disk 表示硬盘功能选项，Partition 表示磁盘分区功能选项，Check 表示检查功能选项。

Disk 硬盘功能主要有备份系统（To Image）和恢复系统（From Image）。

1．备份系统

利用 Ghost 将主分区上的所有内容（操作系统）完整地备份到一个映像文件中。

（1）在 Ghost 主菜单中选择"Local"命令，执行"Local"→"Partition"→"To Image"命令，如图 2-9-22 所示，将本地分区的内容生成镜像文件。

（2）选择备份分区所在的本地硬盘，单击"OK"按钮，如图 2-9-23 所示。

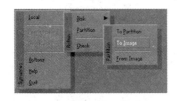

图 2-9-22　镜像的菜单操作

图 2-9-23　选择分区所在的本地硬盘

（3）按上、下方向键选择需要镜像（备份）的分区，单击分区选项或按 Enter 键表示确认，然后单击"OK"按钮，如图 2-9-24 所示。

（4）选择镜像文件的保存路径，并给镜像文件命名，单击"Save"按钮，如图 2-9-25 所示。

（5）选择镜像压缩方式，如图 2-9-26 所示。No 表示不压缩；Fast 表示快速压缩，制作与恢复镜像的时间较短，但生成的镜像文件将占用较多的磁盘空间；High 表示高度压缩，制作与恢复镜像的时间较长，但是生成的镜像文件将占用较少的磁盘空间。为了加快压缩速度和之后的恢复速度，这里采用快速压缩。

（6）单击"Fast"按钮，弹出如图 2-9-27 所示的提示框。

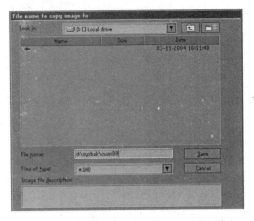

图 2-9-24 选择需要进行镜像的分区   图 2-9-25 设置镜像文件保存路径及文件名

图 2-9-26 选择镜像压缩方式   图 2-9-27 确认创建镜像文件

（7）单击"Yes"按钮，系统开始创建镜像文件，如图 2-9-28 所示。

（8）建立镜像文件，如图 2-9-29 所示。成功得到镜像文件，主分区系统被备份为后缀为.gho 的镜像文件。

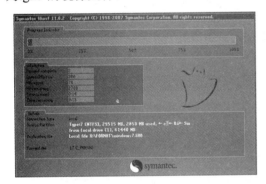

图 2-9-28 创建镜像文件   图 2-9-29 建立镜像文件

2．恢复系统

利用 Ghost 将镜像文件恢复至主分区，这是系统备份的逆过程。

（1）运行 Ghost，执行"Local"→"Partition"→"From Image"命令（将镜像文件恢复至主分区），如图 2-9-30 所示。

（2）选择要恢复的镜像文件，如图 2-9-31 所示。

（3）单击"Open"按钮，弹出如图 2-9-32 所示的提示框，选择本地磁盘（需要恢复分区所在的磁盘）。

（4）单击"OK"按钮，按 Enter 键，弹出如图 2-9-33 所示的提示框，选择目标分区，即要被恢复的分区，单击"OK"按钮。

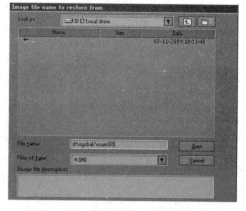

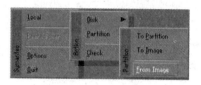

图 2-9-30　恢复系统的菜单操作

图 2-9-31　选择要恢复的镜像文件

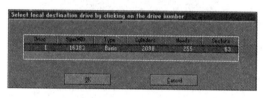

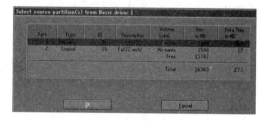

图 2-9-32　选择恢复分区的本地磁盘

图 2-9-33　选择恢复目标分区

（5）确认分区恢复操作，单击"Yes"按钮，如图 2-9-34 所示。

（6）成功恢复分区，如图 2-9-35 所示。

图 2-9-34　确认恢复分区

图 2-9-35　成功恢复分区

四、一键 GHOST 的使用

Ghost 操作比较复杂，对于一般用户而言，进行系统备份和恢复有些不方便。而一键 GHOST 软件可以很容易地解决这个难题。一键 GHOST 的使用非常方便，用户只需要按方向键和 Enter 键，就可以轻松地一键备份或恢复系统。

1. 一键 GHOST 安装

（1）下载一键 GHOST，并在 Windows 7 操作系统下安装，如图 2-9-36 所示。

（2）单击"立即安装"按钮，弹出如图 2-9-37 所示的安装简介对话框。

（3）单击"下一步"按钮，弹出如图 2-9-38 所示的对话框，选中"我同意该许可协议的条款"单选按钮。

（4）单击"下一步"按钮，弹出如图 2-9-39 所示的对话框，选中"普通模式"单选按钮，确定速度模式。

图 2-9-36　一键 GHOST 的安装界面

图 2-9-37　一键 GHOST 的安装简介

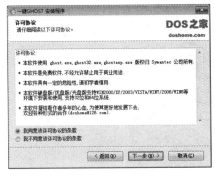

图 2-9-38　一键 GHOST 的安装协议

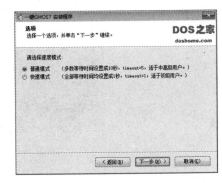

图 2-9-39　一键 GHOST 的速度模式

（5）单击"下一步"按钮，弹出如图 2-9-40 所示的对话框，显示安装进程。

（6）安装完成时，会弹出如图 2-9-41 所示的对话框，选择运行方式，这里勾选"立即运行一键 GHOST"复选框，单击"完成"按钮。

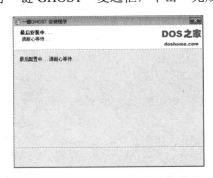

图 2-9-40　一键 GHOST 的安装进程

图 2-9-41　一键 GHOST 的运行方式

2．一键 GHOST 恢复系统

1）备份系统

（1）运行一键 GHOST，打开"一键 GHOST"对话框，选中"一键备份系统"单选按钮，单击"备份"按钮，系统重启将增加一个"一键 GHOST"启动项。启动"一键 GHOST"，弹出"一键 GHOST 主菜单"对话框，如图 2-9-42 所示。

（2）在"一键 GHOST 主菜单"对话框中选择"1．一键备份系统"选项，弹出如图 2-9-43 所示的警告提示对话框。

图 2-9-42　一键 GHOST 主菜单

图 2-9-43　警告提示对话框（一）

（3）单击"备份"按钮，进入如图 2-9-44 所示的界面。

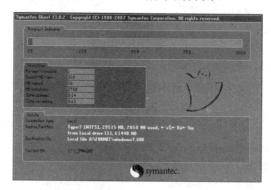

图 2-9-44　备份系统镜像文件

2）恢复系统

（1）系统备份完成后，.gho 文件就已经存档了。再次运行一键 GHOST，系统直接进入"一键 GHOST 主菜单"对话框，如图 2-9-42 所示，选择"2. 一键恢复系统"选项，弹出如图 2-9-45 所示的警告提示对话框。

（2）单击"恢复"按钮，进入如图 2-9-46 所示的界面。

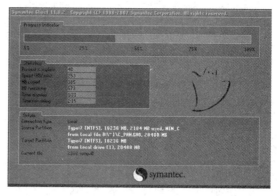

图 2-9-45　警告提示对话框（二）　　　　　　图 2-9-46　恢复系统镜像文件

3. 制作镜像文件的注意事项

利用 Ghost 为客户的系统制作一个镜像文件，并存放在硬盘中，等到需要恢复系统的时候，直接打开进行恢复，省时、省事，但在制作过程中需要注意以下几点。

（1）备份文件需要和被备份的磁盘分开，如备份了 C 盘，则备份文件存放在除 C 盘之外的其他磁盘中。一个集体可以达成默契，就是大家把镜像文件放在同一个路径下，按相同的规则命名，这样无论谁为客户服务，都可以轻松找到镜像文件，快速恢复系统。例如，将镜像文件都放在最后一个磁盘中，统一创建一个关于 sys 的文件夹，文件名统一为"sysback******"，后面的星号是制作文件当天的日期。

（2）备份文件的大小和选用的软件与备份时选用的参数有关，需要在目标盘中留有足够的空间。

（3）制作镜像前先尽量把相关参数设定好，如开机顺序、时间和日期、开机密码等，并且要装好相关软件，还可以先为客户设置好 IP 地址，装好驱动程序。

（4）使用备份文件恢复系统后，系统将恢复到备份时间点，在为客户恢复系统前，一定要保护好客户的文件。

项目十 计算机维修服务及常见故障维修

关键词

网络故障，计算机维修，售后服务，故障诊断，故障检测，硬件侦错技术

重点难点

（1）掌握常见故障的维修方法。
（2）掌握维修服务流程的规范要求。
（3）掌握常见的故障检测方法。
（4）掌握常见故障的维修技巧。

思维导图

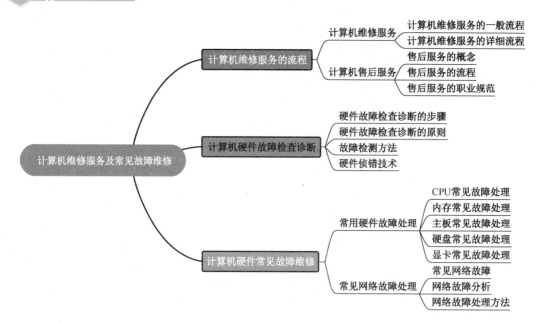

复习内容

计算机在使用过程中出现故障是在所难免的。对于软件故障，可以通过计算机日常维护的方法及系统恢复进行解决；但一旦出现硬件故障，用户处理起来往往觉得很棘手。如果是品牌计算机且在保修期内，可由该品牌售后服务部门免费维修；但如果是兼容机且超出了保修期，需要自己维修又将如何处理呢？

第一节　计算机维修服务的流程

一、计算机维修服务

1．计算机维修服务的一般流程

（1）当客户的计算机出现故障时，客户可以拨打当地授权维修中心的电话寻求在线支持，或者直接将计算机送到维修中心申请维修。

（2）接待工程师将客户信息输入系统，并对故障机器进行预检。

（3）客户同意后开始维修。

（4）维修完毕通知客户取机。

2．计算机维修服务的详细流程

下面以在授权维修中心接待客户维修为例，介绍计算机维修服务的流程。

（1）接待。接待人员应当面带微笑，及时拉近和客户之间的距离，把客户因路途遥远、机器故障带来的烦躁情绪平定下来，帮助客户领取排队号。

（2）预检。接待工程师询问故障并确认客户信息，然后根据客户描述的故障进行复检，检测过程严格按照检测规范进行操作，故障复现，与客户再次确认。填写或打印取机凭证，送别客户。

（3）实施操作。接待工程师根据业务规则分派维修工程师，填写相关信息，并将客户机器送到维修间。

（4）维修工程师维修故障机器。

（5）通知客户取机。

（6）再次接待客户。

（7）验机。客户出示取机凭证，接待工程师复验机器后，还要请客户亲自操作，让客户确定问题已经解决，并让客户在验机单上签字确认。

（8）送别客户。

二、计算机售后服务

1．售后服务的概念

售后服务就是在商品出售以后所提供的各种服务活动，包括产品介绍、送货、安装、调试、维修、技术培训和上门服务等。

在市场竞争激烈的今天，随着消费者维权意识的提高和消费观念的变化，消费者在选购产品时，不仅关注产品实体本身，在同类产品的质量和性能相似的情况下，更加重视产品的售后服务。因此，企业在提供物美价廉的商品同时，还要向消费者提供完善的售后服务，这已成为现代企业市场竞争的新焦点。

2．售后服务的流程

产品的售后服务，既有生产厂商直接提供的，也有经销商提供的，但更多是以生产厂商、经销商合作的方式展现给消费者的。例如，联想集团、惠普公司等知名企业都建立了独立于经销商之外的完善且规范的售后流程。

售后服务流程规定得十分仔细、规范，如联想公司的阳光售后服务流程规范包括现场维修服务流程规范、站内维修服务流程规范、取机服务流程规范、热线接听服务流程规范、商业客户上门服务流程规范和消费客户上门服务流程规范。

3. 售后服务的职业规范

服装整齐，注重仪表；微笑服务，关注客户；轻拿轻放，爱惜机器；规范操作，行为专业；擦拭机器，耐心指导（摘自《联想阳光服务规范V3.0》手册）。即通过贴心、专业、细致、规范的服务，处处体现专业素养、用户需求至上、主动服务的特色。

第二节　计算机硬件故障检查诊断

一、硬件故障检查诊断的步骤

（1）先软件后硬件。
（2）先外部后内部。
（3）先电源后部件。
（4）先简单后复杂。

二、硬件故障检查诊断的原则

1. 观察了解

认真观察计算机周围环境及内部的环境，询问了解故障现象和故障出现前的异常情况及软件和硬件的配置。一是观察故障现象，要了解计算机正常工作时的特征、显示的内容，以便对出现的故障进行比较；二是观察计算机内部的环境，如灰尘是否太多、各部件的连接是否正确、是否有烧坏的痕迹、部件是否有变形、指示灯是否有异常等；三是观察计算机周围的环境，如电源供电是否正常、外部连接是否正常、环境温度是否过高、湿度是否太大等。

2. 分析思考

对于观察了解到的现象，结合已有的知识和经验认真思考、分析，不仅要找出故障点，还要找出故障原因。

3. 主次分明

在维修过程中要分清主次，有时可能会碰到故障机不止有一个故障现象（如启动过程中显示器黑屏，但主机启动运行，同时键盘无反应等）。因此，应该先判断、维修主要的故障现象，再维修次要的故障现象，有时次要的故障可能已经不再需要维修。

三、故障检测方法

1. 观察法

认真观察是故障检测过程中的第一个方法，需要观察的内容主要包括以下几点：一是机器摆放的环境，包括温度、湿度等；二是插头、插座及插槽的连接状况等；三是客户使用的操作系统、所使用的应用软件等；四是客户的操作习惯、过程等。

2. 清洁法

故障往往是由机器内的较多灰尘引起的，在维修之前应该先进行除尘操作，再进行判断维修。清洁插头、插座、插槽的连接板卡的金手指部分；清洁大规模集成电路、元器件等引脚处；清洁散热风扇、风道。用于清洁的工具包括小毛刷、橡皮、吹风机或吸尘器、柔软布和无水酒精等。

3．最小系统法

硬件最小系统由电源、主板和 CPU 组成。在这个系统中，没有任何信号线的连接，只有电源到主板的电源连接。可以通过声音来判断这个核心组成部分是否可以正常工作。

软件最小系统由电源、主板、CPU、内存、显卡/显示器、键盘和硬盘组成。这个最小系统主要是用来判断系统是否可以完成正常的启动与运行的。

4．逐步添加/去除法

逐步添加法是指以最小系统为基础，每次只向系统中添加一个部件/设备或软件，以检查故障现象是否消失或发生变化，以此来判断并定位故障部位。逐步去除法与逐步添加法的操作正好相反。逐步添加/去除法一般与最小系统法、替换法配合使用，这样可以较为准确地定位故障部位。

5．屏蔽（隔离）法

屏蔽（隔离）法是将可能妨碍故障判断的硬件或软件屏蔽（隔离）起来的一种判断方法。它也是用来将怀疑相互冲突的硬件、软件隔离开以判断故障是否发生变化的一种方法。对于软件来说，就是停止运行被怀疑软件，或者直接卸载；对于硬件来说，就是在设备管理器中，禁用、卸载其驱动程序，或者干脆将硬件从系统中去除。

6．替换法

替换法就是用好的部件代替可能有故障的部件，以判断故障现象是否消失的一种维修方法。

7．比较法

用好的部件与怀疑有故障的部件进行外观、配置、运行现象等方面的比较，也可以在两台计算机之间进行比较，以判断故障计算机在环境设置、硬件配置方面的不同，从而找出故障部位。

8．升温/降温法

升温法通常设法降低计算机的通风能力，靠计算机自身的发热来升温。降温法有如下几种：选择环境温度较低的时段；使计算机停机一定的时间；用电风扇对着故障机吹风；使用空调降低环境温度。

9．敲打法

敲打法就是在怀疑某部件有接触不良的故障时，通过震动、适当扭曲，甚至用橡胶锤敲打，使故障复现，从而判断并找出发生故障的部件。

四、硬件侦错技术

目前，硬件侦错技术有以下三种。

第一种是主板指示灯显示，该技术是将主板上 BIOS 的工作指令与主板上的 4 个不同颜色的发光二极管相连，通过发光二极管发光的不同组合，将主板的工作情况表达出来，通过查询主板上的客户手册，可以得到不同的灯光组合所代表的故障含义，从而将计算机工作出现的故障可视化。

第二种是语音提示，把语音提示与主板的报错代码联系起来，当主板工作出现问题时，该功能会用语音向客户发出提示，达到检查和维修计算机的目的。

第三种是利用 Debug 卡，它可以将主板启动时 BIOS 内部自检程序的检测过程转换成代码，读取卡上的显示代码，对照故障代码表，可以快速诊断或定位主板、内存、CPU、电源等相关部件的故障，适用于绝大多数生产厂商的带 ISA 或 PCI 插槽的主板，可以诊断机器自检（从加电启动、系统自检至显示器正常显示）过程中遇到的问题。

第三节　计算机硬件常见故障维修

一、常用硬件故障处理

计算机的常用硬件包括 CPU、内存、主板、硬盘、显卡等，通过对上述硬件的故障进行分析，可以了解不同硬件故障的处理方法。

1. CPU 常见故障处理

CPU 是集成度极高的电子器件，目前有能力生产 CPU 的厂家主要是 Intel 公司和 AMD 公司，所以 CPU 真正的芯片级维修是不可能的，如果 CPU 有故障，那么只能更换。但本节介绍的 CPU 常见故障是指与 CPU 相关的一些小故障。

1）CPU 常见故障

（1）计算机工作不稳定，运行一段时间可能会崩溃停机。

（2）有时频繁重启或关闭计算机。

（3）开机无法通过自检。

（4）开机后主机无反应，显示器无信号输出，但有时又能正常工作。

2）故障分析

上述故障主要由以下三种情况导致。

（1）CPU 风扇不能正常工作，导致 CPU 的温度上升，主板 BIOS 设置温度保护，导致系统关闭或频繁重启。

（2）CPU 超频不当，导致计算机无法通过自检或计算机无法工作。

（3）CPU 的触点与 CPU 插座接触不好，导致计算机无法启动。

3）处理方法

（1）查看 CPU 风扇是否转速很慢甚至停转，风扇卡扣是否没有卡好，或者散热片是否倾斜，若存在上述几种现象，CPU 就不能正常散热，当温度上升到设定的临界温度时，CPU 就会死机，导致计算机频繁重启。解决的方法是除尘、卡好扣具、需要更换 CPU 风扇时应及时更换。

（2）如果 CPU 风扇没有问题，就要考虑是否做了 CPU 超频。如果可以正常进入 BIOS 设置，则将 CPU 的频率改回原始频率即可；如果开机后无任何反应，显示器无反应，无法正常进入 BIOS 设置，则可以使用 BIOS 跳线或开关清除 CMOS，恢复出厂 BIOS 设置。

（3）如果还未解决故障，则需要清洁 CPU 触点，然后重新安装 CPU，排除故障。

2. 内存常见故障处理

内存的质量及可靠性对整台计算机的稳定性和可靠性起着至关重要的作用。

1）内存常见故障

（1）开机黑屏。

（2）显示器无信号输出。

（3）伴有一长三短的报警声。

2）故障分析

此故障多由接触不良所致。内存金手指氧化、机器在移动过程中或内存没有安装到位，都会导致内存与插槽接触不良，引发故障。

3）处理方法

（1）取下内存，重新装好后再开机，如果能正常启动则说明是内存没有安装好而引起的接触不良。

（2）如果故障依然存在，就再取下内存用酒精或橡皮擦拭内存上的金手指，用酒精擦拭内存插槽后再安装，如果正常启动，则说明故障是由金手指上有灰尘或氧化导致的。

（3）如果还不能正常启动，就换一个内存插槽；如果能正常启动，则说明可能是内存插槽的故障。

（4）如果上述方法都无法解决问题，则内存有可能产生物理损坏。此时需要使用替换法来确定故障硬件。如果更换内存，排除了故障，则说明原来的内存是物理损坏；如果更换了内存，故障依然存在，则说明内存插槽出现了问题。

3．主板常见故障处理

1）主板常见故障

（1）开机时出现"CMOS Battery State Low"提示信息，更改 BIOS 设置后不能长时间保存。

（2）开机后系统时间不正确，修改后不能保存。

（3）开机后出现一些英文提示信息，如"CMOS checksum error-Defaults loaded"或"Award Soft Ware，IncSystem Configurations"等。

（4）计算机频繁死机。

2）故障分析和处理方法

（1）出现 BIOS 设置后不能长时间保存，或者开机后系统时间不正确，可以先检查 CMOS 跳线或 CMOS 开关是否在清除状态，如果不是，则是由主板电池电压不足造成的，更换主板电池即可。

（2）开机时出现英文提示信息，计算机不能正常启动，可以做清除 CMOS 设置处理，或者进入 BIOS 设置，选择 BIOS 默认设置，排除故障。

（3）计算机频繁死机，多是由主板接触不良、短路造成的。主板的面积较大，是聚集灰尘较多的地方。时间久了，可能会导致插槽与板卡接触不良，也可能引起主板芯片散热效果差，导致系统频繁死机，处理方法是去除灰尘，清洁主板，解决接触不良的问题及主板散热的问题。

4．硬盘常见故障处理

1）硬盘常见故障

（1）计算机自检屏幕显示"disk boot failure，insert system disk"。

（2）计算机找不到硬盘，并死机。

（3）硬盘指示灯不断闪烁，硬盘发出异常响声。

2）故障分析

（1）计算机自检屏幕显示硬盘自检错误，这可能是由于硬盘数据线或电源线没有插好，或者连接线松动引起的。

（2）如果数据线和电源连接正常，进入 BIOS 设置，手动检测不到硬盘或硬盘在运行过程中发出异常响声，则是硬盘的物理故障引起的。

3）处理方法

（1）如果硬盘数据线或电源线没有插好，则检查连接线，重新连接。

（2）如果检测不到硬盘，并发出异响，则建议将硬盘返厂维修。

（3）如果检测到硬盘，则可以使用 scandisk 命令或 chkdsk 命令检查是否存在硬盘逻辑错误。如果检测出坏磁道，则可以用诺顿磁盘医生进行修复。

5．显卡常见故障处理

1）显卡常见故障

（1）开机黑屏，显示器无信号输出，或者伴有比较急促、重复的报警声。

（2）显示器出现花屏现象。

2）故障分析

（1）开机黑屏，显示器无信号输出，或者伴有"嘀嘀嘀"比较急促、重复的报警声，此故障是显卡接触不良导致的。显卡金手指氧化或内存条没有安装到位，都会引起显卡与显卡插槽的接触不良，进而引起故障。

（2）导致显示器出现花屏现象的原因主要有 4 个：一是显卡长期使用，散热不好；二是显卡长期过热工作，导致显卡电容被烧爆；三是显存出现问题；四是显卡或 CPU 超频。

3）处理方法

（1）接触不良的处理方法：取下显卡，清洁显卡散热风扇或散热片上的灰尘；使用酒精或橡皮擦拭显卡上的金手指，用酒精擦拭显卡插槽后再安装，即可排除故障。

（2）花屏的处理方法：如果是散热不好，则清洁显卡的散热风扇或散热片上的灰尘；如果散热风扇运转不畅，就更换新的风扇；如果显卡电容被烧爆，那么更换同型号电容即可修复；如果是显存的问题，就只能更换显卡；如果是超频所致，那么降回原来的工作频率即可。

二、常见网络故障处理

1．常见网络故障

（1）网卡的驱动程序安装不当。

（2）显示网络电缆被拔出。

（3）未识别的网络，无网络访问。

2．网络故障分析

（1）网卡的驱动程序安装不当，包括网卡驱动程序未安装或安装了错误的驱动程序不兼容，都会导致网卡无法正常工作。

（2）显示网络电缆被拔出，主要是 RJ-45 水晶头松动、网线断开，无法连接到交换机。

（3）未识别的网络，无网络访问，是因为主机的网络地址参数设置不当。

3．网络故障处理方法

（1）重新安装网卡驱动程序或更新网卡驱动程序。

（2）查看 RJ-45 水晶头。首先检查 RJ-45 水晶头是否接触不良，可以考虑重做 RJ-45 水晶头；然后用网络测线器测试网线是否连通。如果 RJ-45 水晶头与网线均正常，则查看计算机所连接的交换机是否打开，若未打开，则打开交换机。

（3）重新配置网卡的 IP 地址，IP 地址不要与其他主机的 IP 地址存在冲突；网关、DNS 配置均要正确。在"网络邻居"中能看到网络中其他的计算机，但无法对其进行访问，这可能是网络协议设置存在问题，一般要将网络协议删除，然后重新安装，并重新设置。

计算机组装与维修题型示例

一、名词解释

1．微型计算机	2．USB
3．计算机外部接口	4．CPU 主频
5．主板扩展插槽	6．运算器
7．存储器	8．平板式计算机
9．CPU	10．高速缓存
11．SLI	12．硬盘容量
13．平均寻道时间	14．IEEE 1394 接口
15．超频	16．热插拔
17．控制器	18．GPU
19．数据传输率	20．内存
21．超线程技术	22．HDMI
23．EFI	24．输入设备
25．主板	26．CPU 插槽
27．SATA 接口	28．主板芯片组
29．硬盘分区	30．虚拟内存
31．CMOS	32．BIOS
33．双通道	34．闪存
35．固态硬盘	36．显存
37．显卡	38．对比度
39．显存位宽	40．显示芯片
41．串行接口	42．3C 认证
43．TDP	44．响应时间
45．U 盘启动盘	46．杀毒软件
47．Ghost	48．北桥芯片
49．eSATA	50．光猫
51．系统软件	52．替换法
53．操作系统	54．计算机病毒
55．驱动程序	56．系统补丁
57．集成主板	58．硬盘转速
59．防火墙	60．插件
61．硬件系统	62．高速缓冲存储器
63．硬盘的平均寻道时间	64．总线扩展槽
65．刷新频率	66．像素点距
67．即插即用	68．计算机系统
69．调制解调器	70．虚拟内存

二、判断题

1．目前市场常用的生产的微型计算机所用的微处理器全部为 64 位并且是多核心的。
（　　）

2．外存通常是磁性介质或光盘，如硬盘、软盘、磁带、CD 等，能长期保存信息，并且不依赖电来保存信息，但是需由机械部件带动。
（　　）

3．计算机自动工作的过程，实际上是自动执行程序的过程，而程序中的每条指令都是由运算器来分析执行的，它是计算机实现工作过程的主要部件。
（　　）

4．按照散热器带走热量的方式，可以将散热器分为主动散热和被动散热，前者常见的是散热片，后者常见的是风冷散热器。
（　　）

5．微型计算机的发展通常以微处理器芯片 GPU 的发展为核心。
（　　）

6．主频用来表示 CPU 的运算速度，主频越高，表明 CPU 的运算速度越快。
（　　）

7．利用 Ghost 为客户的系统制作一个镜像文件，放在硬盘中，等到需要恢复系统的时候，直接打开进行恢复，省时、省力。
（　　）

8．可视角度是 LCD 显示器的主要技术参数之一，可视角度值越大越好。
（　　）

9．完整的计算机系统由硬件系统和操作系统两大部分组成，二者缺一不可。
（　　）

10．运算器的主要功能是对数据进行加、减、乘、除等基本运算，它不能进行逻辑运算。
（　　）

11．存储器是由成千上万个"存储单元"构成的，每个存储单元存放一定位数的二进制数，每个存储单元都有唯一的编号，称为存储单元的地址。
（　　）

12．Intel 公司是全球最大的半导体芯片制造商，它成立于 1968 年，总部位于美国洛杉矶，具有产品创新和市场领导的历史。
（　　）

13．计算机内存储器只用于程序和数据的暂存，如果关闭电源或断电，其中的程序和数据不会丢失。
（　　）

14．计算机的键盘和鼠标设备一般都接在计算机主机背板 I/O 的 USB 接口上。
（　　）

15．由于 SATA 硬盘采用了点对点的连接方式，因此每个 SATA 接口只能连接一块硬盘，而且不需要设置跳线。
（　　）

16．存储器是具有"记忆"功能的设备，在计算机中采用只有"0"和"1"的二进制代码来表示数据。
（　　）

17．80 PLUS 属于新兴的认证规范，是为加速节能科技的发展而制定的标准，是电源转换效率较高的一个标志。
（　　）

18．电源的功率必须大于计算机机箱内全部配件所需电源之和，并且要留有一定的储备功率。
（　　）

19．在安装 CPU 风扇之前，为了使风扇固定，需要在 CPU 上涂大量的硅胶。
（　　）

20．在组装计算机时，在主板 CPU 插座上安装 CPU 的时候不存在方向问题，可以任意插拔。
（　　）

21．一般来说，对于相同尺寸的显示器，分辨率越大，点距越小，所显示的内容就越多，显示的图像越清晰，而显示的字体也就越大。
（　　）

22．在组装计算机前一定要释放身上的静电，可以采用握一个大铁块、洗手或戴防静电环等方法。　　　　　　　　　　　　　　　　　　　　　　　　　　　（　　）

23．计算机的 CPU、硬盘缓存的大小与计算机的运行性能没有什么关系。　（　　）

24．北桥芯片不仅承担着 CPU 与内存之间的数据交换和传输功能，还承担着 USB、声卡、网卡及 SATA 设备之间的连接功能。　　　　　　　　　　　　　　　（　　）

25．传统的芯片组是由南桥和北桥两个芯片构成的，目前的主板芯片组已经不完全是南北桥结构，有的芯片组已经是单芯片设计。　　　　　　　　　　　　　　　（　　）

26．USB 接口应用比较广泛，下一代 USB 接口将会有改动方向，为 Type-C USB 接口，可支持正反两面插，并且传输数据信号强。　　　　　　　　　　　　　　　　　（　　）

27．对于微型计算机来说，内存一般采用半导体存储单元，包括 RAM、ROM 和 Cache。　　　　　　　　　　　　　　　　　　　　　　　　　　　　　　　　　（　　）

28．在连接 POWER LED 时，绿色线表示的是正极，白色线表示的是接地端。

　　　　　　　　　　　　　　　　　　　　　　　　　　　　　　　　　　（　　）

29．HDMI（High Definition Multimedia Interface）的中文名称为高清晰度多媒体接口，可以传送无压缩的音频信号及视频信号。　　　　　　　　　　　　　　　　　（　　）

30．当计算机操作系统出现漏洞时不会受到黑客攻击，只能受到病毒感染。（　　）

31．冯·诺依曼理论的要点是存储程序、串行执行和数据共享。　　　　　（　　）

32．Award BIOS 自检中发出一长两短的响声表示内存存在错误。　　　　（　　）

33．计算机工作不稳定，有时运行一会儿就会死机属于内存故障。　　　　（　　）

34．在市场上新购买的硬盘必须先进行低级格式化之后才能使用。　　　　（　　）

35．计算机主机的机箱和电源的稳定性直接影响计算机的工作状况与使用寿命。

　　　　　　　　　　　　　　　　　　　　　　　　　　　　　　　　　　（　　）

36．电源开关（POWER SW）使用了二线连接，并且无极性。　　　　　　（　　）

37．显存容量有共享显存和实际显存之分。共享显存利用虚拟内存的容量，而虚拟内存使用硬盘的容量。　　　　　　　　　　　　　　　　　　　　　　　　　　（　　）

38．机箱喇叭、硬盘指示灯和电源指示灯的信号线是有方向性的。　　　　（　　）

39．一块物理硬盘既可以设置成一块逻辑盘使用，也可以设置成多块逻辑盘使用。

　　　　　　　　　　　　　　　　　　　　　　　　　　　　　　　　　　（　　）

40．通常所指的内存品牌为内存条品牌，而非内存芯片品牌，内存品牌和内存芯片品牌的含义不一样。　　　　　　　　　　　　　　　　　　　　　　　　　　　　（　　）

41．按机箱结构分类，在 4 类结构中，AT 仍是目前应用最为广泛的计算机机箱种类。

　　　　　　　　　　　　　　　　　　　　　　　　　　　　　　　　　　（　　）

42．若主板上集成了显卡、网卡、声卡和 CPU，则其属于高集成度的主板，一旦出了问题，就可能会给整个计算机带来灾难性的后果。　　　　　　　　　　　　　　（　　）

43．计算机安装的 Windows 8、Windows 10 操作系统属于计算机应用软件。　（　　）

44．CPU 超频就是通过手动提高外频或倍频来提高主频，目前只有 Intel CPU 才能实现。　　　　　　　　　　　　　　　　　　　　　　　　　　　　　　　　　（　　）

45．BIOS 主要有 3 种品牌：Award BIOS、AMI BIOS 及 Phoenix BIOS。　　（　　）

46．USB 3.0 是最新的 USB 规范，最高传输速率可达 6Gb/s。　　　　　　　（　　）

47．CPU 缓存（Cache Memory）是位于 CPU 与内存之间的临时存储器，它的容量比内存小但交换速度快。　　　　　　　　　　　　　　　　　　　　　　　　　（　　）

48．电源是计算机的能量来源，为计算机主机内的 CPU 和主板部件供电。（　　）

49．硬盘内部的缓存会将读取比较频繁的一些数据存储在缓存中，再次读取时就可以从缓存中直接传输。（　　）

50．包括操作系统在内的计算机的各种软件、程序、数据都需要保存在计算机硬盘中。（　　）

51．南桥芯片负责 I/O 总线之间的通信，如 PCI 总线、USB、LAN、ATA、SATA、音频控制器、键盘控制器、实时时钟控制器、高级电源管理等。（　　）

52．目前市场上流行的计算机分为台式机、服务器、笔记本式计算机和平板式计算机。（　　）

53．将计算机系统的所有硬件组装连接好之后，即可正常运行和使用。（　　）

54．因为现在的主板都支持即插即用，所以任何设备都不需要单独安装驱动程序。（　　）

55．计算机各硬件的驱动程序只能使用其附带的光盘安装。（　　）

56．安装网卡之后，既不用安装驱动程序，也不用设置 IP 地址，可以直接使用。（　　）

57．计算机的性能主要包括软件性能和硬件性能，但软件对计算机的性能起着决定性的作用。（　　）

58．在使用 Ghost 时，必须有两个或两个以上的硬盘才能实现硬盘功能。（　　）

59．数据传输速率的单位一般采用 MB/s 或 Mb/s。（　　）

60．对磁盘或分区进行格式化操作时，通常不会导致现有的磁盘或分区中所有的文件被清除。（　　）

61．内存容量的大小直接影响计算机执行速度，容量越大，存储的数据越多，CPU 读取的数据块的容量也越大，运行速度就越快。（　　）

62．显卡可以显示多少种颜色和可以支持的最高分辨率与显示内存大小无关。（　　）

63．所有被还原的硬盘或移动盘，其上面原有的资料将会全部丢失。（　　）

64．一体机主要配置无线鼠标、键盘和无线网卡，它只需要一根电源线就可以完成所有设备的连接。（　　）

65．内存只用于程序和数据的暂存，一旦关闭电源或断电，其中的程序和数据就会丢失。（　　）

66．安装双通道内存时尽量与 CPU 靠近一些，这样有利于数据交换。（　　）

67．目前市场上 CPU 的接口基本是针脚式接口，对应到主板上就有相应的插槽类型。（　　）

68．配置一台高性价比的计算机，首先要选购一块好的主板。（　　）

69．搬动显示器时，不要忘记将电源线和信号线拔掉，而插拔电源线和信号线时，应先关机，以免损坏接口电路的元器件。（　　）

70．显存的速度以纳秒（ns）为单位，数字越大速度越快。（　　）

71．计算机所连接的硬件设备只有安装并配置了适当的驱动程序，操作系统才能够使用该设备。（　　）

72．为了在开机启动时就询问密码，在"Advanced BIOS Features"中应将"Password Check"选项设置为"System"。（　　）

73．软件超频是指利用主板上的跳线，强迫 CPU 在更高的频率下工作来达到超频的目的。（　　）

74．笔记本式计算机内存与台式计算机内存的性能、外观完全一致，可以互用。（　　）

75．计算机故障按照产生的原理来分，可以分为硬件故障和软件故障。（　　）

76．微软发布的系统补丁 Hotfix 是微软针对某一个具体的系统漏洞或安全问题而发布的专门解决程序，Hotfix 的程序文件名有严格的规定。（　　）

77．在组装计算机时，可以先将主板固定在机箱内，然后安装 CPU。（　　）

78．硬盘生产厂商生产的硬盘必须经过分区和高级格式化处理步骤后，才能被计算机利用。（　　）

79．DiskGenius 是一款磁盘管理及数据恢复软件，只支持传统的 MBR 磁盘。（　　）

80．目前的杀毒软件一般都具备两种功能，一是预防病毒，二是清除病毒。（　　）

81．通常将每块硬盘称为物理硬盘，而将在硬盘分区之后所建立的具有 "C：" 或 "D："等的各类 "Drive/驱动器" 称为逻辑盘。（　　）

82．计算机硬件测试一般包括两个方面，一是硬件的基本性能指标，二是硬件的测试性能指标。（　　）

83．市场上的打印机类型中，激光打印机属于击打式打印机。（　　）

84．CMOS 是主板上一种用电池供电的可读/写 RAM 芯片，它与 BIOS 是完全相同的。（　　）

85．装机前要用手触摸地板，或者洗手，用于释放身上携带的静电。（　　）

86．查找计算机故障的一般原则是 "先软后硬，先外后内"。（　　）

87．操作系统是管理计算机硬件资源、控制其他程序运行，并为用户提供交互操作界面的系统软件的集合。（　　）

88．选购计算机硬件配置发烧友的发烧机时，重点考虑的是价格。（　　）

89．若计算机外部设备不能正常工作，则一定是该外部设备存在故障。（　　）

90．在开机自检时，如果屏幕提示 "CMOS Battery State Low"，则表明应该更换主板小电池。（　　）

91．在关闭或重新启动微型计算机之前，必须先关闭所有的应用程序，然后正常退出 Windows 操作系统，否则可能会对系统造成破坏或丢失数据。（　　）

92．随着一些软件的安装，计算机进入系统的时间变得越来越长，这是因为某些软件把自己放进了系统自启动项。（　　）

93．主板是微机中最基本的也是最重要的部件之一，主板的品牌、类型和品质决定着整个微机系统的类型和档次。（　　）

94．安装三通道内存，道理与双通道一样，同时插三条相同的内存于相同颜色的内存插槽中。（　　）

95．计算机病毒是不会破坏计算机硬件的，只会破坏操作系统及软件。（　　）

96．我们去市场上购买计算机配件时，在选择各个硬件时没有先后顺序，可以随机地一件一件选择。（　　）

97. 微型计算机中的输出设备用于把在内存中存放的计算机处理的结果输出到屏幕上显示，在打印机上打印，或者在外部存储器上存放。（　　）

98. 在微型计算机中，系统软件是指控制、管理和协调计算机及其外围设备，支持应用软件的开发和运行的软件的总称。（　　）

99. 简单来说，硬件更换法就是利用好的设备逐一替换现有设备从而确定故障所在。（　　）

100. CMOS 叫作互补金属氧化物半导体存储器，是内存的一种，CMOS 可以由主板的后备电池供电，即使系统掉电，信息也不会丢失。（　　）

101. CPU 总是从内存读取数据。（　　）

102. CPU 是决定一台微机性能的核心部件。（　　）

103. 降低计算机使用次数或使用时间，就能延长计算机寿命。（　　）

104. 计算机可以在高温环境中长期稳定运行。（　　）

105. 组装计算机时，可以佩戴防静电手环。（　　）

106. 计算机在运行时可以随意移动。（　　）

107. 计算机最好运行在远离磁场的环境下。（　　）

108. 计算机里的灰尘只是比较难看，不会影响计算机的正常使用。（　　）

109. 新安装 Office 2010，不需要激活即可使用。（　　）

110. 计算机电源接通后，首先进行上电自检。（　　）

111. 现在的键盘一般有 101 个或 104 个键，另外还有 107 或 108 键的。（　　）

112. 并行接口的特点是，数据各位同时传递，数据传输较快，适合于远距离传输。（　　）

113. 安装 CPU 的时候不存在方向问题。（　　）

114. 内存中的信息和外存中的信息在断电后都会丢失。（　　）

115. AGP 插槽一般比 PCI 插槽要长。（　　）

116. 鼠标和键盘的插口可以混用。（　　）

117. 声卡一般安装在 AGP 槽或 ISA 槽中。（　　）

118. 硬盘可以作为主盘，但光驱只能作为从盘。（　　）

119. 在连接电源线和数据线时都要注意方向。（　　）

120. 将一块硬盘分成几个分区后，如果一个分区安装了操作系统，则其他的分区不能再安装操作系统。（　　）

121. 当从硬盘启动时，有且只有一个分区中的操作系统投入运行。（　　）

122. 如果要对硬盘进行逻辑分区，目前只能使用 Windows 和 DOS 提供的 Fdisk 来实现。（　　）

123. 一个操作系统必须有一个基本分区，但是也只能有一个基本分区。（　　）

124. 一个硬盘的基本分区最多不能超过 4 个，一个硬盘可以安装的操作系统数目最多也只有 4 个。（　　）

125. 设置了扩展分区后不能直接使用，要将扩展分区分为一个或几个逻辑分区才能被操作系统识别和使用。（　　）

126. FAT 和 FAT32 是 Windows 9x 采用的文件系统，而 NTFS 则一般由 Windows NT 和 Windows 2000 所采用。（　　）

127. 只有已经安装并配置了适当的驱动程序，操作系统才能够使用该设备。（　　）

128．所谓驱动程序，就是允许特定的设备与操作系统进行通信的程序。（　　）

129．微机故障是微机系统由于某部分硬件或软件不能正常工作引起的。（　　）

130．计算机系统是指计算机的软件系统，不包括硬件。（　　）

131．计算机病毒可以通过电子邮件传播。（　　）

132．可以用软件和硬件技术来检测与消除计算机病毒。（　　）

133．在计算机中 CPU 是通过数据总线与内存交换数据的。（　　）

134．计算机能直接识别的语言是汇编语言。（　　）

135．为解决某一个问题而设计的有序指令序列就是程序。（　　）

136．微型计算机中使用最普遍的字符编码是 ASCII 码。（　　）

137．运算器的主要功能是实现算术运算和逻辑运算。（　　）

138．按照国际惯例，非正版软件能用于生产和商业性目的。（　　）

139．ROM 中的数据只能读取，不使用专用设备不能写入。（　　）

140．C 语言属于一种机器语言。（　　）

141．软件研发部门采用设计病毒的方式惩罚非法复制软件行为的做法并不违法。
（　　）

142．所有十进制小数都能准确地转换为有限位二进制小数。（　　）

143．计算机必须具备硬盘才能工作。（　　）

144．任何病毒都是一种破坏程序，所以程序使用时间过长都会退化成一种病毒。
（　　）

145．计算机能够直接识别的是 0、1 代码表示的机器语言。（　　）

146．计算机系统由硬件系统和软件系统组成。（　　）

147．硬盘驱动器是内部存储器，主要用于存放需长期保存的程序和数据。（　　）

148．CD-ROM 驱动器的接口标准是 SCSI 接口。（　　）

149．ROM 是随机存储器。（　　）

150．在选择主板时，应先确定主板所要采用的芯片组，其次才是选择具体的品牌。
（　　）

151．在主板芯片组中，南桥芯片组起着主导性的作用，也称为主桥。（　　）

152．不同的 CPU 需要不同的芯片组来支持。（　　）

153．内存的读/写周期是由内存本身来决定的。（　　）

154．CPU 有一级、二级缓存，而硬盘没有缓存。（　　）

155．现在越来越多的 CPU 把高速二级缓存放在 CPU 内部。（　　）

156．计算机中使用的各类扩展槽是由芯片组来支持的。（　　）

157．内存对计算机的速度和稳定性没有什么影响。（　　）

158．显存和 RAM 一样，也有存取速度的差别。（　　）

159．一般来说塑料音箱的效果要比木制音箱好。（　　）

160．计算机的性能主要包括软件性能和硬件性能，软件对计算机的性能起着决定性作用。（　　）

三、选择题（每小题只有一个选项是正确的）

1．世界上第一块微处理器 4004 是 Intel 公司于（　　）年推出的。
　　A．1971　　　　　B．1946　　　　　C．1965　　　　　D．1956

2. 微型计算机的发展史可以看作（　　）的发展历史。

    A. 电子芯片   B. ROM   C. 存储器   D. 微处理器

3. 计算机硬件系统包括（　　）。

    A. 运算器、控制器、存储器

    B. 运算器、控制器、输入设备、输出设备

    C. 主机、显示器、键盘、鼠标

    D. 运算器、控制器、存储器、输入设备、输出设备

4. 计算机的核心部件是（　　）。

    A. 控制器   B. 存储器   C. 运算器   D. CPU

5. 下列各项中的（　　）不是目前市场上主板主要采取的 BIOS。

    A. Award   B. SIS   C. AMI   D. Phoenix

6. USB 3.0 标准接口的传输速率是（　　）。

    A. 1.5Gb/s   B. 5Gb/s

    C. 1Gb/s   D. 3Gb/s

7. 关于 CMOS 电池的作用，下列说法正确的是（　　）。

    A. CMOS 电池是为了给主板供电

    B. CMOS 电池是为了给 CPU 风扇供电

    C. CMOS 电池可以作为 UPS 电源给整个主机供电

    D. CMOS 电池是为了在主板断电期间维持 CMOS 内容及系统时钟的运行

8. 下列属于内存储器的是（　　）。

    A. 光盘   B. 硬盘   C. 内存条   D. Cache

9. 要从硬盘引导系统，硬盘至少需要建立不同的分区，所以建立（　　）就是分区的第一步。

    A. 扩展分区   B. 主分区   C. 逻辑分区   D. 激活分区

10. 当执行外部命令时，首先要将外存上的外部命令程序调入（　　），然后执行。

    A. 硬盘   B. 内存   C. 控制器   D. 输入设备

11. 关于 CPU 超频，下列说法不正确的是（　　）。

    A. 超频可以提高计算机运行速度

    B. 超频是迫使 CPU 在超出正常频率下工作

    C. 超频对 CPU 使用寿命无影响

    D. 超频将缩短 CPU 的使用寿命

12. RJ-45 接口所连接的双绞线由（　　）芯不同颜色的金属丝组成。

    A. 2   B. 4   C. 6   D. 8

13. 下列设备既具有输入功能又具有输出功能的是（　　）。

    A. 硬盘   B. 触屏显示器   C. 打印机   D. 键盘

14. 硬盘工作时应特别注意避免（　　）。

    A. 噪声   B. 磁铁   C. 震动   D. 环境污染

15. 需要高带宽大数据通信的用户，一般都采用（　　）线路接入。

    A. 光纤   B. 双绞线   C. 网卡   D. 同轴电缆

16. 下面设备不属于外设的是（　　）。

    A. 数码相机   B. 摄像头

C．打印机　　　　　　　　　　　D．硬盘

17．I/O 背板接口是计算机主机与（　　　）连接的插座结合。

　　A．输入/输出设备　　　　　　　B．输入设备

　　C．外部设备　　　　　　　　　　D．输出设备

18．在计算机工作时，（　　　）为运算器提供计算机所用的数据。

　　A．指令寄存器　　B．控制器　　　　C．存储器　　　　D．CPU

19．在计算机中，IEEE 1394 接口又称为（　　　）。

　　A．并行接口　　　　　　　　　　B．火线接口

　　C．SCSI 接口　　　　　　　　　　D．硬盘接口

20．音频接口用于接入耳机和有源音箱，一般是（　　　）的。

　　A．粉红色　　　　B．草绿色　　　　C．浅蓝色　　　　D．深蓝色

21．主机箱内的主要部件不包括（　　　）。

　　A．CPU　　　　　B．主板　　　　　C．键盘　　　　　D．电源

22．在使用小键盘时，通过（　　　）键，可以在光标和数字功能之间切换。

　　A．Num Lock　　 B．Tab　　　　　 C．Caps Lock　　　D．Shift

23．（　　　）是内存的一部分，CPU 对其只取不存。

　　A．ROM　　　　　B．RAM　　　　　C．CMOS　　　　　D．寄存器

24．存储器容量的基本单位是（　　　）。

　　A．数字　　　　　B．字母　　　　　C．符号　　　　　D．字节

25．完整的计算机系统同时包括（　　　）。

　　A．硬件和软件　　B．主机与外设　　C．输入/输出设备　D．内存与外存

26．主要负责 CPU 与内存之间的数据交换和传输的是（　　　）。

　　A．北桥芯片　　　B．内存芯片　　　C．内存地址　　　　D．南桥芯片

27．在 CPU 和内存之间通过（　　　）来解决速度不匹配的问题。

　　A．存储器　　　　B．Cache　　　　 C．硬盘　　　　　　D．U 盘

28．NTFS 是伴随 Windows NT 操作系统出现的分区格式，支持的最大分区容量为
（　　　），支持容量在 4GB 以上的文件，能更有效地管理磁盘空间。

　　A．10GB　　　　　B．1TB　　　　　 C．2TB　　　　　　D．4GB

29．现代计算机的结构仍遵循计算机之父（　　　）的观点。

　　A．爱因斯坦　　　　　　　　　　B．牛顿

　　C．冯·诺依曼　　　　　　　　　 D．爱迪生

30．SATA 3.0 的速率最高能达到（　　　）。

　　A．1Gb/s　　　　 B．1.5Gb/s　　　 C．3Gb/s　　　　　D．6Gb/s

31．下列打印机类型中，属于击打式打印机的是（　　　）。

　　A．激光打印机　　　　　　　　　B．喷墨打印机

　　C．针式打印机　　　　　　　　　D．都不是

32．硬盘与计算机主机之间的接口正走向标准化，目前常用的硬盘接口类型不包括
（　　　）。

　　A．IDE　　　　　 B．SATA　　　　　C．SCSI　　　　　 D．PCI-E

33．硬盘分区包括（　　　）。

　　A．主分区和扩展分区　　　　　　　　B．扩展分区和物理分区

    C．主分区和逻辑分区　　　　　　　　　　D．扩展分区和活动分区

34．组装计算机可以分为 4 个步骤，下列（　　　）组的顺序是正确的。

    A．硬件组装→格式化硬盘→分区硬盘→安装操作系统

    B．硬件组装→格式化硬盘→安装操作系统→分区硬盘

    C．分区硬盘→格式化硬盘→硬件组装→安装操作系统

    D．硬件组装→分区硬盘→格式化硬盘→安装操作系统

35．计算机病毒是指（　　　）。

    A．传染给用户的磁盘病毒　　　　　　　　B．感染病毒的磁盘

    C．具有破坏性的特制程序　　　　　　　　D．已感染病毒的程序

36．日常计算机开机启动时，如果想要进入 BIOS 设置，则应立刻按下（　　　）键，就可以进入 BIOS 设置界面。

    A．Del　　　　　　　B．Ctrl　　　　　　　C．Alt　　　　　　　D．Enter

37．在开机自检过程中，如果屏幕提示 "Hard disk not present" 或类似信息，则可能是（　　　）的问题。

    A．硬盘引导损坏　　　　　　　　　　　　B．操作系统

    C．CMOS 硬盘参数设置有错误　　　　　　D．硬盘扩展分区损坏

38．下列不属于连接显示器的接口的是（　　　）。

    A．VGA　　　　　　　B．HDMI　　　　　　C．DVI　　　　　　　D．AGP

39．计算机维修中常用方法之一是最小系统法，硬件的最小系统包括（　　　）。

    A．CPU、主板、电源　　　　　　　　　　B．主板、电源、显卡

    C．电源、CPU、主板、显卡　　　　　　　D．CPU、主板、电源、内存

40．市场上的固态硬盘和机械硬盘最大的区别是（　　　）。

    A．存储容量　　　　　　　　　　　　　　B．读/写速度

    C．市场价格　　　　　　　　　　　　　　D．存储方式

41．一台计算机在正常运行时显示器突然黑屏，主机电源灯灭，电源风扇停转，故障位置在（　　　）。

    A．主机电源　　　　　　B．显示器　　　　　　C．硬盘　　　　　　　D．显卡

42．计算机主机不支持热插拔的接口是（　　　）。

    A．IEEE 1394　　　　　B．eSATA　　　　　　C．AGP　　　　　　　D．USB

43．若装机后开机，显示器无显示并且可以听见不断长响的报警声，则故障在（　　　）。

    A．CPU　　　　　　　B．显卡　　　　　　　C．内存　　　　　　　D．主板

44．如果按字长来划分，那么计算机可以分为 8bit 机、16bit 机、32bit 机和 64bit 机。所谓 32bit 机是指该计算机所用的 CPU（　　　）。

    A．同时能处理 32bit 二进制数　　　　　　B．具有 32bit 的寄存器

    C．只能处理 32bit 二进制定点数　　　　　D．有 32 个寄存器

45．下列设备可以使家庭无线局域网内的笔记本式计算机、平板式计算机连接到互联网的是（　　　）。

    A．网卡　　　　　　　B．交换机　　　　　　C．集线器　　　　　　D．无线路由器

46．构成三通道内存时需要将内存插在（　　　）。

    A．相同颜色的插槽中

    B．不同颜色的插槽中

C．2 个相同且 1 个不同颜色的插槽中

D．1 个相同且 2 个不同颜色的插槽中

47．开机时计算机发出一长一短的响声是（　　　）。

 A．内存故障   B．显卡故障

 C．RAM 或主板故障   D．显示器故障

48．在计算机系统中（　　　）的存储容量最大

 A．内存   B．硬盘   C．光盘   D．U 盘

49．下列不属于 BIOS 芯片种类的是（　　　）。

 A．ROM   B．Flash ROM

 C．EPROM、EEPROM   D．SRAM

50．（　　　）硬盘多用于服务器和专业工作站。

 A．SCSI   B．IDE   C．SATA   D．SATA Ⅳ

51．目前，主板多以 DDR4 内存插槽为主，通常主板会提供（　　　）个内存插槽。

 A．1～2   B．2～3   C．2～4   D．3～4

52．硬盘的平均寻道时间的单位是（　　　）。

 A．ms   B．ns   C．s   D．μs

53．计算机主板上的扩展插槽主要有连接主板的（　　　）。

 A．硬盘和光驱的 SATA 接口   B．安装 CPU 的 CPU 插槽

 C．内存插槽   D．键盘、鼠标 PS/2 接口

54．固态硬盘的存储介质分为（　　　）。

 A．ROM 和 RAM   B．DRAM 和 Flash 芯片

 C．DRAM 和 ROM   D．NVRAM 和 DRAM

55．下列关于主存储器（也称为内存）的叙述，错误的是（　　　）。

 A．当前正在执行的指令必须预先存放在主存储器内

 B．主存由半导体器件（超大规模集成电路）构成

 C．字节是主存储器中信息的基本编址单位，一个存储单元存放 1 字节

 D．存储器执行一次读/写操作只读出或写入 1 字节

56．既能传输视频信号，也能传输音频信号的接口是（　　　）。

 A．HDMI   B．DVI   C．VGA   D．S 端子

57．下列关于低级格式化的叙述，错误的是（　　　）。

 A．低级格式化会彻底清除硬盘中的内容

 B．低级格式化需要特殊的软件

 C．低级格式化只能在硬盘出厂时进行一次

 D．硬盘的低级格式化在每个磁片上划分出一个个同心圆的磁道

58．测试网速的方法有很多，其中（　　　）方法不能测试网速。

 A．使用 Ping 命令   B．硬件提速

 C．打开特定网页   D．在线测试

59．目前，市场主流的内存类型是（　　　）。

 A．DDR2   B．RDRAM   C．DDR4   D．SDRAM

60．中国电源强制性认证是（　　　）。

 A．80ROHS   B．CCC   C．中国节能认证   D．CE

61．在计算机系统内进行硬盘分区时，若想得到一个 50GB 的分区，则应输入（　　　）。

    A．50000　　　　　B．51200　　　　　C．50　　　　　D．48828

62．插件是指会随着 IE 浏览器的启动自动执行的程序，根据插件在浏览器中的加载位置，哪一项不是它的属性？（　　　）

    A．工具条（ToolBar）　　　　　　　B．浏览器辅助（BHO）

    C．搜索挂接（URL SearchHook）　　D．下载 Flash

63．下列是市场上计算机硬件生产主板厂商的是（　　　）。

    A．现代　　　　　B．华硕　　　　　C．三星　　　　　D．希捷

64．驱动精灵是一款集（　　　）于一体的、专业级的驱动管理和维护工具。

    A．驱动安装和系统维护　　　　　　B．驱动管理和硬件检测

    C．驱动管理和系统维护　　　　　　D．驱动安装和硬件检测

65．描述内存条存取时间的单位是（　　　）。

    A．ms　　　　　B．ps　　　　　C．ns　　　　　D．MHz

66．接待客户的主要内容不包括（　　　）。

    A．商品陈列　　　B．接待礼仪　　　C．工作着装　　　D．严谨求实

67．计算机病毒的主要传播途径不包括（　　　）。

    A．移动磁盘　　　B．电子邮件　　　C．网络浏览　　　D．系统漏洞

68．关于 Ghost，下列说法不正确的是（　　　）。

    A．Ghost 是赛门铁克公司开发的一款用于系统数据备份与恢复的工具

    B．Ghost 具有数据定时备份、自动恢复与系统备份恢复的功能

    C．Ghost 采用图形用户界面使软件的应用简单明了

    D．Ghost 工作的基本方法是将硬盘分区后再备份数据

69．下列 CPU 是 AMD 公司生产的是（　　　）。

    A．Core 2 Duo　　B．Celeron D　　C．Celeron　　　D．Athlon 64 X2

70．执行应用程序时，和 CPU 直接交换信息的部件是（　　　）。

    A．内存　　　　　B．硬盘　　　　　C．U 盘　　　　　D．光盘

71．Office 2010 属于（　　　）。

    A．操作系统　　　　　　　　　　　B．系统软件

    C．数据库系统　　　　　　　　　　D．应用软件

72．LCD 是指（　　　）。

    A．阴极射线管显示器　　　　　　　B．等离子显示器

    C．发光二极管显示器　　　　　　　D．液晶显示器

73．目前，市场主流的主板板型是（　　　）。

    A．AT1　　　　　B．ATX　　　　　C．BTX　　　　　D．Micro ATX

74．关于主频，下列说法正确的是（　　　）。

    A．主频是指 CPU 的时钟频率　　　B．主频是指交流电源的频率

    C．主频是指主板的工作频率　　　　D．主频是指内存的存取频率

75．在以下设备中，存取速度最快的是（　　　）。

    A．硬盘　　　　　B．虚拟内存　　　C．内存　　　　　D．CPU 缓存

76．国内有几大网络运营商，不是同时经营固定上网和移动上网业务的是（　　　）。

    A．中国联通　　　B．中国移动　　　C．中国电信　　　D．联想公司

77. 杀毒软件是计算机系统的（　　　）。

　　A．引导程序　　　　B．操作系统　　　　C．应用软件　　　　D．监控程序

78. 计算机的（　　　）能带电进行操作。

　　A．任何连接、插拔操作　　　　　　　B．任何跳线

　　C．任何紧固或盖机箱盖操作　　　　　D．机器调试

79. ATX 电源有（　　　）个引脚。

　　A．10　　　　　　　B．20/24　　　　　　C．30　　　　　　　D．40

80. 闪存卡的主要技术参数不包括（　　　）。

　　A．传输速率　　　　　　　　　　　　B．读速度和写速度

　　C．控制芯片　　　　　　　　　　　　D．质量安全认证

81. 确定计算机配置的正确顺序是（　　　）。

　　A．CPU→主板、显卡→内存、硬盘、显示器→键盘、鼠标、机箱

　　B．机箱→主板、CPU→内存、显卡→硬盘、显示器、键盘、鼠标

　　C．硬盘、显示器→主板、CPU→内存、显卡→机箱、键盘、鼠标

　　D．CPU→主板、显卡、显示器→内存、硬盘→机箱、键盘、鼠标

82. （　　　）越小，液晶显示器各液晶分子对输入信号反应的速度就越快，画面的流畅度就越高。

　　A．显示器的尺寸　　　　　　　　　　B．亮度、对比度

　　C．可视角度　　　　　　　　　　　　D．响应时间

83. 下列（　　　）工具不是计算机常用的硬盘分区工具。

　　A．PK05　　　　　　　　　　　　　　B．DM

　　C．Norton PartitionMagic　　　　　　D．DiskGenius

84. 对微型计算机进行维护时，不经常使用的工具包括（　　　）。

　　A．尖嘴钳　　　　　B．不锈钢镊子　　　C．十字旋具　　　　D．剪刀

85. 显卡上存放图形数据的芯片是（　　　）。

　　A．显示芯片　　　　B．显存芯片　　　　C．数模转换芯片　　D．显卡 BIOS

86. 计算机硬件测试一般包括两个方面：一个是硬件的基本性能指标，另一个是硬件的（　　　）指标。

　　A．工作频率　　　　B．测试性能　　　　C．工作电压　　　　D．存取时间

87. 微型计算机主板中使用的 SATA 接口属于（　　　）。

　　A．并行接口　　　　B．串行接口　　　　C．SAS 接口　　　　D．火线接口

88. 积累客户资料的一种重要方法是（　　　）。

　　A．向客户交付主机　　　　　　　　　B．请客户留下联系方式

　　C．向客户交付外设　　　　　　　　　D．向客户交付赠品

89. 计算机中运算器所在的位置是（　　　）。

　　A．内存　　　　　　B．CPU　　　　　　C．硬盘　　　　　　D．GPU

90. 和外存相比，内存的特点是（　　　）。

　　A．容量大、速度快、成本低　　　　　B．容量大、速度慢、成本高

　　C．容量小、速度快、成本高　　　　　D．容量小、速度快、成本低

91. 主板的核心和灵魂是（　　　）。

　　A．CPU 插座　　　　　　　　　　　　B．扩展插槽

C．芯片组　　　　　　　　　　　　D．BIOS 和 CMOS 芯片

92．下列是电源工作状态指示灯的是（　　）。

　　A．LED　　　　　　　　　　　　B．PW-ON

　　C．POWER LED　　　　　　　　　D．H.D.D LED

93．下列各项中，（　　）是计算机的基本组成部件，是不可缺少的输出设备。

　　A．键盘　　　　　B．显示器　　　　C．鼠标　　　　D．音箱

94．目前，市场上最流行的显卡插槽是（　　）。

　　A．AGP　　　　　B．PCI-E　　　　C．VGA　　　　D．SATA

95．下列不属于闪存卡技术参数的是（　　）。

　　A．传输速率　　　B．控制芯片　　　C．电压　　　　D．转速

96．国内的计算机在工作过程中，需要电源电压稳定在（　　）。

　　A．110V　　　　　B．12V　　　　　C．220V　　　　D．5V

97．硬盘中的信息记录介质被称为（　　）。

　　A．磁道　　　　　B．盘片　　　　　C．扇区　　　　D．磁盘

98．EFI 是（　　）的缩写。

　　A．可扩展固件接口　　　　　　　　B．中央处理器

　　C．图形处理器　　　　　　　　　　D．个人计算机

99．在集成主板中，集成的部件不包括（　　）。

　　A．硬盘　　　　　B．CPU　　　　　C．声卡　　　　D．显卡

100．I/O 设备的含义是（　　）。

　　A．通信设备　　　B．网络设备　　　C．后备设备　　　D．输入/输出设备

101．对硬盘的使用方式，错误的描述是（　　）。

　　A．不要将硬盘放在强磁场旁

　　B．磁盘在读/写时，不要突然关机

　　C．计算机在工作时，严禁移动或碰撞机器

　　D．定期对硬盘进行低级格式化和高级格式化

102．使用硬盘 Cache 的目的是（　　）。

　　A．增加硬盘容量　　　　　　　　　B．提高硬盘读/写信息的速度

　　C．实现动态信息存储　　　　　　　D．实现静态信息存储

103．冯·诺依曼结构计算机的显著特点不包括（　　）。

　　A．存储程序　　　B．串行执行　　　C．并行执行　　　D．数据共享

104．ADSL 是一种全新的数据传输方式，其有效传输距离为（　　）。

　　A．3～5km　　　B．20km 以内　　　C．1000km 以上　　D．5～10km

105．下列关于各组信号线的说法，正确的是（　　）。

　　A．SPEAKER 表示喇叭，RESET 是重启开关

　　B．POWER LED 是机器电源开关

　　C．POWER SW 是机器电源指示灯

　　D．HDD LED 是键盘锁开关

106．下列系统软件属于操作系统的是（　　）。

　　A．Windows 10　　　　　　　　　B．Word 2010

　　C．Office 2016　　　　　　　　　D．Office 2010

107．安装操作系统的系统补丁程序可以（　　）。

    A．安装系统补丁（Windows 更新）　　　B．在线更新

    C．利用安全工具软件　　　　　　　　　D．以上都正确

108．安装应用软件应注意（　　）问题。

    A．确保硬盘有足够的剩余空间，使软件安装后能够正常运行

    B．看清所安装的软件对系统配置的要求

    C．关闭所有打开的程序以后再进行软件的安装

    D．以上说法都要注意

109．如今市场主板上的 PCI-E 16X 扩展插槽基本是（　　）的专用插槽。

    A．显卡　　　　　　B．声卡　　　　　　C．网卡　　　　　　D．内存

110．不属于店面陈列的技巧的是（　　）。

    A．巧用颜色，创造焦点　　　　　　B．突出主题，选择"主打"

    C．最新技术的推广　　　　　　　　D．把最热销的产品放在店面的右侧

111．不属于 CPU 的性能指标的是（　　）。

    A．主频　　　　　　B．外频　　　　　　C．超线程技术　　D．制作工艺

112．目前很多家庭有多台上网设备，若想在家庭设置无线网络，首先需要购买一台
（　　）。

    A．路由器　　　　　B．集线器　　　　　C．无线路由器　　D．交换机

113．在安装主板、CPU 和内存等部件时，为了防止人体携带的静电损坏器件，应准
备（　　）。

    A．万能表　　　　　B．尖嘴钳　　　　　C．手电筒　　　　　D．防静电手环

114．目前，计算机的主板大多使用（　　）类型的机箱。

    A．AT　　　　　　　B．Micro ATX　　　C．ATX　　　　　　D．BTX

115．目前，市场主流厂商硬盘的转速是（　　）。

    A．5400r/min　　　B．7200r/min　　　C．5400r/s　　　　D．7200r/s

116．麦克风输入插头应接在（　　）接口上。

    A．SPEAKER　　　B．LINE IN　　　　C．LINE OUT　　　D．MIC

117．闪存是一种新型的 EEPROM 内存，以下哪项不是其优点？（　　）

    A．可擦　　　　　　B．可写　　　　　　C．可编程　　　　　D．数据断电丢失

118．存储器的存储容量通常用字节（Byte）来表示，1GB 的含义是（　　）。

    A．1024MB　　　　B．1000MB　　　　C．1024KB　　　　D．1000KB

119．常用安装驱动程序采用的方法有（　　）。

    A．利用随机附赠的光盘　　　　　　B．采用手动的方法升级驱动程序

    C．借助工具软件安装驱动程序　　　D．以上都正确

120．在台面上放置电路板、内存条等元件时，可先铺一层（　　）。

    A．硬纸板　　　　　B．金属板　　　　　C．化纤布　　　　　D．塑料布

121．对于移动存储设备和固定硬盘，下列说法错误的是（　　）。

    A．移动存储设备一般比固定硬盘体积小巧

    B．移动存储设备比固定硬盘携带方便

    C．移动存储设备一般比固定硬盘抗震动

    D．移动存储设备比固定硬盘存储容量大

122．保存改变后的 CMOS 设置并退出的快捷键是（　　　）。

    A．F7　　　　　　　B．F6　　　　　　　C．F10　　　　　　　D．F5

123．下列不属于 CPU 常见故障的是（　　　）。

    A．计算机工作不稳定，运行一会儿就死机

    B．开机黑屏

    C．开机无法通过自检

    D．有时频繁重启或关机

124．DIY 是英文 Do It Yourself 的缩写，可译为自己动手做，意指（　　　）。

    A．独立的　　　　　B．兼容的　　　　　C．自助的　　　　　D．以上都是

125．当 CMOS 放电后，（　　　）的信息都将丢失。

    A．主板　　　　　　B．各种设置　　　　C．硬盘　　　　　　D．内存

126．若想使用 Ghost 软件将源硬盘与目标硬盘进行完全复制，那么在菜单中应该使用的命令是（　　　）。

    A．Local→Disk→To Image　　　　　　B．Local→Disk→To Disk

    C．Local→Disk→From Image　　　　　D．Local→Partition→To Image

127．在对计算机部件进行维护时，下列方法不正确的是（　　　）。

    A．定期使用酒精擦拭显示器屏幕　　　B．定期使用软刷清洁主机内的浮尘

    C．键盘不用时罩上防尘罩　　　　　　D．鼠标使用一段时间后要进行清洁

128．维修计算机时，在打开主机箱接触配件之前，应该（　　　）。

    A．关闭电源　　　　　　　　　　　　B．防止震动

    C．对主机箱除尘　　　　　　　　　　D．释放人体携带的静电

129．在安装操作系统之前必须（　　　）。

    A．安装驱动程序　　　　　　　　　　B．打开外设

    C．分区并格式化硬盘　　　　　　　　D．进行磁盘整理

130．下列不属于闪存卡的是（　　　）。

    A．SD 卡　　　　　　B．微硬盘　　　　　C．CF 卡　　　　　　D．记忆棒

131．（　　　）是目前常用的硬盘分区格式。

    A．NTFS　　　　　　B．FAT16　　　　　C．FAT　　　　　　D．三者都不是

132．作为一名 IT 产品的营销人员，必须具备（　　　）方面的知识。

    A．计算机软件及硬件　　　　　　　　B．市场营销

    C．销售技巧　　　　　　　　　　　　D．营销礼仪

133．以下跳线没有"+""-"极性的是（　　　）。

    A．电源开关　　　　B．扬声器　　　　　C．电源指示灯　　　D．硬盘运行指示灯

134．下列哪些不是计算机病毒的主要危害？（　　　）

    A．破坏文件数据　　　　　　　　　　B．攻击内存

    C．干扰系统运行　　　　　　　　　　D．引起显示器的黑屏

135．激光打印机的打印速度 PPM 是指（　　　）。

    A．每分钟打印的字数　　　　　　　　B．每分钟打印的行数

    C．每分钟打印的页数　　　　　　　　D．每英寸的打印点数

136．目前国内的杀毒软件不包括（　　　）。

    A．奇虎 360　　　　B．瑞星　　　　　　C．金山毒霸　　　　D．卡巴斯基

137．一台计算机每次启动后，系统显示的时间总是 2016 年 01 月 01 日，原因可能是（　　）。

A．系统软件问题　　　　　　　　　B．人为破坏

C．BIOS 设置为固定日期　　　　　　D．主板的电池电量不足

138．如果开机后找不到硬盘，首先应检查（　　）。

A．硬盘是否损坏　　　　　　　　　B．硬盘上的引导程序是否被破坏

C．硬盘是否感染了病毒　　　　　　D．CMOS 的硬盘参数设置是否正确

139．微型计算机的发展以（　　）技术为标志。

A．操作系统　　　B．微处理器　　　C．磁盘　　　　　D．软件

140．计算机工作过程中突然断电，内存中的数据将（　　）。

A．全部丢失　　　B．部分丢失　　　C．保留　　　　　D．以上都不对

141．下列属于扩展标准体系结构总线的是（　　）。

A．ISA　　　　　B．EISA　　　　　C．PCI　　　　　D．USB

142．从机箱外部往内部平行推入安装的设备是（　　）。

A．硬盘　　　　　B．内存条　　　　C．主板　　　　　D．光驱

143．组装计算机的一般步骤是（　　）。

（1）安装内存条

（2）安装硬盘、光驱

（3）连接线缆及设备

（4）安装电源

（5）安装扩展卡

（6）开机测试

（7）安装 CPU 及风扇

（8）安装主板

A．（7）（1）（8）（4）（3）（2）（5）（6）

B．（7）（1）（8）（4）（2）（5）（3）（6）

C．（7）（1）（8）（2）（4）（5）（3）（6）

D．（7）（1）（8）（3）（2）（5）（4）（6）

144．可以优化计算机性能的软件是（　　）。

A．360 浏览器　　　　　　　　　　B．Excel

C．PS　　　　　　　　　　　　　　D．360 安全卫士

145．Windows 系统运行不稳定，随机性死机、蓝屏、黑屏，经常产生非法错误，则故障部件最有可能是（　　）。

A．CPU　　　　　B．显卡　　　　　C．内存　　　　　D．鼠标

146．开机后显示器无显示，听到"哔——哔——哔"持续不断的蜂鸣声，或者一直重启。根据以上描述，故障最有可能在（　　）。

A．CPU　　　　　B．内存条　　　　C．硬盘　　　　　D．光驱

147．DDR 内存有预读取功能，DDR4 的预读取是（　　）。

A．8bit　　　　　B．16bit　　　　　C．2bit　　　　　D．4bit

148．下列关于计算机存取速度的比较中，正确的是（　　）。

A．Cache>主存>辅存　　　　　　　B．Cache>辅存>主存

    C．辅存>Cache>主存　　　　　　　　D．辅存>主存>Cache

149．下列选项中容量最大的是（　　）。

    A．CPU　　　　　B．Cache　　　　　C．辅存　　　　　D．主存

150．下列属于应用软件的是（　　）。

    A．操作系统　　　　B．编译程序　　　　C．文本处理　　　　D．连接程序

151．64位微机是指计算机所用CPU（　　）。

    A．具有64个字符　　　　　　　　　　B．能同时处理64位二进制数

    C．能同时处理64位字符　　　　　　　D．具有64个控制器

152．计算机操作的最小时间为（　　）。

    A．时钟周期　　　B．指令周期　　　C．机器周期　　　D．中断周期

153．下列几种存储器中，CPU不能直接访问的是（　　）。

    A．硬盘　　　　　B．内存　　　　　C．Cache　　　　　D．寄存器

154．计算机的发展方向是微型化、巨型化、多媒体化、智能化和（　　）。

    A．网络化　　　　B．功能化　　　　C．系列化　　　　D．模块化

155．下列各指标中，（　　）是数据通信系统的主要技术指标之一。

    A．分辨率　　　　B．传输速率　　　C．重码率　　　　D．时钟主频

156．微型计算机中常提及的Pentium Ⅲ或Pentium Ⅳ是指其（　　）。

    A．主板型号　　　B．时钟频率　　　C．CPU类型　　　D．运算速度

157．计算机的应用领域可大致分为6个方面，下列选项中属于计算机应用领域的是（　　）。

    A．过程控制、科学计算、信息处理

    B．现代教育、操作系统、人工智能

    C．科学计算、数据结构、文字处理

    D．信息处理、人工智能、文字处理

158．通常，根据所传递的内容不同，可将系统总线分为三类：数据总线、地址总线和（　　）。

    A．控制总线　　　B．内部总线　　　C．I/O总线　　　D．系统总线

159．某Intel CPU上标有"2.53/533/256"，其含义对应的指标是（　　）。

    A．主频2.53GHz、533MHz前端总线，256二级缓存

    B．主频2.53GHz、533MHz外频，256二级缓存

    C．主频2.53GHz、533MHz前端总线，256倍频

    D．主频2.53GHz、533MHz前端总线，256一级缓存

160．以下CPU指令集中，能够扩充内存寻址能力的是（　　）。

    A．MMX　　　　　B．RISC　　　　　C．EM64T　　　　D．X86

161．嵌入式CPU主要应用于（　　）。

    A．笔记本电脑　　B．移动电话　　　C．汽车空调　　　D．高端服务器

162．CPU与北桥芯片间的数据通道是指（　　）。

    A．主频　　　　　B．外频　　　　　C．FSB　　　　　D．Cache

163．关于CPU指令集，以下说法不正确的是（　　）。

    A．X86指令集用于提高浮点运算处理能力

    B．EM64T指令集用于扩充内存寻址能力，扩展内存

C．RISC 指令集控制简单，但利用率不高，执行速度慢

D．MMX 指令集主要用于增强 CPU 对多媒体信息的处理能力

164．以下 CPU 类型中，性能最好的是（　　　）。

A．Core2 Duo　　　B．Celeron D　　　C．Pentium D　　　D．AMD Sempron

165．Intel P4 631 型号的 CPU，前端总线 800MHz，外频 200MHz，倍频系数是 15，其主频为（　　　）。

A．400MHz　　　B．3GHz　　　C．800MHz　　　D．200MHz

166．平时我们把 CPU 的基准频率称为（　　　）。

A．前端总线频率　　　　　　　B．外频

C．主频　　　　　　　　　　　D．倍频

167．平时我们所说的 Pentium Ⅳ 2.4GHz 指的是 CPU 的（　　　）。

A．前端总线频率　　　　　　　B．外频

C．主频　　　　　　　　　　　D．倍频

168．为解决内存与 CPU 之间速度不匹配的问题而配置的存储设备是（　　　）。

A．BIOS　　　B．CMOS　　　C．Cache　　　D．USB

169．以下 CPU 的指令集中，精简指令集是指（　　　）。

A．MMX　　　B．SSE2　　　C．CISC　　　D．RISC

170．关于指令集，以下说法错误的是（　　　）。

A．CISC 指令集控制简单，但利用率不高，执行速度慢

B．MMX 指令集主要用于增强 CPU 对多媒体信息的处理能力

C．3D Now！是由 Intel 开发的、主要用于 3D 游戏的多媒体扩展指令集

D．X86 指令集由 Intel 开发，提高了浮点数据处理能力

171．以下指令集中，具有内存扩展技术、扩大寻址能力的是（　　　）。

A．SSE4　　　B．EM64T　　　C．X86　　　D．MMX

172．以下 CPU 的指令集中，由 AMD 开发的、主要用于 3D 游戏的多媒体扩展指令集是（　　　）。

A．MMX　　　B．SSE2　　　C．CISC　　　D．3D Now！

173．微控制式 CPU 主要应用于（　　　）。

A．笔记本电脑　　　B．移动电源　　　C．汽车空调　　　D．高端服务器

174．以下 CPU 的适用类型中，常用于自动控制器设备的是（　　　）。

A．嵌入式 CPU　　　B．微控制式 CPU　　　C．通用式 CPU　　　D．以上均是

175．关于 CPU 的封装技术，以下说法错误的是（　　　）。

A．封装越薄越好

B．芯片面积与封装面积之比尽量接近 1:1

C．为防止干扰，引脚间的距离应尽量远些

D．为保证与插槽之间的良好接触，引脚要尽量长些

176．为提高 CPU 的性能，CPU 生产商常采用的方法包括（　　　）。

A．提高 CPU 的时钟频率　　　　　B．增加 Cache 的容量

C．采用超线程技术　　　　　　　D．以上均是

177．微型计算机的内存储器，通常采用（　　　）。

A．光存储器　　　B．磁表面存储器　　　C．半导体存储器　　　D．磁芯存储器

178．以下磁盘性能参数中，衡量硬盘最重要的技术指标是（　　）。

    A．硬盘转速　　　　B．硬盘容量　　　　C．硬盘接口类型　　D．硬盘缓存大小

179．对硬盘进行分区时，分区容量的单位通常是（　　）。

    A．MB　　　　　　B．GB　　　　　　C．KB　　　　　　D．B

180．内存条中用来保存内存速率、容量及内存模组厂商等信息的是（　　）。

    A．PCB　　　　　　B．内存芯片　　　　C．内存颗粒空位　　D．SPD

181．某内存颗粒的标号是 HY5PS2G831A MP-Y5，关于该内存条说法不正确的是（　　）。

    A．容量为 2GB　　　　　　　　　　B．有 8 颗内存芯片

    C．内核为第 3 代　　　　　　　　　D．内存频率为 667MHz

182．DDR2 内存条的针脚数是（　　）。

    A．72pin　　　　　B．168pin　　　　　C．184pin　　　　　D．240pin

183．DDR2 每个时钟周期内通过总线传输多少次数据？使用多路技术使得带宽加倍。（　　）

    A．1　　　　　　　B．2　　　　　　　C．3　　　　　　　D．4

184．下列不是硬盘品牌的是（　　）。

    A．迈拓（Maxtor）　　　　　　　　B．戴尔（Dell）

    C．希捷（Seagate）　　　　　　　　D．西部数据（WD）

185．硬盘的转速是指硬盘主轴电动机的转速，单位是（　　）。

    A．DPI　　　　　　B．RPM　　　　　　C．MTBF　　　　　D．MHz

186．硬盘磁头移动到数据所在磁道的平均时间是（　　）。

    A．转速　　　　　　B．平均寻道时间　　C．CAS 等待时间　　D．CPU 占用时间

187．采用点对点的连接方式，且每个接口只能连接一个硬盘的接口是（　　）。

    A．AGP　　　　　　B．SCSI　　　　　　C．SATA　　　　　D．IDE

188．操作系统是（　　）。

    A．应用软件　　　　B．系统软件　　　　C．硬件　　　　　　D．设备

189．从安全性和性能上来说，NTFS 要比 FAT32（　　）。

    A．好　　　　　　　B．差　　　　　　　C．一样　　　　　　D．无可比性

190．以下设备中，哪个不属于外部存储设备？（　　）

    A．硬盘　　　　　　B．光驱　　　　　　C．软驱　　　　　　D．内存

191．Windows 属于下列哪类软件？（　　）

    A．应用软件　　　　B．操作系统　　　　C．网络管理系统　　D．数据库管理系统

192．常说的计算机硬件中的"三大件"是指（　　）。

    A．主板、CPU 和内存　　　　　　　B．主板、CPU 和显示器

    C．主板、CPU 和硬盘　　　　　　　D．主板、硬盘和内存

193．下列选项中不属于计算机性能指标的是（　　）。

    A．运算速度　　　　B．字长　　　　　　C．内存容量　　　　D．主板

194．下列选项中不属于应用软件的是（　　）。

    A．Word　　　　　　B．Photoshop　　　　C．DOS　　　　　　D．Netants

195．SDRAM 内存条上有多少个缺口？DDR2 内存条上有多少个缺口？（　　）

    A．1　　1　　　　　B．1　　2　　　　　C．2　　2　　　　　D．2　　1

196．内存属于下列存储器中的哪种类型？（　　　）

    A．EPROM   B．SRAM   C．DRAM   D．PROM

197．SPD（Serial Presence Detect）是一块 8 针的、容量为 256B 的（　　　）。

    A．EEPROM   B．EPROM   C．Flash Memory   D．PROM

198．下列有关 USB 接口的说法错误的是（　　　）。

    A．USB 接口只能连接键盘鼠标

    B．USB 接口是串行接口标准，是现行鼠标接口中传输速率最快的

    C．USB 接口可以连接多个 USB 设备

    D．USB 接口支持热插拔

199．IEEE 1394 接口是一种接口标准，这种接口允许将微机、微机外部设备及各种电设备连接在一起，这种标准接口是（　　　）的。

    A．并行   B．串行   C．并串行   D．独行

200．执行程序时，和 CPU 直接交换信息的部件是（　　　）。

    A．硬盘   B．内存   C．软盘   D．光盘

201．WPS Office 属于（　　　）。

    A．操作系统   B．系统软件

    C．数据库管理系统   D．应用软件

202．可以连接 63 个设备，且支持即插即用和热插拔的接口是（　　　）。

    A．SATA   B．USB   C．SCSI   D．IEEE 1394

203．9×× 系统的 Pentium D 的制造工艺为（　　　）μm。

    A．0.13   B．0.25   C．0.065   D．0.09

204．在 Advanced BIOS Features 界面中，不能设置的项目是（　　　）。

    A．病毒警告   B．时间日期   C．快速检测   D．启动顺序

205．一个正在使用的 USB 接口的鼠标，连接到另一个 Windows 7 计算机的 USB 接口上却不能使用的原因可能是（　　　）。

    A．CMOS 设置中屏蔽了 USB 接口   B．该接口不支持热插拔

    C．鼠标损坏   D．鼠标灰尘太多

206．利用以太网技术，采用光缆+双绞线对社区进行综合布线，接入 Internet 的上网方式为（　　　）。

    A．ADSL   B．DDN   C．LAN   D．LMDS

207．为了提高计算机的运行速度，可将 Windows 的视觉效果设置为（　　　）。

    A．让 Windows 选择计算机的最佳设置

    B．设置为最佳外观

    C．自定义

    D．设置为最佳性能

208．在"运行"对话框中输入"msconfig"，回车，产生的操作是（　　　）。

    A．打开"磁盘管理"对话框

    B．打开"系统配置实用程序"对话框

    C．进入 DOS 窗口，显示本机 IP 地址及网卡信息

    D．打开"Windows 任务"管理器窗口

209．声卡最主要的组成部分是（　　　）。

A．声音处理芯片　　　　　　　　　　B．功率放大器

C．总线接口、输入/输出端口　　　　　D．MIDI 及游戏杆接口、CD 音频连接器

四、简答题

1．简述兼容机与品牌机的不同。

2．根据冯·诺依曼体系结构理论，简述计算机必须具有的功能。

3．简述微型计算机的工作原理。

4．说明常用的 CPU 散热器有哪些并回答其简要原理。

5．CPU 的主要性能指标有哪些？

6．在计算机使用过程中，如果显卡出现故障，应如何检修？

7．简述 CPU 超频方法并说明如何进行超频。

8．在选择主板的时候要注意哪几点？

9．简述显卡的主要组成。

10．主板芯片组有哪些功能？

11．简述主板上北桥芯片和南桥芯片的位置及功能。

12．计算机主板上安装配件的扩展插槽主要有哪些？

13．只读存储器和随机存储器有什么区别？

14．简述 BIOS 与 CMOS 的主要区别。

15．在选购机箱的时候需要注意哪些问题？

16．简述硬盘的主要性能指标。

17．简述固态硬盘的优点和缺点。

18．简述硬盘分区和格式化的主要作用。

19．硬盘分区的目的是什么？在什么情况下硬盘需要分区？

20．简述 Windows 操作系统的安装方法。

21．简述显卡的分类及区别。

22．简述机箱的主要作用。

23．若要正确使用电源应注意哪些问题？

24．电源的额定功率和最大功率有什么区别？

25．简述计算机的启动过程。

26．简述硬盘的缓存主要起的三种作用。

27．简述组装计算机时应该注意的事项。

28．简述组装计算机过程中的安全操作规范。

29．简述电源的主要作用。

30．硬盘的硬件维护包括哪些方面？

31．在组装或维修计算机时，静电会产生什么样的后果？如何清除静电？

32．简述 LCD 的主要技术指标。

33．简述光纤入户的优点。

34．常见的硬件故障有哪些？

35．排除硬件故障的常用维修方法有哪些？

36．简述计算机系统故障检查诊断的步骤和原则。

37．简述拆解计算机时的注意事项。

38．简述组装计算机之前的准备工作。

39．计算机开机后自动重启，请分析可能的原因。

40．简述双通道内存技术及其主要作用。

41．操作系统的功能有哪些？

42．简述 Ghost 的工作原理及功能。

43．如何利用 Ghost 克隆某一分区中的内容？

44．计算机硬件安装的基本步骤有哪些？

45．简述获取驱动程序的方法。

46．简述计算机病毒的特点。

47．为了避免感染计算机病毒，平时使用时要注意哪些问题？

48．简述计算机病毒的主要危害。

49．简述驱动程序的概念和作用。

50．简述计算机购买时选件的一般流程。

51．把主板上的插针和机箱面板上的相应开关、指示灯连接起来。

主板	机箱
POWER LED	系统复位开关
SPEAKER	机箱喇叭
POWER SW	电源开关
HDD-LED	硬盘指示灯
RESET	电源指示灯

52．描述磁盘的结构和磁盘的工作原理。

53．简述随机存储器（RAM）与只读存储器（ROM）的区别。

54．简述计算机存储系统采用分级方式的目的。

55．如何求硬盘读取数据的平均访问时间？

56．谈谈你对兼容的理解。

57．计算机网络按距离分为哪几类？按联网结构分为哪几类？

58．在微机系统中，地址总线、数据总线和控制总线分别起到什么作用？

59．（1）调制解调器包括哪两部分？

（2）各有什么功能？

60．（1）CPU 由哪两部分构成？

（2）它的性能指标有哪些？

61．计算机系统在逻辑上由哪些部分组成？

62．计算机中的软件系统和硬件系统的关系如何？

63．显卡目前有哪几种接口？DVI 接口和 VGA 接口的区别是什么？如何选购显卡？

64．如何实施组装前的准备工作？

65．简述在安装 CPU 的过程中，如何顺利安装到位，方向性是如何辨别的。

66．简述 BIOS 与 CMOS 的区别和联系。

67．FAT32 分区和 NTFS 分区有哪些区别？如何进行相互转换？

68．应用软件的安装版和绿色版有什么区别？

69．什么是驱动程序？它有什么功能？

70．Ghost 软件的功能是什么？

71．备份和还原分别有哪两种方法？

72．硬件测试的基本方法有哪些？

73．什么是注册表？它的作用是什么？

74．数据被删除或格式化后为什么可以恢复？

75．计算机维修的基本方法有哪些？

76．计算机死机的原因有哪些？

77．硬盘日常使用的注意事项是什么？

78．将故障原因代码填入与之相对应的故障现象后面的括号中。

故障现象	故障原因及代码
计算机报无系统引导（　　）	（1）CMOS 未设置硬盘
开机进入 Windows 彩色数少（　　）	（2）声卡驱动程序未装
声卡正常而计算机无声（　　）	（3）CMOS 并口参数设置错误
系统 CMOS 设置不能保留，关机消失（　　）	（4）CMOS 记忆电池无电
打印机打印不正常而打印机自检通过（　　）	（5）显卡驱动程序未装

五、综合题

1．下面给出了华硕公司某款主板的部分性能参数简介，试根据资料回答问题。

CPU 型号	酷睿 i9 10900K
支持 CPU 数	1
CPU 插槽	LGA 1200
芯片组	Intel Z490
前端总线	1066MHz
内存	支持 DDR4 4600（超频）/4500（超频）/4400（超频）/4266（超频）/4133（超频） 4×DDR4 DIMM 类型，最大内存支持 128GB
扩展插槽	3×PCI-E×16 显卡插槽，1×PCI-E 3.0×4 扩展卡插槽
存储设备	2×M.2 接口，6×SATA Ⅲ接口
超线程技术	支持
背面 I/O 接口	2×USB 3.2 Gen2 接口、4×USB 3.2 Gen1 接口、2×USB 2.0 接口、1 组音频 I/O、1 个 RJ-45 接口，1 个光纤接口，1×Display Port 接口，1 个 HDMI
尺寸	ATX 30.5cm×24.4cm
网络	1×RJ-45 网络接口，1×光纤接口
音频	5×音频接口
电源插口	一个 4 针、一个 8 针、一个 24 针电源接口
附件	使用手册、SATA 6.0Gb/s 数据线×4、ASUS 风扇支架×1、线束×1、随机 DVD×1、可编程 LED 扩展线×1、RGB 灯带扩展线（80cm）×1、I/O 挡板

（1）该主板支持的 CPU 型号和 CPU 数量分别是什么？

（2）该主板采用了哪种型号的芯片组？

（3）该主板支持哪种型号的内存条？可支持的内存条的最大容量是多少？

（4）该主板支持哪种类型的硬盘和光驱？

（5）该主板支持哪种型号的显卡？

（6）该主板是否集成了声卡和网卡？

（7）该主板是标准的 ATX 主板还是 Micro ATX 主板？其尺寸是多少？

（8）该主板有几种电源接口？

2．打开电源开关，机箱指示灯亮，但屏幕无任何反应，试分析原因。

3．下面给出了 Intel CPU 性能指标的数据资料，请根据资料情况简述该 CPU 的性能。

基本参数	适用类型 台式机
	CPU 系列 Intel 酷睿 i9 10850K
	制作工艺 14nm
	核心代号 Comet Lake-H
	插槽类型 LGA 1200
性能参数	CPU 主频 3.6GHz 64bit 处理器
	动态加速频率 5.2GHz
	核心数量 10 核心
	线程数量 20 线程
	三级缓存 20MB
	制作工艺 14nm
	热设计功耗（TDP） 125W
内存参数	内存类型 DDR4 2933MHz 最大支持 128GB
显卡参数	集成显卡 Intel 超核芯显卡 630

4．简述计算机 POST 加电自检的过程。

5．下面给出了希捷硬盘参数及性能指标的数据，请根据给出的资料简单地向客户介绍该硬盘的特点和性能。

基本参数	适用类型 台式机
	硬盘尺寸 3.5in
	硬盘容量 1000GB
	单碟容量 1000GB
	磁头数量 2 个
	缓存 64MB
	转速 7200r/min
	接口类型 SATA3.0
	接口速率 6Gb/s
性能参数	平均寻道时间 读取：<8.5ms；写入：<9.5ms
	功率 运行：5.9W 闲置：3.36W 待机：0.63W
	产品尺寸 146.99mm×101.6mm×20.17mm
	产品质量 400g

6．假设电源工作正常，试分析开机无显示、无声音的故障原因及排除方法。

7．简述 FAT32 与 NTFS 分区格式的不同。

8．安装 Windows 10 旗舰版 64bit 操作系统，开机进入桌面几秒钟后，屏幕提示"显示器驱动程序已停止响应，并且已恢复"，此后几秒钟后又提示，如此反复。重启几次后就不再提示，但第二天开机后又出现此问题，重装系统也解决不了。应该如何解决这个问题？

9．在选择主板的时候需要注意哪几点？主板芯片组有哪些功能？

10．组装计算机是一项细致工作，组装之前要了解各个硬件的特点。请简述组装计算机的准备工作和注意事项，以及检查测试工作。

11．简述利用 U 盘安装 Windows 10 操作系统的操作步骤。

12．简述拆解计算机的注意事项和步骤。遇到问题读者可以自行尝试解决。

13．计算机故障有多种原因，表现各异，故障排除方法多种多样，最小系统法对普通计算机用户来讲是一种简捷而有效的方法，请结合个人维修经历简述最小系统法的操作思路。

14．简述使用 DiskGenius 对硬盘进行分区和格式化的过程。

15．小明新购买了一台无线路由器，并通过中国联通公司开通了光纤宽带上网业务，上网用户名为 A13183206668，密码为 123123。请帮助小明设置无线路由器。

16．对于一般用户而言，Ghost 操作复杂，当进行系统备份和恢复不方便时一键 GHOST 相对容易操作。某台计算机正好安装了一键 GHOST，试写出使用该软件进行系统备份和恢复的过程。

17．某台式机内置了一块容量为 1863GB 的硬盘，C 盘为 120GB、D 盘为 420GB、E 盘为 420GB、F 盘为 420GB、G 盘为 483GB。现在想对该硬盘重新分区，新的分区方案如下：C 盘为 100GB、D 盘为 500GB、E 盘为 500GB、F 盘为 500GB、G 盘为 263GB。简述用 DiskGenius 对该硬盘重新分区的步骤。

18．简述使用大白菜程序制作 U 盘启动盘的方法。

19．简述计算机整机组装的流程。

20．简述安装 SATA 硬盘的操作过程。

21．小王是一位游戏爱好者，请为他制作组装计算机的配置单。

22．在组装计算机的过程中，主板的安装非常重要，试写出安装主板的操作步骤。

23．一台计算机 CMOS 参数不能保存，开机显示"CMOS Battery State Low"，该故障的原因是什么？应该如何解决？

24．小王要在本地计算机上设置 IP 地址为 10.8.64.81，子网掩码为 255.255.255.0，网关为 10.8.46.1，DNS 为 219.146.0.130，请帮他写出具体的操作步骤。

25．会引起声卡无声的情况主要有哪些？回答并叙述相应的解决过程。

26．请写出 BIOS 的升级过程。

27．小明想在家里拨号上网，请帮他创建一个"宽带连接"的图标。

28．某 CPU 的标称为"Intel 奔腾双核 E6700/3200MHz/2MB/1066MHz/LGA775"，请回答以下问题：

（1）其中 1066MHz 指的是什么？

（2）该参数与外频有何区别？

第三部分

综合训练题

综合训练题一

一、选择题（计算机组装与维修第 1～30 题；Visual Basic 6.0 程序设计第 31～55 题。每小题 2 分，共 110 分。每小题中只有一个选项是正确的）

1. 控制器和运算器合称为（　　）。
   A. CPU　　　　B. GPU　　　　　C. ATX　　　　D. DIY

2. 输出计算机各类数据的设备称为（　　）。
   A. 输入设备　　B. 输出设备　　　C. 驱动设备　　D. 硬件设备

3. 连接键盘和鼠标的 USB 接口是一种（　　）接口。
   A. 方形　　　　B. 矩形　　　　　C. 圆形　　　　D. 梯形

4. 目前，占据市场主流的 CPU 品牌厂商有（　　）公司和 AMD 公司。
   A. ASUS　　　　B. Hasee　　　　C. Foxconn　　　D. Intel

5. 现在基本网络环境中用于网卡–集线器连接的接口是（　　）。
   A. 4 针 RJ-45　　B. 8 针 RJ-11　　C. 4 针 RJ-11　　D. 8 针 RJ-45

6. 可以使家庭无线局域网内的笔记本式计算机、平板式计算机连接到 Internet 的设备是（　　）。
   A. 网卡　　　　B. 交换机　　　　C. 集线器　　　D. 无线路由器

7. 在计算机中，IEEE 1394 接口又称为（　　）。
   A. 并行接口　　B. 火线接口　　　C. SCSI 接口　　D. 网络接口

8. 在下列设备中，密封性最高的是（　　）。
   A. 硬盘　　　　B. 电源　　　　　C. 光驱　　　　D. 机箱

9. 主板的中心任务是（　　）。
   A. 存储数据
   B. 维系 CPU 与外部设备之间的协调工作
   C. 控制整机工作

D．运算和处理数据并实现数据传输

10．内存条的存取时间单位是（　　　）。

    A．ms　　　　　　　　B．ps　　　　　　　　C．ns　　　　　　　　D．MHz

11．Office 2016 属于（　　　）。

    A．操作系统　　　　　　　　　　　　　　B．仿真软件

    C．数据库管理系统　　　　　　　　　　D．应用软件

12．（　　　）是欧盟立法制定的一项强制性标准。

    A．CCC　　　　　　　B．CE　　　　　　　C．80 PLUS　　　　　D．RoHS

13．计算机硬件系统包括（　　　）。

    A．运算器、控制器、存储器

    B．运算器、控制器、输入设备、输出设备

    C．主机、显示器、键盘、鼠标

    D．运算器、控制器、存储器、输入设备、输出设备

14．主板的核心和灵魂是（　　　）。

    A．CPU 插座　　　　　　　　　　　　　B．扩展插槽

    C．芯片组　　　　　　　　　　　　　　D．BIOS 和 CMOS

15．目前，计算机硬件市场常用的显卡与主板插槽接口是（　　　）。

    A．ISA　　　　　　　　　　　　　　　　B．AGP

    C．PCI　　　　　　　　　　　　　　　　D．PCI-E

16．对硬盘的使用方式，错误的描述是（　　　）。

    A．不要将硬盘放在强磁场旁

    B．磁盘在读/写时，不要突然关机

    C．计算机在工作时，严禁移动或碰撞机器

    D．定期对硬盘进行低级格式化和高级格式化

17．Windows 10 是 Microsoft 公司推出的（　　　）。

    A．杀毒软件　　　　　　　　　　　　　B．应用软件

    C．绘图软件　　　　　　　　　　　　　D．操作系统

18．对于一块硬盘而言，最多能有（　　　）个主分区。

    A．1　　　　　　　　　B．2　　　　　　　　　C．4　　　　　　　　　D．任意

19．麦克风输入插头应接在（　　　）接口上。

    A．SPEAKER　　　　B．LINE IN　　　　C．MIC　　　　　　D．LINE OUT

20．目前，主板多以 DDR4 内存插槽为主，通常主板会提供（　　　）个内存插槽。

    A．1～2　　　　　　　B．2～3　　　　　　　C．2～4　　　　　　　D．3～4

21．基本输入/输出系统的英文缩写是（　　　）。

    A．DIY　　　　　　　B．BASIC　　　　　C．BIOS　　　　　　D．CMOS

22．为了使用 U 盘安装系统，在"Advanced BIOS Features"中应将"First Boot Device"选项设置为（　　　）。

    A．CDROM　　　　B．USB-HDD　　　　C．Floppy　　　　　D．Disabled

23．计算机中运算器所在的位置是（　　　）。

    A．内存　　　　　　　B．CPU　　　　　　　C．硬盘　　　　　　　D．GPU

24．硬盘分区后应进行的操作是（　　　）。

    A．格式化 　　　　　　　　　　　　B．BIOS 设置

    C．跳线设置 　　　　　　　　　　　D．安装操作系统

25．和外存相比，内存的特点是（　　　）。

    A．容量大、速度快、成本低 　　　　B．容量大、速度慢、成本高

    C．容量小、速度快、成本高 　　　　D．容量小、速度快、成本低

26．计算机在工作过程中，电压应稳定在（　　　）。

    A．110V 　　　　B．12V 　　　　C．220V 　　　　D．5V

27．光猫是（　　　）的俗称。

    A．光调制解调器 　　　　　　　　　B．光纤收发器

    C．光电转换器 　　　　　　　　　　D．机顶盒

28．（　　　）不是 BIOS 芯片。

    A．Award 　　　　B．SIS 　　　　C．AMI 　　　　D．Phoenix

29．目前，计算机的主板多使用（　　　）类型的机箱。

    A．AT 　　　　B．Micro ATX 　　　　C．ATX 　　　　D．BTX

30．将 USB 接口按传输速率从高到低排列，正确的是（　　　）。

    A．USB 1.1、USB 2.0、USB 3.0 　　　B．USB 1.1、USB 3.0、USB 2.0

    C．USB 3.0、USB 2.0、USB 1.1 　　　D．USB 3.0、USB 1.1、USB 2.0

31．打开代码窗口的功能键是（　　　）。

    A．F4 　　　　B．F5 　　　　C．F6 　　　　D．F7

32．Click（单击）、双击（DblClick）、加载（Load）都属于（　　　）。

    A．对象 　　　　B．属性 　　　　C．事件 　　　　D．方法

33．工程文件的扩展名是（　　　）。

    A．.frm 　　　　B．.bas 　　　　C．.cls 　　　　D．.vbp

34．为 a、b、c 三个变量赋初值 1，可以使用下列哪条语句？（　　　）

    A．a=b=c=1 　　　　　　　　　　　B．a=1 and b=1 and c=1

    C．a=1, b=1, c=1 　　　　　　　　　D．a=1:b=1:c=1

35．以下可以作为变量名的是（　　　）。

    A．4F 　　　　B．F4 　　　　C．VbRed 　　　　D．F++

36．下列各种运算中，级别最高的是（　　　）

    A．算术运算 　　　B．字符运算 　　　C．关系运算 　　　D．逻辑运算

37．表达式 LCase(Mid("Visual Basic",8,3)) 的值是（　　　）。

    A．Bas 　　　　B．sul Bas 　　　　C．bas 　　　　D．BAS

38．（　　　）函数可以对 Variant 类型的数组进行初始化。

    A．Dim 　　　　B．ReDim 　　　　C．Array 　　　　D．Public

39．下列数组中包含的数组元素个数是（　　　）

```
Option Base 1
Dim Arr(4,3)As Integer
```

    A．12 　　　　B．20 　　　　C．8 　　　　D．7

40．在编写 If 块语句时，写了 If 而没有写对应的 End If，这种错误属于（　　　）。

    A．编译错误 　　　B．实时错误 　　　C．逻辑错误 　　　D．运行错误

41. 执行以下程序：

```
Dim i As Integer
i = 1
Do Until i > 5
    i = i + 2
    Print i;
Loop
```

运行程序后，显示的结果为（　　）。

A. 0　1　3　　　　　　　　　　B. 3　5　7

C. 1　3　5　　　　　　　　　　D. 3　5

42. 标签框控件的（　　）属性用来设置标签框中文本和图形的前景色。

A. Caption　　　　B. Font　　　　　C. ForeColor　　　D. FontStyle

43. 事件过程只能用（　　）声明。

A. Public　　　　B. Private　　　　C. Dim　　　　　D. Static

44. 用于清除在运行时窗体中显示的文本和图形的方法是（　　）。

A. Print　　　　B. Clear　　　　　C. Cls　　　　　D. PaintPicture

45. 能确定一个控件在窗体中的位置的属性是（　　）。

A. Left 和 Right　　　　　　　　B. Width 和 Height

C. Left 和 Top　　　　　　　　　D. ScaleWidth 和 ScaleHeight

46. 下列控件中不能作为容器的是（　　）。

A. 框架控件　　　B. 组合框控件　　C. 图像框控件　　D. 窗体控件

47. 执行 Str1 = InputBox("请输入一个字符串", "输入对话框", "AAA")语句时，用户输入了新的字符串，单击"确定"按钮，变量 Str1 的值是（　　）。

A. "请输入一个字符串"　　　　B. "输入对话框"

C. "AAA"　　　　　　　　　　D. 用户输入的新字符串

48. 如果要设置一个文本框可以显示多行文本，应设置其（　　）属性为 True。

A. PasswordChar　　　　　　　B. Text

C. MultiLine　　　　　　　　　D. MaxLength

49. 关于 MDI 应用程序，下列说法错误的是（　　）。

A. 一个应用程序只能有一个 MDI 窗体

B. 一个应用程序可以有多个 MDI 窗体

C. 程序运行时，不能把子窗体拖动到 MDI 窗体之外的地方

D. 最小化子窗体时，它的图标将显示在状态栏中

50. Shape 控件的 FillStyle 属性值设置为（　　）时，图形的填充效果为垂直线。

A. 0　　　　　　B. 1　　　　　　C. 2　　　　　　D. 3

51. 通过 ShockWaveFlash 控件的（　　）方法可以实现"开始播放动画"。

A. Play　　　　B. Back　　　　　C. Rewind　　　　D. Forward

52. 文件列表框控件的（　　）属性可以返回当前选择文件的索引。

A. List　　　　B. FileName　　　C. ListIndex　　　D. ListCount

53. 执行下列程序：

```
s = 0
For i = 1 To 5
  For j = 1 To 4
```

```
    s = s + j
  Next j
 Next i
 Print s
```

运行后的输出结果是（　　）。

  A．20   B．40   C．50   D．80

54．设置数据控件的记录源，可以使用（　　）属性。

  A．RecordSource   B．Connect

  C．RecordSetType   D．DataField

55．要想从记录集末尾查找满足条件的第 1 条记录，可以使用 ADO RecordSet 对象的（　　）方法。

  A．FindFirst B．FindLast C．MoveFirst D．MoveLast

二、判断题（计算机组装与维修第 56～65 题；Visual Basic 6.0 程序设计第 66～75 题。每小题 2 分，共 40 分）

56．主频用来表示 CPU 的运算速度，主频越高，表明 CPU 的运算速度越快。（　　）

57．PC 都是微型计算机。（　　）

58．机箱喇叭、硬盘指示灯和电源指示灯的信号线是有方向性的。（　　）

59．若计算机外部设备不能正常工作，则一定是该外部设备存在故障。（　　）

60．笔记本式计算机又称为便携式计算机。（　　）

61．关闭电源或断电，内存中的程序和数据不会丢失。（　　）

62．在组装计算机时，可以先将主板固定在机箱内，然后安装 CPU。（　　）

63．IEEE 1394 接口支持外设热插拔，可为外设提供电源。（　　）

64．电源的功率必须大于计算机机箱内全部配件所需电源之和，并且要留有一定的储备功率。（　　）

65．CMOS 是指主板上一种用电池供电的可读/写 ROM 芯片。（　　）

66．窗体模块是大多数 Visual Basic 应用程序的基础。（　　）

67．Print 语句不具备计算功能。（　　）

68．如果 Click 事件中有代码，则 DblClick 事件将永远不会被触发。（　　）

69．按地址传递参数时，传递的只是变量的副本。（　　）

70．语句 Text1.Visible=False 与 Text1.Enabled=False 是等价的。（　　）

71．在同一个窗体上可以设置多个默认按钮。（　　）

72．菜单控件只有 Click 一个事件。（　　）

73．ClipBoard 对象中的 Clear 方法用于清除系统剪贴板的内容。（　　）

74．不可以随意读取随机文件中任一记录的数据。（　　）

75．当 RecordSet 对象的 BOF 属性为 True 时，表示记录指针指向 RecordSet 对象的最后一条记录之后。（　　）

计算机组装与维修（50 分）

三、名词解释（每小题 4 分，共 16 分）

76. IEEE 1394 接口

77. 数据传输率

78. BIOS

79. 双核处理器

四、简答题（每小题 5 分，共 20 分）

80. 在计算机使用过程中，如果显卡出现故障，则应如何检修？

81. 简述散热器的作用及散热方式。

82. 简述硬件侦错技术的种类。

83. 简述光纤入户的优点。

五、综合题（14 分）

84. 小明新购买了一台无线路由器，并通过中国联通公司开通了光纤宽带上网业务，上网用户名为 A13183206668，密码为 123123。请帮助小明设置无线路由器。

Visual Basic 6.0 程序设计（50 分）

六、名词解释（每小题 4 分，共 16 分）

85. 对象

86. 动态数组

87. 通用对话框

88. FSO 对象模型

七、简答题（每小题 6 分，共 24 分）

89. 什么是工程？工程由哪几个模块组成？（6 分）

90. 简述窗体的 Load 事件和 Activate 事件的区别。（6 分）

91. Visual Basic 6.0 过程参数有哪几种传递方式？这几种传递方式有何不同？（6 分）

92. 文件访问有哪些类型？分别适用于什么类型文件？（6 分）

八、综合题（10 分）

93. 一个具有 10 个元素的一维数组，下标从 1 到 10，每个元素的值是由随机函数产生的[100, 200]之间的随机整数，显示出该数组中的所有数组元素值，并统计显示出该数组中偶数的个数。

综合训练题二

一、**选择题**（计算机组装与维修第 1～30 题；Visual Basic 6.0 程序设计第 31～55 题。每小题 2 分，共 110 分。每小题中只有一个选项是正确的）

1. 主板的灵魂是（　　）。
　　A. 接口　　　　　B. 扩展插槽　　　　C. 芯片组　　　　D. 颜色

2. 下列设备不是计算机输出设备的是（　　）。
　　A. 键盘　　　　　B. 打印机　　　　　C. 显示器　　　　D. 音箱

3. 音频接口一般有 3 个：MIC 输入接口、Line-out 接口和 Line-in 接口。其中，MIC 输入接口用于连接麦克风，其颜色通常为（　　）。
　　A. 草绿色　　　　B. 浅蓝色　　　　　C. 粉红色　　　　D. 棕红色

4. IEEE 1394 接口又称为 Firewire 火线接口，其 Cable 模式的最快速率可以达到（　　）。
　　A. 100Mb/s　　　B. 200Mb/s　　　　C. 400Mb/s　　　D. 600Mb/s

5. 下列不属于 AMD 公司的 CPU 型号的是（　　）。
　　A. Athlon Ⅱ X4 740　　　　　　　B. Pentium G2010
　　C. FX 6300　　　　　　　　　　　D. Phenom Ⅱ X4 955

6. （　　）是全球最大的计算机厂商，名列《财富》世界 500 强，为全球前四大计算机厂商中增长最快的厂商。
　　A. 苹果公司　　　B. 惠普公司　　　　C. 戴尔公司　　　D. 联想公司

7. 存储器是由成千上万个存储单元构成的，每个存储单元都有唯一的编号，称为存储单元的（　　）。
　　A. 名称　　　　　B. 地址　　　　　　C. 编码　　　　　D. 代码

8. 评定主板的性能首先要看（　　）。
　　A. CPU　　　　　B. 主板芯片组　　　C. 主板结构　　　D. 内存

9. （　　）是为了使 3D 场景真正具备"自然"的属性。
　　A. SLI 技术　　　B. 物理加速技术　　C. 闪存技术　　　D. 多头显示技术

10. 下列不是操作系统的软件是（　　）。
　　A. Office 2016　　　　　　　　　　B. Windows 8
　　C. Windows 10　　　　　　　　　　D. SQL Server 2008

11. （　　）是目前常用的硬盘分区格式。
　　A. NTFS　　　　　B. FAT16　　　　　C. FAT　　　　　D. 三者都不是

12. 作为一名 IT 产品的营销人员，必须具备（　　）的知识。
　　A. 计算机软件及硬件　　　　　　　B. 市场营销
　　C. 销售技巧　　　　　　　　　　　D. 营销礼仪

13. 激光打印机的打印速度 PPM 是指（　　）。
　　A. 每分钟打印的字数　　　　　　　B. 每分钟打印的行数

C．每分钟打印的页数   D．每英寸的打印点数

14．CPU 从内存读取数据的速度比从 Cache 读取数据的速度（   ）。

    A．快   B．慢   C．一样快   D．无法比较

15．目前，在 CPU 市场上唯一能与 Intel 公司抗衡的是（   ）。

    A．戴尔公司   B．惠普公司   C．LG 集团   D．AMD 公司

16．下列指标中不是 CPU 性能指标的是（   ）。

    A．主频   B．外频   C．缓存   D．核心数

17．在硬盘中使用 Cache 的目的是（   ）。

    A．提高硬盘读/写信息的速度   B．增加硬盘容量

    C．实现动态信息存储   D．实现静态信息存储

18．固态硬盘的简称是（   ）。

    A．HDD   B．LCD   C．DRAM   D．SSD

19．如果开机后找不到硬盘，则首先应检查（   ）。

    A．硬盘是否损坏   B．硬盘上的引导程序是否被破坏

    C．硬盘是否感染了病毒   D．CMOS 的硬盘参数设置是否正确

20．下列关于显卡中显存的描述错误的是（   ）。

    A．从理论上讲，显存容量越大，显卡性能就越好

    B．显存的速度以纳秒（ns）为计算单位，数字越大速度越快

    C．显存带宽是指一次可以读入的数据量，带宽越大越好

    D．显存的质量直接影响显卡的整体性能

21．在安装操作系统之前必须（   ）。

    A．安装驱动程序   B．打开外设

    C．分区并格式化硬盘   D．进行磁盘整理

22．目前很多家庭有多台上网设备，若想在家庭设置无线网络，则首先需要购买一台
（   ）。

    A．路由器   B．集线器   C．无线路由器   D．交换机

23．在对计算机部件进行维护时，下列描述不正确的是（   ）。

    A．定期使用酒精擦拭显示器屏幕

    B．定期使用软刷清洁主机内的浮尘

    C．键盘不用时罩上防尘罩

    D．鼠标使用一段时间后要进行清洁

24．使用小键盘时，在光标和数字功能之间进行切换的键是（   ）。

    A．Tab   B．Caps Lock

    C．Num Lock   D．Scroll Lock

25．微型计算机主板中使用的 SATA 接口属于（   ）。

    A．并行接口   B．串行接口   C．SAS 接口   D．火线接口

26．执行应用程序时，和 CPU 直接交换信息的部件是（   ）。

    A．内存   B．硬盘   C．U 盘   D．Cache

27．计算机病毒的主要传播途径不包括（   ）。

    A．移动磁盘   B．电子邮件   C．网络浏览   D．系统漏洞

28．下列是计算机主板生产厂商的是（　　）。

    A．现代　　　　　　B．微星　　　　　　C．三星　　　　　　D．希捷

29．利用 Ghost 软件将一个磁盘分区的 GHO 映像文件的内容恢复到另一个磁盘分区中，在菜单中的选项是（　　）。

    A．Local→Partition→To Image

    B．Local→Partition→From Image

    C．Local→Disk→To Image

    D．Local→Disk→From Image

30．我国对计算机电源产品的强制认证称为（　　）。

    A．3C 认证　　　　　　　　　　　B．80 PLUS 认证

    C．CE 认证　　　　　　　　　　　D．RoHS 认证

31．可执行文件的扩展名为（　　）。

    A．.frm　　　　　　B．.vbp　　　　　　C．.exe　　　　　　D．.obj

32．在 VB 集成开发环境中打开属性窗口的快捷键是（　　）。

    A．F4　　　　　　B．F5　　　　　　C．F6　　　　　　D．F7

33．用于设置窗体中显示文本所用字体的属性是（　　）。

    A．BackColor　　B．ForeColor　　C．FontName　　D．FontSize

34．设 a＝19，b＝27，x＝I IF（a＜b，a，b），则 x 的值为（　　）。

    A．1　　　　　　B．0　　　　　　C．19　　　　　　D．27

35．符合标识符命名规则的是（　　）。

    A．S．a　　　　　B．tom　　　　　C．# abc　　　　　D．Const

36．员工的性别用哪种 Visual Basic 6.0 基本数据类型处理？（　　）

    A．String　　　　B．Byte　　　　　C．Object　　　　D．Date

37．Dim s（5）As Long，该数组的第 1 个数组元素是（　　）。

    A．s（0）　　　　B．s（1）　　　　C．s（2）　　　　D．s（3）

38．声明全局变量的关键字是（　　）。

    A．Dim　　　　　B．Private　　　　C．Long　　　　D．Public

39．Visual Basic 工程的扩展名是（　　）。

    A．.vbp　　　　　B．.exe　　　　　C．.frm　　　　　D．.bas

40．设 Str＝"newcomputer"，则表达式 Mid（Str，8,2）& Left（Str，4）的值是（　　）。

    A．omnewc　　　B．utnewc　　　　C．punewc　　　　D．putnew

41．关于 Visual Basic 中数组的下标，说法错误的是（　　）。

    A．数组下标的下界可以为负数　　B．数组下标的下界默认为1

    C．数组下标的下界必须小于上界　　D．数组下标的上界可以为负数

42．用来设置窗体名称的属性是（　　）。

    A．Print　　　　　B．Name　　　　C．Caption　　　D．Form

43．菜单不可以包括（　　）。

    A．命令　　　　　B．分隔符　　　　C．子菜单　　　　D．控件

44．当用户按下键盘字母 A 键时，触发的事件是（　　）。

    A．KeyPress　　　B．KeyDown　　　C．Click　　　　D．MouseMove

45．程序运行时，打开窗体系统自动触发的事件是（　　　）。

    A．Click　　　　　B．Load　　　　　C．Unload　　　　　D．Resize

46．不属于鼠标触发的事件是（　　　）。

    A．MouseDown　　B．MouseMove　　C．MouseUp　　　D．KeyPress

47．若要设置菜单之间的分隔线，使用的符号是（　　　）。

    A．-　　　　　　　B．%　　　　　　　C．&　　　　　　　D．#

48．Visual Basic 中用来声明常量的语句是（　　　）。

    A．Private　　　　　B．Dim　　　　　　C．Const　　　　　D．Static

49．单击窗体的关闭按钮时，触发的事件是（　　　）。

    A．Activate 事件　　　　　　　　　　B．Click 事件

    C．DblClick 事件　　　　　　　　　　D．Unload 事件

50．数据控件中用来设置要连接的数据库类型的属性是（　　　）。

    A．Exclusive　　　　　　　　　　　　B．DatabaseSource

    C．Connect　　　　　　　　　　　　　D．RecordSetType

51．可以用来向数据库中插入数据的 SQL 语句是（　　　）。

    A．Select 语句　　　　　　　　　　　B．Delete 语句

    C．Insert 语句　　　　　　　　　　　D．Update 语句

52．设置文件列表框控件的 Patterm 属性时，能够用来分隔各文件类型扩展名的符号是
（　　　）。

    A．冒号　　　　　　B．逗号　　　　　C．分号　　　　　D．空格

53．可以用来画正方形的控件是（　　　）。

    A．Circle　　　　　B．PSet　　　　　C．Shape 控件　　　D．Line 控件

54．Visual Basic 窗体坐标系的原点（0,0）在窗体中的位置是（　　　）。

    A．左上角　　　　　B．右上角　　　　C．左下角　　　　D．右下角

55．对于尚未打开的文件，要得到其长度可以使用的函数是（　　　）。

    A．EOF　　　　　　B．Close　　　　　C．FileLen　　　　D．Open

二、判断题（计算机组装与维修第 56～65 题；Visual Basic 6.0 程序设计第 66～75 题。每小题 2 分，共 40 分）

56．HDMI（High Definition Multimedia Interface）的中文名称为高清晰度多媒体接口，可以传送无压缩的音频信号及视频信号。　　　　　　　　　　　　　　　　（　　　）

57．计算机的 CPU、硬盘缓存的大小与计算机的运行性能没有什么关系。　（　　　）

58．计算机病毒是不会破坏计算机硬件的，只会破坏操作系统及软件。　（　　　）

59．使用 Ghost 软件可以在已经安装了操作系统的计算机上安装其他应用软件。

                                            （　　　）

60．我国生产的 CPU 被命名为龙芯（Loongson）。　　　　　　　　　　（　　　）

61．北桥芯片主要负责 CPU 与内存之间的数据交换和传输，它直接决定着主板可以支持什么样的 CPU 和内存。　　　　　　　　　　　　　　　　　　　　　　　　（　　　）

62．计算机机箱面板开关及指示灯的跳线连接时需要注意，连接线有色彩的部分为"-"极，黑色或白色的为"+"极。　　　　　　　　　　　　　　　　　　　　　　（　　　）

63．BIOS 写保护开关的设置，可以预防 CIH 这样的病毒对 BIOS 芯片的破坏。（　　　）

64. 杀毒软件可以查杀任何计算机病毒和木马病毒。（　　）

65. 在连接 POWER LED 时，绿色线表示的是正极，白色线表示的是接地端。（　　）

66. 标题、名称、颜色、字体大小、是否可见等都属于对象的属性。（　　）

67. 在引用数组元素时，数组名、类型和维数可以与声明数组时不一致。（　　）

68. Abs(x)、Rnd (x)、Sin (x)、Len (x)都是数学函数。（　　）

69. 使用 Array 函数给数组赋初值时，数组变量只能是 Variant 类型。（　　）

70. 进行参数传递时关键字 By Ref 指出的参数是按值传递的。（　　）

71. Dim 语句、Private 语句、Static 语句、Public 语句都可以用来声明数组。（　　）

72. 在鼠标事件中，若 Button 参数的值为 2，则说明用户按下鼠标的中间按键。（　　）

73. 若 Shape 控件的 FillStyle 属性为 3，则图形的填充效果为垂直线。（　　）

74. 颜色函数 QBColor 能够选择 255 种颜色。（　　）

75. FSO 对象模型支持二进制文件的创建和操作。（　　）

计算机组装与维修（50 分）

三、名词解释（每小题 4 分，共 16 分）

76. 光纤入户

77. 主板芯片组

78. 驱动程序

79. 假宽带

四、简答题（4 小题，共 20 分）

80. 简述固态硬盘的优点和缺点。（5 分）

81. 简述选择主板的注意事项。（4 分）

82. 简述 BIOS 与 CMOS 的区别。（6 分）

83. 计算机开机后自动重启，简述可能的原因。（5 分）

五、综合题（14 分）

84. 维修中心的郭师傅在维修工作中遇到这样一台计算机，仔细观察内部各个部件后没有发现异常。通电后没有任何反应，黑屏并且风扇不转，使用皮老虎吹了各处的灰尘，拔下电源排线重新插好，开机风扇转动，但黑屏，取出内存条，开机有报警声。用橡皮擦拭内存条金手指，重新插入内存条，计算机启动声音正常，但仍然黑屏。换了一块显卡，黑屏问题解决，但计算机系统启动时很慢。请问：郭师傅使用了哪些维修方法？启动系统时速度比较慢的原因可能是什么？

Visual Basic 6.0 程序设计（50 分）

六、名词解释（每小题 4 分，共 16 分）

85．符号常量

86．MDI

87．计时器控件

88．ODBC

七、简答题（每小题 5 分，共 20 分）

89．什么是过程，过程有哪两类？（5 分）

90．列举 4 个常用的窗体的方法。（5 分）

91．如何将工具栏控件与图像列表控件相关联？（5 分）

92．按访问方式分类，Visual Basic 的文件有哪三类？（5 分）

八、综合题（14 分）

93．编写程序，求 1!+2!+3!+…+n!。

（1）只需要写出相关程序代码；

（2）代码中，要求用户输入的值赋值给变量 n，数值之和赋值给变量 s，并使用文本框显示结果 s。

反侵权盗版声明

电子工业出版社依法对本作品享有专有出版权。任何未经权利人书面许可，复制、销售或通过信息网络传播本作品的行为；歪曲、篡改、剽窃本作品的行为，均违反《中华人民共和国著作权法》，其行为人应承担相应的民事责任和行政责任，构成犯罪的，将被依法追究刑事责任。

为了维护市场秩序，保护权利人的合法权益，我社将依法查处和打击侵权盗版的单位和个人。欢迎社会各界人士积极举报侵权盗版行为，本社将奖励举报有功人员，并保证举报人的信息不被泄露。

举报电话：（010）88254396；（010）88258888

传　　真：（010）88254397

E-mail：　　dbqq@phei.com.cn

通信地址：北京市万寿路 173 信箱

　　　　　电子工业出版社总编办公室

邮　　编：100036